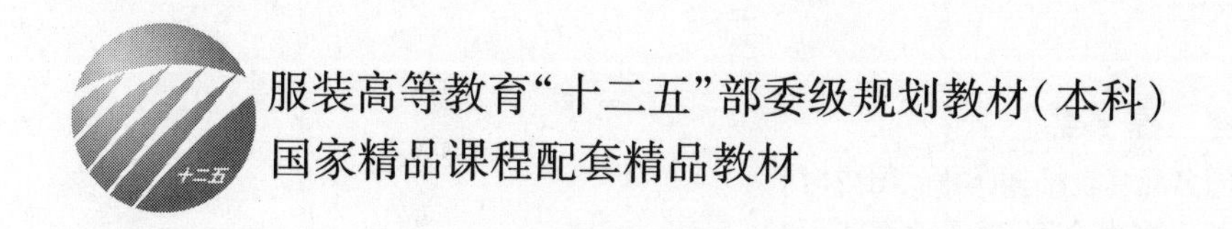

服装高等教育“十二五”部委级规划教材(本科)

国家精品课程配套精品教材

时装工业导论

郭建南　主编

孙虹　　执行主编

朱伟明　副主编

中国纺织出版社

内 容 提 要

本书是国家精品课程同名配套教材，以国际、国内时装产业发展为大背景编撰而成。书中全面、系统地阐述了时装的基本原理、时装的产业结构、时装营销和时装教育四大部分，是作者长期从事时装理论研究、实践应用和教学工作的结晶。全书内容包括时装的原理、时装的环境、服装的变迁、时装新产品开发、时装工业、配饰品及其他相关工业、全球时装市场、时尚买手、时装零售、时装品牌视觉营销、橱窗展示设计、时装网络营销和全球时装教育，随书附教学光盘以赠读者。

本书可作为高等院校服装专业学生及各类服装教育培训机构学员的教材，也可供广大服装企业员工、服装爱好者自学使用。

图书在版编目(CIP)数据

时装工业导论/郭建南主编．—北京：中国纺织出版社，2012．8

服装高等教育“十二五”部委级规划教材．本科

ISBN 978－7－5064－8664－4

Ⅰ．①时…　Ⅱ．①郭…　Ⅲ．①服装工业－高等学校－教材　Ⅳ．①TS941

中国版本图书馆 CIP 数据核字(2012)第 103469 号

策划编辑：张晓芳　　责任编辑：韩雪飞　　责任校对：楼旭红

责任设计：何　建　　责任印制：何　艳

中国纺织出版社出版发行

地址：北京东直门南大街 6 号　邮政编码：100027

邮购电话：010—64168110　传真：010—64168231

http://www.c-textilep.com

E-mail:faxing@c-textilep.com

三河市华丰印刷厂印刷　各地新华书店经销

2012 年 8 月第 1 版　2012 年 8 月第 1 次印刷

开本：787×1092　1/16　印张：19.5

字数：347 千字　定价：38.00 元(附光盘 1 张)

出版者的话

《国家中长期教育改革和发展规划纲要》中提出“全面提高高等教育质量”,“提高人才培养质量”。教育部教高[2007]1号文件“关于实施高等学校本科教学质量与教学改革工程的意见”中,明确了“继续推进国家精品课程建设”,“积极推进网络教育资源开发和共享平台建设,建设面向全国高校的精品课程和立体化教材的数字化资源中心”,对高等教育教材的质量和立体化模式都提出了更高、更具体的要求。

“着力培养信念执著、品德优良、知识丰富、本领过硬的高素质专门人才和拔尖创新人才”,已成为当今本科教育的主题。教材建设作为教学的重要组成部分,如何适应新形势下我国教学改革要求,配合教育部“卓越工程师教育培养计划”的实施,满足应用型人才培养的需要,在人才培养中发挥作用,成为院校和出版人共同努力的目标。中国纺织服装教育学会协同中国纺织出版社,认真组织制订“十二五”部委级教材规划,组织专家对各院校上报的“十二五”规划教材选题进行认真评选,力求使教材出版与教学改革和课程建设发展相适应,充分体现教材的适用性、科学性、系统性和新颖性,使教材内容具有以下三个特点:

(1)围绕一个核心——育人目标。根据教育规律和课程设置特点,从提高学生分析问题、解决问题的能力入手,教材附有课程设置指导,并于章首介绍本章知识点、重点、难点及专业技能,增加相关学科的最新研究理论、研究热点或历史背景,章后附形式多样的思考题等,提高教材的可读性,增加学生学习兴趣和自学能力,提升学生科技素养和人文素养。

(2)突出一个环节——实践环节。教材出版突出应用性学科的特点,注重理论与生产实践的结合,有针对性地设置教材内容,增加实践、实验内容,并通过多媒体等形式,直观反映生产实践的最新成果。

(3)实现一个立体——开发立体化教材体系。充分利用现代教育技术手段,构建数字教育资源平台,开发教学课件、音像制品、素材库、试题库等多种立体化的配套教材,以直观的形式和丰富的表达充分展现教学内容。

教材出版是教育发展中的重要组成部分,为出版高质量的教材,出版社严格甄选作者,组织专家评审,并对出版全过程进行跟踪,及时了解教材编写进度、编写质量,力求做到作者权威、编辑专业、审读严格、精品出版。我们愿与院校一起,共同探讨、完善教材出版,不断推出精品教材,以适应我国高等教育的发展要求。

中国纺织出版社

教材出版中心

序

《时装工业导论》出版了,这本大学通用教材的出版,对我国时装工业的发展和时装创业人才队伍建设具有重要意义。

时装是时代的一面镜子。时装作为人类文明发展的产物,在人类进入服饰文明以来的漫长历史长河中,始终是对于人类科学技术进步、经济社会发展、文化艺术演进、生活方式和交往方式改变,还有不同信仰和不同习俗等反映最敏感、表现形式最自由、最富超前意识和个性化创新意识的服装种类。时装消费中的行为模式和视觉语汇,传递着人们在与自然环境的新型关系中寻求自我调节、在新兴科学技术的应用中寻求自我发展、在社会变革的挑战中寻求自我完善的创新精神和对日常生活的审美态度。时装产业的发展不仅具有与时俱进的历史能动性,同时又有难以逾越的历史局限性。

在中国现代化建设的发展过程中,尽管我国仍处于社会主义初级阶段,还是世界最大的发展中国家,但我国时装消费的成长趋势已对世界产生极大的吸引力,而中国纺织服装产业正是在此条件下进行由大变强的建设。

首先,中国时装产业的发展是中国经济社会持续快速发展的客观需要。自中国进入全面建设小康社会以来,人民群众衣着消费的时尚化倾向日益增强,已成为中国时装产业快速发展的强大社会动力,主要表现在三个方面:一是伴随着丰富多彩的生活方式,人们对服装的功能要求不断细分,无论在工作、休闲、运动、娱乐、社会交际、家居等什么样的环境下,都要通过服装表达对生活的审美愉悦,使功能成为社会美的一种形式,即所谓功能美;二是人们在多元文化共生时代对服装的审美价值取向更倾向于个性化和自由的形式,选择创新,否定模仿和照搬,这使更多的创意文化元素融入服装的生产要素之中;三是人们在衣着消费中更加崇尚具有时代标志性的技术美,体验新技术的愉悦,技术作为人与客观世界的中介,是人类自由的实现方式,成为最基本的文化现象。技术塑造了社会和文化,反过来,社会文化也要求与之相适应的技术。时装消费作为人类的一种生活方式,同样依赖于技术的发展和进步。因此,新型时装材料和工艺装备、生产技能创新以及将工程技术与文化艺术融为一体的先进工业设计都成为时装技术美的直接表达。

基于上述变化,中国国内服装消费进入高增长时代。从2000~2010年,中国人均GDP增长1.55倍,而城乡衣着消费总支出按可比价增长了3.35倍。虽然,时装消费还只是城市消费的主要倾向，但中国城镇化率和城乡居民生活水平持续提高无疑蕴涵巨大潜力的时装需求。

其次，中国时装产业的快速发展是中国纺织服装产业结构升级的集中体现。时装产业是一个庞大的产业体系。时装产业发展不仅以物质生产力为其基础，而且还依赖于以精神创造为核心的文化艺术生产力的导向。因此，时装工业的发展标志着纺织服装业在物质层面创造力和精神层面创造力的有机融合和同步提升，这是中国纺织工业由纺织大国建成纺织强国的内生动力。

物质生产力是时装产业的基石，其决定要素是从纤维材料到服装生产直至进入市场这一庞大的错综复杂的产业供应链体系各个环节创造力的汇聚。时装工业的文化艺术创造力是一种精神生产活动；它既是借助于一定的物质生产条件，把思想观念物化在物质载体上，通过物质载体供人们实际消费，满足人们的精神审美需要，又是独立于物质生产之上的完整的艺术生产系统。因此，时装生产包括物质性生产和艺术性生产，时装消费包括物质性消费和艺术审美性消费。这是时装的市场交换价值高于普通服装的关键所在。时装与普通服装生产投入同样的物质资料，却能实现物质性劳动和艺术性劳动创造的两种附加价值。这也是我国纺织服装业应对国际竞争新形势、适应国际分工新定位和应对国内消费结构升级以及劳动力成本上升、资源环境约束增大的新形势，加快转变发展方式，走新型工业化道路的必然选择。

另外，中国时装产业的发展是中国纺织工业加快自主品牌建设的重要推动力。时装品牌是时装生产与消费互动以及市场激烈竞争的产物。时装生产与时装消费互为前提，相互创造。时装生产为时装消费创造消费的对象和消费的方式，而消费为时装创造生产的观念和生产的目的。生产实际上也是消费，生产消费资源和生产能力；消费实际上也是生产，它生产着生产的动机和再生产着生产能力。这种生产与消费的关系决定了时装产业对于整个纺织服装产业链的重要地位。

这一庞大的产业体系构成在复杂多变的市场选择和配置过程中，时时处处都面临优劣、快慢、真假、公平与欺诈等诚信道德的挑战，竞争使生产与消费间的诚信关系上升为交换价值倍增的品牌关系。生产与消费（包括生产性消费）的诚信关系，主要表现在质量、创新、快速反应和社会责任这四位一体的价值体系上。其中质量是品牌的生命，离开了质量，一切都无从谈起；创新是品牌的灵魂，无论是物质生产还是精神生产，失去创新能力的生产者只能是无意识的被动躯体；快速反应是活力，是一种机制，在新兴科技条件下，快与慢的博弈，使强与弱、大与小、成功与失败的相互转化可能是瞬间发生的事；社会责任是品牌的社会公德表现，无论是生产还是消费者，特别是生产者，在劳动关系、消费者权益、社会资源与环境、市场秩序、社会义务与责任方面都成为市场检验的对象。一件产品联系着供应链，一条供应链涉及产业体系，时装产业的品牌建设牵动着中国纺织服装产业的整体品牌生态建设。品牌建设是产业转变发展方式加快产业升级的标志。

我国时装产业的发展有赖于大量的高素质服装人才的培养，很高兴看到《时装工业导论》作为“十二五”部委级规划教材出版，这无疑是对服装教育和时装业的一大贡献。本书站在国际时装业发展的高度，结合我国时装业发展的实际，系统地阐述了时装业的发展规律，同时从培养创业创新型人才角度出发，科学地安排了教学内容和方法。

《时装工业导论》通篇体现了三大主线：第一条主线突出了历史发展的观点。时装工业泛称时装产业，首先它的发展不是孤立的，是伴随着技术进步和经济社会的发展而发展；其次，时装产业内部不断演进，其产业链不断延伸并优化，又在相关产业中彼此不断渗透和整合。第二条主线突出了创新的观点。时装产业是一个充满活力、不断创新和充满创意的产业，时装业从生产要素、产业组织、供应链管理到品牌创建、商业模式打造，无不以创新为本，不断演绎着斗转星移、交替变化的时装流变形态。第三条主线突出了教育的观点。现代时装产业离不开现代时装教育，在高新技术、信息网络和经济全球化时代，教育的功能侧重点已不是教人既存的知识，而是学习力、感知力、知识的整合创新能力和实践创业能力。

让我们共同创造中国时装产业新的辉煌。

杜钰洲

2012.8.14

前　言

广泛意义上说，时装是一个既古老又现代的服饰文化现象。《韩非子》中记载，早在春秋时就有“齐桓公好服紫，一国尽服紫”；汉童谣唱“城中好高髻，四方高一尺，城中好大眉，四方皆半额，城中好广袖，四方用匹帛”。由此可见，自古以来人们对时新的追求就达到相当程度。一般认为，现代时装起源于西方宫廷服装。17世纪30年代，法国社会各阶层在宫廷影响下，兴起追求时新服装的风尚，时装开始由宫廷走向社会。1855年，英国人沃斯在巴黎世博会上展出了一种新礼服并荣获金牌，开启了高级服装定制第一扇门。他首创时装表演，被誉为“世界时装之父”。20世纪初，法国人保罗·波烈把妇女从紧身胸衣里解放出来，奠定了欧洲现代服装的基调。1914年夏奈尔发布“夏奈尔套装”，1924年迪奥发表“新外观”女裙，均极大地推动了时装的设计和创新。以前，时装大都是指女装，直到20世纪60年代日本男装协会提出TPO（时间、地点、场合）概念和美国人倡导“孔雀革命”，时装逐渐扩展至男装。中国于20世纪初在上海出现时装生产，现代中国时装业从此逐步兴起。改革开放以来，中国时装业得到了快速的发展。

时装同于服装又超越服装。服装是以面料、款式、色彩三要素构成的三维立体结构，而时装则在三维空间以外，再设法体现时代意念，蕴涵着设计者与穿着者在时间上的一种文化交流和认同。时装因传播而流行，因流行而扩大。在当今多元性消费文化中，时装设计者要有跨界的视野，既要穿越历史时空，汲取传统的文化元素，又要关注当下博采现代文明的成果，还要洞察人们的精神生活。因此，现代时装设计离不开高等学府的培养。

《时装工业导论》阐述的主要是现代时装，工业化发展过程中的时装工业也称为时装产业。本教材是编者基于对时装教育的基本认识，以浙江理工大学“时装工业导论”国家精品课程建设为基础，汲取兄弟院校及美国纽约时装学院相关教材的优点，以国际、国内时装产业发展为大背景编制而成。作为时装设计、时装工程、时装营销等专业的一门导论课程，其编写思路和特色可概括为以下几点：从内容上看，本教材梳理了时装发展的历史环境和国际环境，揭示了时尚流行机理，论述了时装产业结构、市场营销以及时装教育等，让学生能从时装大环境、时装大设计、时装大工业和时装大营销的观念出发，正确认识时装的本质，因此，内容具有很强的系统性和基础性。从创新人才培养模式角度看，教材的实施紧密与产业相联系，落实学生学习的主体地位，避免了简单的知识传授，将课堂教学内容和企业工作任务相结合、理论教学与实践教学相结合，使学生学习有目标、教师教学有理论、理论应用有案例、实战演练有项目。从人才培养目标上看，根据时装产业发展对人才需求结构的要求，教材体现了培养具有国际视野和全球化、本土化耦合思维的应用型、创新型、复合型、实业型人才的目标。由于时装教育具有很强的实践性，因此建议不仅在课堂中进行案例教学，在实验室进行实验性教学，还要让学生走进企业、走进市场进行社会实践。

本教材由郭建南担任主编，孙虹担任执行主编，朱伟明为副主编，全书由郭建南统筹、孙虹统稿；编写分工如下：绪论由陈强提供素材，郭建南完成编写，第一章由朱伟明编写，第二章、第六章由张姣编写，第三章由须秋洁编写，第四章、第八章由任力编写，第五章、第十一章由刘丽娴编写，第七章由孙虹编写，第九章由蔡建梅编写，第十章由朱俐编写，第十二章由陈伟央编写，第十三章由李萍编写。杜华伟、朱伟明负责教辅光盘的制作，何凌帆负责书稿的校对工作。对他们的辛勤劳动，表示感谢！

此外，杜钰洲先生拨冗为本书作序；在教学科研过程中，特别得到知名女装品牌浙江雅莹服装有限公司总裁张华明先生以及杭派女装品牌浙江名莎服饰有限公司总裁贾朱喜先生的大力支持，在此一一致谢！

《时装工业导论》一书涵盖内容广泛、涉及产业链丰富。但在全球化、信息化背景下，产业演变频繁，创新、创意日新月异，限于编者的水平和视野，许多方面难以概全或始料不及，有待日后完善。

编　者
2011年12月26日

几点说明

面对时装的概念,人们自然会联系到时尚和服装这两个词语。《辞海》对"时尚"的解释是:一种外表行为模式的流传现象,如在服饰、语言、文艺、宗教等方面的新奇事物往往迅速被人们采用、模仿和推广,属于人类行为的文化模式的范畴。《辞海》对"服装"的解释是:泛指供人类穿着以起保健和装饰作用的物品,多指衣、裙、裤,也包括帽、鞋等。综合上述,一般意义的服装还不能称为时装,只有在一定时空引起广泛社会共鸣并能形成穿着潮流的服装,才能称为时装,也可以理解为是时兴、时髦、富有时代感的着装体现。有学者称,20 世纪初以沃斯(C. F. Worth)为代表的设计师所设计的服装样式和他所推行的销售手段是时装得以成立的基奠,因为服装业从他开始确立了品牌的雏形与流行的意识。从此书的角度来讲,既然服装因为流行而使时装的概念得以成立,我们姑且将眼光放远,在离现在更久远的时代中,当时的人们也在其允许的范围内进行着一定着装样式的流传、采用、模仿和推广,因此本书试图从更广义的角度看时装,将不同历史阶段中产生一定流行和影响力的服装以时装进行陈述。

另外,书中提到的"时装业"、"时装工业"和"时装产业"这三个词语,没有实质意义上的差别,只是在不同的语境中使用而已。

本文有些资料和图片来自网站,由于条件和精力所限,未能找到著作权人,敬请与我们(fzxy@ zstu. edu. cn)或中国纺织出版社联系,以便奉寄样书和稿酬。

编　者

2012 年 1 月 11 日

目　录

第一部分　时装总论

第二部分 时装工业产品

第三部分 时装营销

第四部分 时装教育

第一部分

时装总论

绪论　时装概论

第一节　全球时装产业概览

纺织时装业是历史悠久的传统产业。从18世纪产业革命开始至今，纺织时装业在各国国民经济中一直发挥着重要作用，其对国际贸易的贡献也始终令人瞩目。从经济发展和工业化的角度来看，纺织时装业通常是一个国家或地区工业化初期的主导产业，纺织品和时装也往往会成为该国家或地区对外贸易中最主要的产品。伴随着经济全球化和各国经济的发展，纺织时装业正从劳动密集型向技术密集型转变，在此过程中，发达国家的资金、技术和发展中国家的劳动力比较优势都在不断改变着世界纺织品时装的生产和贸易格局。

第二次世界大战以后，美国、日本、西德、意大利等国开始大力发展纺织工业，这是纺织工业生产重心的第一次转移。20世纪70年代后，纺织工业生产重心转移到韩国、印度、中国香港及台湾等国家和地区。中国内地在80年代紧跟其后，迅速崛起。1994年，中国纺织品和时装出口总额列居世界首位，这是纺织工业生产重心的第二次转移。进入20世纪90年代以后，世界纺织时装业结构发生了深刻的变化。欧美发达国家主要出口科技含量高的纺织品和高附加值时装，而将劳动密集型产业如时装生产移师海外或采取离岸加工。欧美的时装企业一方面以先进的工业技术为支撑，将大量高水平生产技术、设备应用于生产，减轻对日益增长的劳动力成本的依赖；另一方面，以研发为先导，主导着整个国际时装的发展趋势，并将环保、特殊功能的面料广泛应用于时装生产，增加时装的附加值。

新兴工业国家和地区，如韩国、中国台湾和香港等地正调整出口结构，增加高科技含量的纺织品和时装出口；墨西哥、加勒比海国家以及中东欧国家凭借关税、配额优惠，迅速增加时装出口；东盟国家仍保持纺织时装出口的强劲势头；南亚国家得益于劳动力成本、土地成本、自然资源优势，纺织时装出口增长率很高。在高端时装市场上，美国、欧盟、日本等发达国家依然并将长时期占据绝对竞争优势，中国纺织产品在短期内难以赶上发达国家。在低端时装市场上，随着发达国家纺织时装业持续向发展中国家转移，中国已经感受到来自具有相似竞争优势的发展中国家的强劲竞争。中国纺织品时装出口虽然占据强势地位，但传统出口市场稳定性减弱，出口量降低，成本优势面临挑战。

从世界范围看，纺织时装贸易已经形成了三大消费市场和三大贸易圈格局。三大消费市场是：以欧盟为中心的欧洲，以美国、加拿大为中心的北美，以日本为中心的东亚。三大贸易圈是：欧盟及周边国家（如土耳其、地中海沿岸国家、中东欧国家）和北美国家组成的欧洲贸易圈，美国、加拿大、墨西哥及中南美洲组成的美洲贸易圈，中国、印度、巴基斯坦及东南亚国家与日本、欧盟、美国和加拿大组成的亚洲—欧盟—北美贸易圈。

第二节 国际时装产业转移的基本特征

20 世纪 90 年代以来,在技术革命的推动下,全球纺织时装业内部结构调整的步伐加快,生产组织方式不断变革,国际产业转移出现了一些新的特征。

一、制造成本仍然是时装产业转移的根本动力

属于劳动密集型产业的纺织时装业一直以高效率、低成本为追求目标。20 世纪 50 ~ 60 年代,发达国家通过直接投资的方式将纺织时装业的制造能力大量向"亚洲四小龙"、巴西、印度等劳动力成本低并且具有一定工业基础的国家和地区转移,促使这些国家和地区的纺织时装业迅速发展成为世界纺织品时装生产和出口的主要力量。20 世纪 80 年代,随着"亚洲四小龙"等国家和地区步入工业化的中后期,加之亚洲其他国家经济增长及对外开放程度的加深,尤其是中国内地投资环境不断优化,纺织时装业便逐步向中国内地、越南等劳动力成本更低的国家和地区转移。

二、转移领域向纺织时装产业链的上下环节延伸

目前,纺织时装业国际产业转移的重点领域和方式发生了新的变化。纺织时装业产业转移向上下领域延伸,为发达国家在发展中国家投资的企业及当地企业提供了更全面的配套产业,有助于当地形成完善的产业链,以进一步降低生产和销售成本。

三、外包成为产业转移的重要方式

除直接投资外,外包是纺织时装业国际产业转移的主要方式。纺织时装业外包的范围正在从成品加工拓展到纺织原料和纺机研发、产品设计、展示、销售等纺织时装产业链的各个领域。

四、需求个性化与技术创新促成产业外资回流

近年来,在需求个性化和技术创新的共同作用下,纺织时装业出现了外资回流的现象,即一些发达国家撤回了在发展中国家的部分投资项目,转而在母国或其他发达国家生产。这样做的目的是为了让生产更接近主流市场,以适应产品周期缩短、需求个性化的要求,同时也有助于通过生产布局的多元化来克服海外投资的风险。

第三节 世界主要纺织品时装消费国和生产国概述

一、亚洲国家纺织时装业竞争优势在于其廉价的劳动力和资源

今天,亚洲国家的纺织时装业一般都利用其廉价的劳动力和资源,为以美国为代表的发达国家生产、加工纺织品和时装,赚取外汇,促进经济的快速增长。这些国家不同程度地形

成了以出口拉动为基础、以紧密参与欧美经济循环为特点的经济发展模式,而亚洲内部经济循环的动力和需求却不足。2008 年,亚洲国家和地区间的外贸额只占本地区外贸总额的49.7%,而欧洲内部的外贸额则占该地区全部对外贸易额的73.5%,这显示了亚洲内部经济循环与欧洲内部经济循环的巨大差距。而从中国纺织品、时装出口市场看,多年来主要集中在欧美等发达国家和地区,对这些国家和地区的出口占到我国纺织品时装出口总量的50%以上。出口市场过于集中,也加剧了市场竞争。

二、美国是全球最大的纺织品和时装消费国家

2001 年以来,美国纺织品和时装进口一路稳步增长。但自美国次贷危机爆发以来,美国消费快速萎缩,消费品进口急剧减少。由于消费需求的疲软,美国进口纺织品时装金额下滑,造成美国市场争夺激烈,进口市场份额重新洗牌的格局持续发展。目前,印度、孟加拉国等东南亚国家继续扩大在美市场份额,"入世"后异军突起的越南保持了快速增长的势头,直接威胁印度作为美国第三大纺织产品进口来源地的地位。而中国虽然稳坐美国第一大纺织品进口来源地,但未来想要保持所拥有的市场份额仍然面临较大的挑战。

三、纺织品及时装生产和贸易在欧盟经济中占有重要地位

欧盟各成员国共有210 万人在纺织时装行业从业,是仅次于中国的世界第二大纺织出口经济体。欧盟各成员国多是纺织工业的发达国家,不但生产高品质的纺织品和很多世界著名品牌的时装,还能生产精密的纺织服装机械,世界75%的纺织机械制造强国都在欧盟。欧盟还拥有全球约2/3 的各类纺织品和时装的知名品牌及商标。

此外,欧盟各国每年举办各类纺织品时装、染辅料及纺织机械的著名展览会、洽谈会、技术研讨会、信息发布会、业内研讨会等,吸引着世界各地的业内贸易、技术和研究人员,这些活动对欧盟经济发展起到了强有力的拉动作用。

第四节　中国时装产业

一、中国时装产业概述

改革开放30 余年来,中国已发展成为最大的时装生产、出口和消费国,具备世界上最完整的产业链,最高的加工配套水平,在世界时装市场中发挥着显著作用。

中国经济持续快速发展,国内消费需求不断扩大,是中国时装业发展的根本动力。高素质的劳动力资源、完整的产业链、良好的投资环境以及不断完善的各项配套改革,是中国时装业发展的先决条件。市场化改革为中国时装业带来了前所未有的活力,中国迅速成为世界时装领域最有活力的消费市场、最有吸引力的投资市场以及人才和设备等要素市场。同时,中国时装业的国际化进程加快,资本多元化不仅吸收了大量海外投资,更带来先进技术、管理、营销方式和国际化经营经验,国际一体化也促进了中国时装原创品牌的提升和现代企业文化的发展。

目前,中国具有一定规模的时装生产企业超过10 万家,时装从业人员1000 余万人,其

中70%以上为熟练工和技术工人,优秀的整体素质是强大时装加工能力的基石。中国时装产业集聚地主要分布在珠江三角洲、长江三角洲、环渤海地区和东南沿海地区。目前,我国已形成以产品分类为特征的上规模的时装产业集群50余个,产业集群的产品产量占全国时装总产量的70%以上。广东、浙江、江苏、山东、福建是中国主要的时装生产大省,五省产量占全国时装总产量的80%。河南、江西、湖南等省份时装产业近年来也发展迅猛。产业集群通过资源优化配置使用,实现了成本节约型的区域规模效应,时装的集群化对行业的整体发展起到了积极的推动作用。

中国时装产业强大的竞争优势还来自完整、贯通的产业链的支持,比如上游有强大的棉、麻、毛、丝等各类面料和各种辅料、配件的加工能力,下游有日臻完善的金融、物流体系等配套服务的保障,更有广泛应用的信息化技术贯穿始终。

目前,中国时装业正在进行新一轮的产业升级,全行业推行以"质量、创新、快速反应、社会责任"为核心的新型工业化战略和品牌发展战略,致力于培育具有国际竞争力的原创品牌,并着力培育国际型跨国集团。全行业正以创新为主导,大力提高原始创新能力和吸收再创新能力,通过加快科技进步,调整产业结构、产品结构,积极转变增长模式,促进产业升级。

同时,中国时装业也是一个开放型行业,是中国外资进入最早、运用外资最成功的产业之一。目前,三资企业数量、产量及出口额均占全行业总额的1/3以上。在国际经济一体化进程中,国际双边和多边合作共赢已成为未来时装业的主流趋势。

目前,我国时装行业总体形势是产业面临着结构调整和升级,内销市场竞争日趋激烈并将成为发展重点。如何提高产品价值的品牌贡献率和科技贡献率,建设以质量为基础、以创新为灵魂、以快速反应为活力、以社会责任为实现过程的"四位一体"的有良好品牌生态优势的时装品牌,将是未来时装业发展的重要课题。

二、中国时装专业市场发展阶段分析

伴随着商业地产的快速发展,占到全部专业市场总量近10%的时装专业市场正逐步分解为时装专业市场、时装主题商城、时装购物中心和时装商贸综合体四种形态。

中国时装专业市场发展分为核心式、集群式、轴圈式和多级式四个阶段。

(一)生产寻找市场阶段(1979~1989年)

改革开放以后,我国原有的"三级站"配给体制开始变革。小企业生产的产品通过集贸市场开展销售,形成了时装的马路市场、集贸市场。这一阶段是核心式,以一个核心市场为典型代表。

(二)产业支撑市场阶段(1990~1999年)

随着批发市场的发展,一些时装生产企业开始进行时装产业链式的合作,形成了时装产业集群,并通过代理商、经销商的模式推动了时装市场的建立和完善,形成了时装批发市场。这一阶段是集群式,以几个同类市场为典型代表。

(三)产业互动市场阶段(2000~2009年)

由于时装产业与时装市场的同步提升,品牌商品和品牌时装市场形成,时装市场的集聚作用拉动时装产业集群的规模不断壮大，反过来，也促进了时装市场的发展，形成了时装专业市场。这一阶段是轴圈式，以若干分区市场为典型代表。

（四）市场引领产业阶段（2010～2019 年）

中国时装市场已进入新的十年，由于时装市场产业链的形成、体验经济和网络经济的发展，时装专业市场已不再是单纯的物业提供商，而是转变为综合服务运营商，未来将逐步形成展贸市场和网贸市场。这一阶段是多级式，以主体和分散融合为典型代表。近年来，中国时装专业市场围绕多级式商圈的形成，呈现出“双重突围”的景象。一方面，老牌时装专业市场及商圈围绕展贸和网贸市场的建设展开了一系列的转型，寻找新的发展路径；另一方面，新建时装专业市场在产业新城和商贸综合体领域进行了大胆拓展。以往单纯的时装批发类市场逐步成为传统时装商圈业态的补充，而时装综合体则伴随着中国城市化和商业地产的快速发展，大多以几万、几十万甚至上百万平方米的综合体建筑形式，在业态上更加综合，在功能上更加复合，成为时装专业市场投资建设和创新发展的新趋势。

中国时装专业市场区域布局分为四级市场区域。第一级市场区域以产地型市场为主导，包括山东、江苏、浙江、福建、广东、上海五省一市，市场占有率为 56%。第二级市场区域以集散型市场为主导，包括辽宁、北京、天津、河北、河南、湖北、湖南、四川、重庆、江西、安徽等，市场占有率为 28%。第三级市场区域包括黑龙江、吉林、山西、陕西、内蒙古、甘肃、新疆。第四级市场区域包括宁夏、青海、西藏、广西、云南、贵州、海南等。

三、科技创新支撑和推动中国时装产业发展

2010 年年底，中国纺织工业协会正式发布的《纺织工业“十二五”科技进步纲要》明确指出，“十二五”期间要“加强时装企业信息化集成制造系统、大规模定制技术的开发和应用，加快高档时装原辅材料和制造技术的研发及产业化应用”，开展“中国服饰文化与时装品牌战略研究”，重点“推广时装企业自动化、数字化、信息化生产工艺技术”，包括“时装计算机辅助设计系统（CAD）应用”、“计算机辅助制造系统（CAM）应用”、“计算机控制自动吊挂系统（FMS）”、“智能仓储配送系统”和“射频识别技术（RFID）应用”五项细分技术。

四、中国时装产业国际竞争优势的发展脉络

中华人民共和国成立以后，纺织时装工业一直是政府重点关注的领域。特别是 1987 年我国纺织工业进行战略调整，从以国内市场为主转为保证国内市场供给的同时，着重抓出口创汇。中国抓住了国际纺织时装产业转移的机遇，大力发展纺织时装加工业，为日后世界纺织品时装出口大国地位的确立创造了条件。此后，以出口创汇为目标，纺织品时装出口贸易得到了快速发展。

1993 年，我国纺织品时装出口额较 1986 年增长了 2.17 倍。我国纺织品时装生产能力和出口能力不断增强，并成为我国第一大类出口创汇产品，为我国国民经济建设提供了大量的外汇资金。

1994 年，我国纺织品时装出口额达 355.5 亿美元，占全球纺织品时装比例为 13.2%，成为世界纺织品时装第一大出口国。1995 年 1 月 1 日，伴随着世界贸易组织（WTO）的成立，WTO 项下的《纺织品与时装协定》（ATC）也随即生效，长达 30 多年的进口配额制在 10 年内

逐步取消,全球纺织品时装贸易进入一体化发展阶段。

2005 年 1 月 1 日 WTO《纺织品与时装协定》的终止,更让全球纺织品时装贸易进入一体化发展阶段,配额取消给中国纺织品时装出口带来了前所未有的发展机遇,产能得到充分释放。

五、中国时装业面临的三大历史机遇

(1)经济全球化的深入发展,加快了中国时装业的国际化进程。

(2)新科技革命深入发展,加快了中国时装业以采用高新技术为主要标志、以提高创新能力为核心的产业升级进程。

(3)中国经济社会持续又好又快发展,为中国从时装大国变成时装强国提供了最重要的内需支撑体系和内生动力。

六、中国时装产业转移的基本特征

(一)省内转移

省内转移仍是主流。比如苏南企业到苏北开发,粤南地区产业慢慢向粤北和东西两翼发展,福建、浙江一些产业集群也向周边扩散,省内的"内陆"地区成为我国时装产业梯度转移的第一站。

(二)东南沿海向中西部转移

时装产业向中西部转移符合国家产业调整政策,得到中西部地区各级政府的大力扶持,在当前政策环境条件下能享受许多优惠政策。而且与海外转移等其他转移方式相比,有着文化环境优势和市场优势。

(三)向海外转移

我国一部分纺织时装企业把生产基地转到东南亚地区。目前到越南、柬埔寨等地投资建厂的中国纺织时装企业已近千家,到孟加拉国投资的也有百余家。这些企业通过加快国际化布局和跨国资源配置来规避贸易壁垒和降低生产成本。

(四)珠三角向长三角转移

长三角地区已经成为目前我国时装产业的核心区域。这一作为梯度转移推行过程中的过渡形态将在未来几年中保持其发展势头,发挥优势企业进一步积蓄能量的作用。

(五)"反方向"转移

一些时装企业将自己的研发中心、营销中心、公司总部从不发达地区向发达地区甚至是向发达国家转移。国内承接这种转移比较集中的大型城市有上海、北京、广州、深圳、厦门等。

七、中国时装业未来发展趋势

(一)国际时装产业从传统产业向时尚产业嬗变

时装产业由于其特有的人文价值,已经逐渐突破其原有的定义,而有了更多时尚产业的内涵和特征。时尚产业是典型的都市产业,跨越高附加值制造业与现代服务业的产业界限,是多种传统产业的组合。时尚产业涵盖品牌、文化、设计、技术、传播、服务等诸多要素,是文化与经济、艺术与技术、品牌与服务的有效结合,主要体现在时装与配饰产品上,包括时装、鞋帽、箱包、首饰珠宝、眼镜、手表等产品,这是传统意义上的"时尚产品",是狭义的时尚。而广义的时尚产品远远超越时装及配饰,还延伸到香水、化妆品、电子产品、汽车、家居用品、工艺品等各类消费品。对于狭义的、传统的时尚产业来说,按当下的市场定位,国际时尚可分为顶级奢华时尚、中高档成衣时尚与大众快速时尚三大类。

十多年来,以 Zara(飒拉)、H&M、Uniqlo(优衣库)为代表的量贩式快速时尚品牌在国际时尚界异军突起。快速时尚主要针对年轻消费群,因此也被称为年轻时尚。快速时尚品牌往往在繁华时尚商业街区开设超大品牌店,以快速反应一线品牌尤其是国际设计大师 T 台流行要素为特点,以低廉实惠的价格让广大年轻消费者轻松购物,以频繁更换新货品、新款式来吸引消费者经常光顾,从而创造出一个又一个商业神话。

国际时尚产业目前总的趋势是,时尚市场金字塔上下两端的顶级奢华时尚与大众快速时尚火爆,而中间层的中高档成衣时尚却相对艰难。欧美的二线中高档成衣品牌正纷纷到中国、印度、俄罗斯、巴西等新兴经济体寻求发展机会。

(二)中国的时装行业即将进入下一个黄金十年

比较美国、英国、日本和我国的纺织时装行业生命周期,大致都会经历"制造企业大规模生产→生产外移、制造业萎缩、零售商居主导→零售商以服务和快速反应参与市场竞争"的过程,而我国已经处于第二阶段。

从 2001 年起,中国人均 GDP 超过 1000 美元。根据世界各国经验,人均 GDP 达到 1000 美元是纺织消费较快增长的新起点。就人均纤维消费量来说,我国在 1980 年是人均 4 千克,到 2000 年是人均 8.2 千克,人均消费量翻番用了 20 年时间,而从 2000 ~ 2007 年,只用了 7 年时间就达到人均 15 千克。衣着消费不仅在数量上不断增加,而且在质量上也不断升级,这将为中国时装工业转型发展提供广阔的国内市场。据测算,到 2030 年,我国的时装市场容量将以平均每年至少 10% 的速度增长。因此,从中长期看,我国品牌时装企业生存的环境非常有利,在零售终端环节有较高市场地位和话语权的企业将更值得关注。

时装网上销售规模继续快速增长,已经发展成为时装市场的重要销售渠道。时装网购远远领先于其他商品类别网上消费者的数量,时装网购的市场规模也超越数码/电器类产品,成为网上交易额最大的商品类别。网上销售将对实体店特别是对低端实体店的销售产生巨大冲击,同时网上销售的品牌增长迅速,使得实体店的低端时装消费需求减少,从而导致时装市场品牌结构产生较大变化。

量体裁衣、手工缝制等时装定制正在逐渐盛行,定制正成为身份的象征,因满足个性需求正日益受到消费者青睐。时装定制多兴起在一些男装品牌的专卖店和高级写字楼,目前,在女装、内衣等领域也有所发展。

近年来，国际时装品牌继续快速增开店铺，根据统计，2010 年 H&M 在华门店数已经达到 47 家，比 2009 年增加了 20 家；Uniqlo 在华门店数为 59 家，比 2009 年增加 12 家；C&A 在华门店数为 21 家，比 2009 年增加 5 家。国际品牌能够不断地以较快的速度新增店铺，说明其销售模式、品牌商品已经得到了消费者认可，同时，市场也有发展空间。

近几年中国时装业的发展与成熟以及消费领域日新月异的变化，不断引发时装商业流通渠道的深层变革。一方面，传统的流通渠道，比如批发市场和百货商场，谋求转型升级；另一方面，连锁超市、专卖店、购物中心、机场酒店、多媒体平台等新型流通渠道的发展如火如荼，形成时装流通渠道的新格局。

典型的时装商业模式有四种类型：潮流领导者、基本时尚、快速时尚和卖场时尚。中国的时装商业模式是以潮流领导者为主的，基本时尚和快速时尚还很少，而卖场时尚刚刚起步。从整体的发展趋势来看，作为中国传统时装企业的主流模式，潮流领导者定位于独特的风格和个性化的设计，为小众的细分群体所钟爱，预计未来将会涌现出能够与国际大牌媲美的、更优秀的品牌，但是总量发展平稳。基本时尚模式在中国已经存在，随着优秀供应商的增多、供应链运营能力的提升，整体规模将有较大的发展，预计未来能够成为时装行业的主流。紧跟时尚风潮、深获消费者喜爱的快速时尚模式，目前在中国还没有真正的实践者，但它将成为积极效仿实践的模式，也因此带动提升中国的供应链管理能力。而卖场时尚，随着连锁大卖场在中国的市场渗透以及时装供应的趋优发展，它的市场规模将有很大的发展，也将成为市场的主流力量。

(三)中国时装产业的基本趋势

1. 产业出现梯度转移

我国时装生产前五大省产量增幅平稳，且略有下降，中部地区产量提高，产业开始由东部向中西部转移。

2. 产业资本流向大企业

大企业通过资源重组、品牌创新、渠道多元化、扩大融资等手段提高竞争力，增强自身抗风险能力，使中小企业生存环境更加严峻。

3. 国内市场成为争夺重点

出口形势日渐严峻，时装出口受到一定程度的制约，众多企业开始转向国内市场，产业从“外贸拉动型”转轨到“内贸推动型”的发展新阶段。

4. 商业创新与资本创新精彩纷呈

会员俱乐部、网上快速销售、OUTLETS(奥特莱斯)、尾货市场等新模式快速发展，国内知名企业摆脱了以往资本单一模式，纷纷上市融资获取发展资金。我国时装企业正快速融入世界经济一体化与金融资本一体化之中。

(四)中国时装业未来发展的关键词：产业调整、资源整合、资本运作、国际合作、品牌战略

随着我国东南沿海、中心城市、内陆各地区的产业功能分工、规划逐渐清晰，时装产业加速全国范围内的布局调整，梯度转移步伐加快。时装产业集群迎来新的发展机遇期，集群功能分化催生新的产能聚集，部分原来的加工型集群向贸易、研发、信息、人才、资本集聚方向

转型,沿海发达地区、中心城市则将强化市场、服务和资源配置调动功能。

国际订单在全球范围内重新分配,东南沿海加工向精品化、服务化方向发展,力求取得较高附加值订单。附加值较低的订单开始转移,部分订单转向东南亚等新崛起的时装加工竞争国,部分订单则转向我国内陆省份。在新一轮订单争夺竞争中,将有一批内陆省份企业和产业集群异军突起,也将有一批掌控国际订单和采购贸易权的占据国际产业价值链较高端的贸易类企业诞生。

经过全球金融危机冲击,我国时装产业人士已深刻意识到转变增长方式是未来我国时装产业保持并发展国际竞争优势、在日趋激烈的国际竞争中立于不败的唯一道路。唯有走以价值为核心的集约化发展道路,对有效资源加以节约、高效利用,资源才能产生最大效能,产业才能健康发展。

未来的竞争必将是企业资本实力的竞争。资本的大量进入,使得中国时装产业发生了显著变化,上市和拟上市企业首先通过股份制改造实现了资本构架与管理构架的变革,将传统的家族企业、民营企业转变为严格的股份制公众企业,引入的现代管理制度与激励机制,给企业发展提供了强大的机制优势和发展后劲。

随着内销市场国际化程度越来越高和中国品牌国际化步伐加快,国际行业合作、企业合作越发普遍,有生产合作、产品合作、设计合作、营销合作乃至品牌合作、资本合作,国际化时装企业将越来越多,中国时装行业国际化程度将越来越高。

随着中国时装业龙头企业的国际收购与合作的深入,国际资源整合进入实操阶段,行业对国际人才、技术和服务的利用更为普遍和务实。先进的理念、便捷的信息和技术分析手段、雄厚的资金实力,良好的行业口碑和社会信誉等软性、硬性资源,成为企业未来参与国际竞争的核心优势。

随着品牌战略的推进,中国时装品牌将加速国内市场布局,并进一步促进内需市场一体化进程。据初步统计,"十一五"期间,我国共计产生时装服饰类名牌 143 个,品牌发展社会环境逐步得到改善,品牌消费被越来越多的消费者所接受,品牌的个性化竞争逐步取代同质化竞争,品牌价值竞争逐步取代价格竞争。国家纺织工业调整和振兴规划指出,要以时装、家用等终端产品自主品牌建设为突破口,加强技术进步,提高质量水平,建设和完善设计创意中心、技术研发中心、品牌推广中心,提高信息化管理水平和市场快速反应能力。

工业和信息化部等部门发布的《关于加快推进时装家纺自主品牌建设的指导意见》指出,在纺织工业处于转型升级的关键阶段,在应对国际金融危机的重要时期,以时装、家纺等纺织终端产品为重点加快推进纺织行业自主品牌建设,是落实科学发展观的具体体现,是有效应对国际金融危机的重要举措,是实现由纺织大国向纺织强国迈进的必由之路,也是全面推进我国自主品牌建设的有益探索。

中国时装协会发布的《创建中国时装强国发展纲要导向意见(讨论稿)》指出,时装强国从五个方面得以表现:拥有渠道覆盖全球的采购商团队;拥有具国际影响力和市场控制力的品牌集团;拥有国际领先的科技研发能力、标准和不断创新的产品和技术;拥有国际合作、国际贸易等领域的强势话语权和议价能力;拥有服饰文化全球影响力和时装时尚引导力。应该清醒地看到,由传统制造业向现代时尚业转变后,纺织时装业不仅是技术型产业,也是知识型产业,更是时尚型产业。

中国在 20 世纪中期就确立了制造环节的全球价格优势,即能够生产任何类型、任何质量和层次上具有足够价格竞争优势的产品。但我们一直处于全球产业链的加工环节，在与世界发达国家的竞争中始终处于弱势。在全球时装产业链当中，高附加值和最大的利润份额都流向了发达国家的设计和销售环节。我国时装业在跨国产业链上获得的市场价值只有15% ~20%，处于国际产业链的主流外循环，不掌握主动权和定价权，对主流循环的依赖性较大。

总地来讲，国际环境对中国时装业发展非常有利。经济全球化深入发展，特别是我国在2001年加入WTO，打破了世界主要市场长期对我国歧视性贸易政策的束缚，为时装工业提供了更大的国际发展空间。积极参与国际竞争，有助于加速中国时装业的国际化进程，有利于我国纵向、横向深度参与国际产业分工，增强后发优势。另外，发轫于20世纪中后期的新科技革命的深入发展，为传统时装工业竞争力的提升以及生产方式、交换方式和消费方式的改变提供了强大动力。

中国时装产业正全面走上以品牌为主体，以价值为核心，以产业质量和效益增长为目标，以市场为导向，以科技、文化和人才为支撑，以低碳节能和社会责任为契机，以创新为动力的转型升级发展道路。从14、15世纪开始，时尚中心就从来未远离过欧美地区，20世纪中后期，随着财富结构的演变与新兴中产阶级的崛起，大众曾经被禁锢的需求成为巨大的驱动力，美国利用这个机会，以工业化大规模生产成衣打破了高级时装一统天下的格局；与此同时，日本时尚业兀然崛起，名师闯巴黎，让具有东方民族风韵的时装风格受到西方的青睐，东京时装周的创办使之成为新兴的世界时尚之都，从而改变了国际时尚版图。中国正面临成为新兴国际时尚中心的历史机遇，抓住量变到质变的临界点，提升比较优势，增强创新能力，突破国际产业链低端的路径依赖，是中国时装业面临的最大考验，也是由时装大国向时装强国迈进的必由之路。

第一章　时装的原理

本章要点

- 时装的术语
- 时装的构成
- 流行周期
- 流行传播的原理
- 时尚的规律

学习目标

知识目标：

通过本章，学生能够区分整个时装工业内有哪些相关行业和部门，各行业和部门之间的相互关系；使学生能够掌握和正确使用时装行业的相关术语；使学生了解时尚形成的整个过程以及各个阶段的特点与规律。

能力目标：

通过本章学习，学生能够运用时尚知识解释流行市场的一些基本现象，能够区别时装市场中的各个阶段，培养分析问题和解决问题的能力。

第一节　时装的术语

时尚、风格、品味和设计，这些时装术语如何定义？高级时装、大众时装如何定义？经典、狂热的区别又在哪里？为了对时装行业有初步的认识，首先需要了解这些常用的时装专业术语。

一、风格

对时装而言，风格(style)是指一种时装的特点或者独特的外观，是与众不同并能区别于其他时装的特点综合。有些风格被接受就会保留下来，有些被拒绝也就消亡了，但有些风格总能作为经典流传下去，不管它是否是当前流行的时尚。

案　例

Chanel(夏奈尔)：永恒的经典

Chanel品牌在时装界的地位有些类似奥黛丽·赫本之于"美女"二字，这让Chanel品牌成为永恒的经典。

1883年8月19日,夏奈尔出生在法国索米尔。19世纪末的欧洲还在古典的文化氛围之中,人们迷恋从头到脚的“矫饰”,而她却一次次用超越式的设计和崇尚自由随意搭配的风格把女性从笨拙、扭曲的体型束缚中解放出来,强调时装的优雅简洁、容易穿着,成为现代女性衣着的革命先锋。她主张造型简洁、朴实、舒适自如,色彩单纯、素雅。她喜欢黑、白两色。夏奈尔真正改变了时装的概念,使时装艺术真正迈入20世纪。

夏奈尔逝世后,由设计天才卡尔·拉格菲尔德(Karl Lagerfeld)接班。他有着不同于夏奈尔的自由、任意和轻松的设计心态,总是将不可思议的两种对立的艺术凭感觉统一在设计中,既奔放又端庄,既有法国人的浪漫、诙谐又有德国式的严谨、精致。他没有不变的造型线和偏爱的色彩,但他的设计自始至终都能体现Chanel品牌的纯正风范。

Chanel品牌在商业上的成就是不容置疑的,而Chanel的创始人或是后人也懂得在保留和延续其不受时间限制的东西的同时,引入时尚的新元素,永保其经典、优雅和引导潮流的地位。

二、时尚与时装

时尚(fashion)是一种在某一时间段被一个群体(不论这个群体有多小)中的多数人所接受并采用的风格,它总是以一些独特的风格为基础,但并非所有的风格都是时尚。一种时尚就是一种社会心理现象,一种风格通常是一位艺术家或者一位设计师的创作。

高级时装(high fashion)是指被数量很少的群体所接受的新型款式时装,这些人便是很早领受时装界变化和创新的时尚引领者(fashion leader)。高级时装通常销量很少,并且价格昂贵。这种时装不是为了迎合大众消费者的需求,或者说它们的价位原本就超出了普通消费者的购买力。相反,如果一种款式能为广大的消费者所接受,也就很容易复制,很容易批量生产,可以低价出售。这时,首先接受这一款式的时尚引领者就会转向一些更新的款式。

大众时装/批量生产的时装(mass fashion或volume fashion)是指接受度非常广泛的时装款式。这种时装都是批量生产并批量销售,价位中等偏低,吸引大多数具有时尚意识的大众消费群。大众时装是时装业的主体,也是大多数消费者能够接受的款式。

三、设计

设计(design)就是对一种风格进行的独特的或个性化的处理。一种风格能够通过多种设计来传达,其设计之间有所差别,但又有共性,因为它们同属一种风格。在时装生产过程中,生产商和零售商为每种设计确立一个“编号”,称为“款式编号”。这种编号便于生产、订购和销售各个环节识别不同的设计款式。

四、品味

在时装术语中,品味(taste)是指人们对某种时装在特定情况下是否具有吸引力、是否适合普遍流行的看法。内斯托姆这样描述良好的品味与时尚之间的关系:“良好的品味是指能很好地利用时尚中的最有艺术性的因素……沟通艺术和实用之间的隔阂。”即使一种时尚正在流行,也并非对每个人都适合。流行的东西只有同时对自己也适合,穿在身上才能算有品味。

五、经典

某些风格、款式或者设计在很长时间受到市场的欢迎，始终处于流行周期的鼎盛期而不消亡，是时尚传播中的例外，称为经典(classic)。

一种经典的风格或设计总能满足某种基本的趣味和需求，因此能够经久不衰。经典的重要特征之一就是设计上的简洁，这使它不容易很快落伍。Chanel套装就是一个关于经典的典型例证，如图1-1所示。其他经典的例子还有蓝斜纹牛仔裤、宽松外衣、开襟毛衣、套头毛衣等。

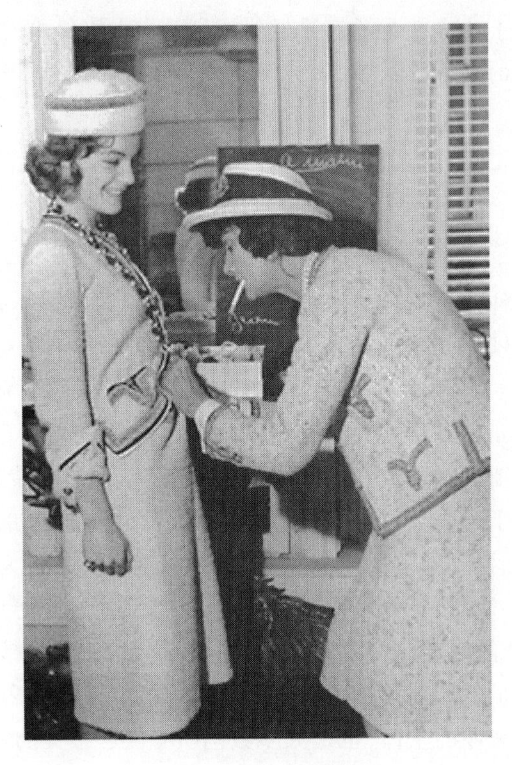

图1-1　Chanel经典套装

六、狂热

一种时尚突然在一个小群体中流行开来，然后又很快消失，称为狂热(fad)。它的出现通常是某些非常夸张的特征或细节的引入，激发了消费者的极度兴趣。狂热的时尚通常是在低价位时装中开始，复制起来相对容易，然后在短时间内充斥市场。由于市场的饱和，公众很快就会厌倦，它也会很快消失。狂热的时髦也遵从一般的流行周期规律，但流行起来往往更迅捷，被接受的时间也更短，衰退起来也比真正的时尚要快。因为大部分狂热的时髦都只是在一个季节里就结束了它的历程，因此也称为“微型时尚”。

七、趋势

趋势(trend)是指事物总体发展的一种方向或者变化。例如，人们有时在时装杂志中读到这样的话："下一季的流行趋势是裙子变长"，意思就是，设计师们特别是顶尖设计师，目前正展示着长裙作品，零售商们进货的时候在购买长裙，赶时髦的消费者在穿着长裙。如何对趋势和狂热做出判别，即使是专家也会挠头。图 1－2 所示为 2011 年春季的流行趋势，哈伦裤变得垂坠感更强，罩衫更短，长裙趋向于及地等。

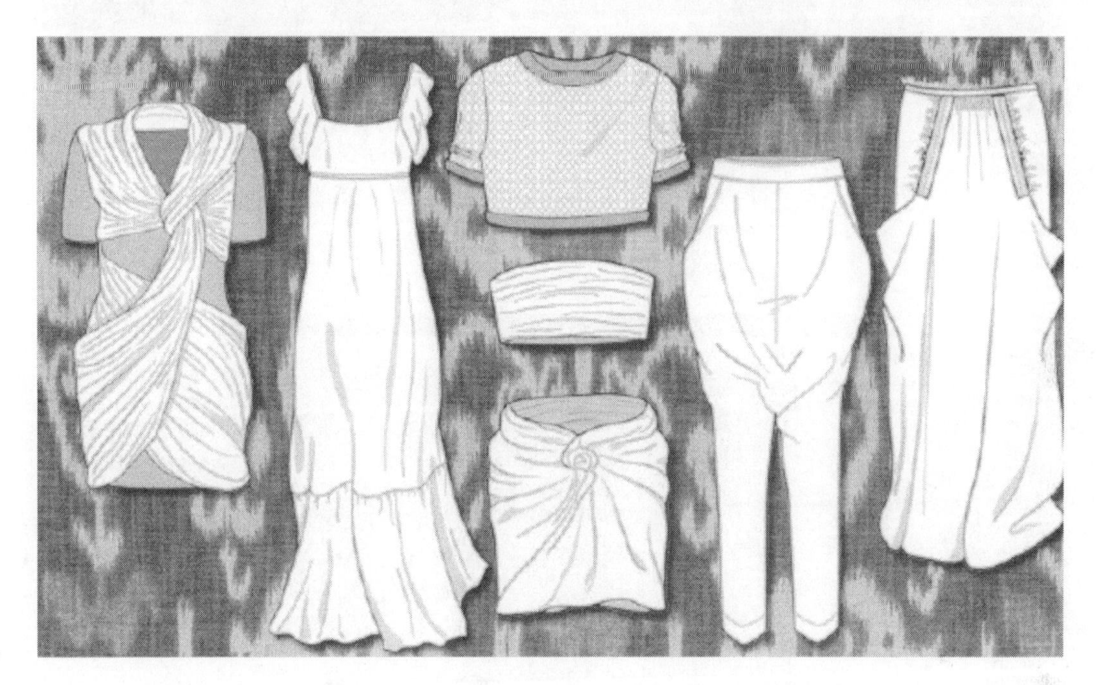

图 1－2　2011 年春季的流行趋势（图片来自 www. style. com）

第二节　时装的构成

一、轮廓

时装轮廓，是指时装总体概括的外观，通常也称为"形状"或者"造型"。20 世纪 30 年代，艾格耐斯·布洛克·扬（Agnes Brooke Young）研究认为，实际上时装轮廓可以归纳为三种最基本的类型：直式（又称为筒状）、钟型（又称为膨胀式）、后裙撑式（又称为后膨胀式）。现在很多时装专家又把筒状轮廓分化为四个类型：细长型、矩型、楔型和 A 字型。图 1－3 所示包括全部时装轮廓，可将其分为：a. 钟型，b. 后裙撑式，c. 直式。直式又可分为：d. 细长型，e. 矩型，f. 楔型，g. A 字型。图 1－4 所示为 2011 年春米兰国际时装周发布的连衣裙和针织衫的廓型流行趋势。

二、细节

赋予时装轮廓线形式的个性因素称为细节，包括装饰，裙子或裤子的长度与宽度的变

图 1－3　时装轮廓

图 1－4　2011 年春季流行廓型（图片来自 www.style.com）

化,肩部、腰部和袖子的处理等。通过细节变化,时装轮廓会从一种式样过渡到另一种样式。图 1-5 所示为 2011 年春米兰国际时装周发布会中的流行细节。

图 1-5 2011 年春季流行细节 (图片来自 www. style. com)

三、色彩

色彩是时装设计的一个最主要元素。在选择时装的过程中,色彩是关键的因素。色彩在广告、包装和橱窗装饰设计中也同样重要。色彩对于消费者视觉冲击有着非常重要的影响,许多时装品牌甚至开始主张全面视觉营销。图 1-6 所示为 2010 年秋冬季流行色和 2011 年春季流行色。

四、织品的质地

织品的质地是指面料的外观和质感,无论是纺织品还是非纺织品,织品的质地是时装设计中最重要的元素之一。质地影响时装的轮廓,质地粗糙和质地光洁的面料,会造成宽大或纤巧的不同外观感觉;质地表面吸光还是反光,影响面料的色彩效果。表面粗糙的面料吸光,看起来颜色暗淡;表面光滑的面料反光,看起来颜色鲜明。在色彩搭配中发现,一种颜色与有光泽的维纶面料相配,会显得非常明亮;而放到粗糙的羊毛、裘皮或者灰泥墙背景上,就会显得暗淡许多。

Fall 10-11 warm brown casted greys shift into much lighter Dove Greys both cool toned and blue casted.

Fall 10-11 Camels shift into a lighter, less red casted Khaki for Spring 11.

We see the beginnings of Spring 11 Jadite emerge from Chanel's iconic jade from Fall 10-11

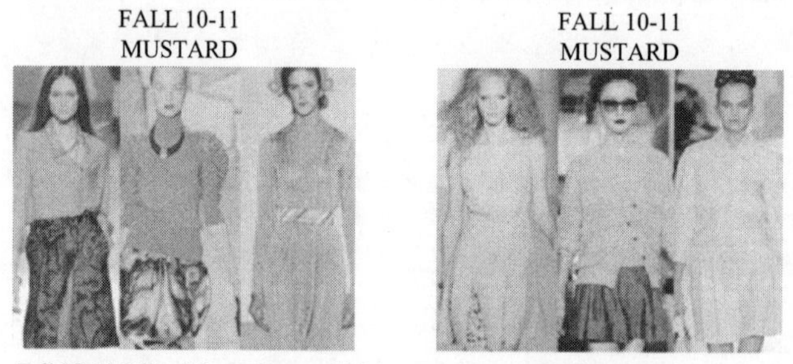

Fall 10-11 Dijon Mustard tones shift into much more Golden casts for Spring 11.

图 1－6 2010 年秋冬季流行色和 2011 年春季流行色 （图片来自 www. style. com）

第三节 流行周期

一、流行阶段

流行并不是偶然的，它们并非仅仅是“发生了”。在时尚的演变过程中有几个易于识别的阶段,这几个阶段可以用图表来描绘,在短期内也可以精确预测(图1-7)。能够识别和预测时尚流行的不同阶段对时装购买和销售都是非常重要的,每种时尚都要经过五个时期:导入、上升、顶峰、下降、消亡。

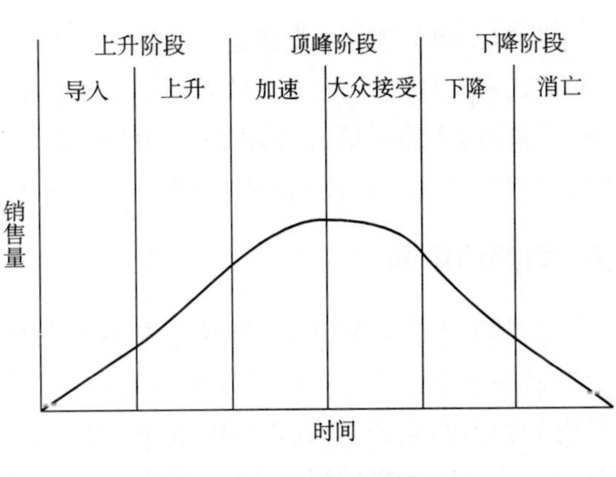

图1-7　时尚流行周期

(一)导入期

新的风格刚刚引入的时候,价位一般都比较高。开始时生产量比较小,因为时装零售商只会购进少量款式来试探消费者的反应。这个试探阶段处于时装购买周期的开始阶段,这恰好和流行生命周期的导入相巧合。当新款流行处于上升期或者干脆被消费者拒绝的时候,市场试探阶段也就结束了。

(二)上升期

当一种原创设计或者它的变形被越来越多的消费者接受的时候,可以说它进入了上升期。在这个阶段,零售商往往按照最大库存量来进货。在原创设计处于上升期的时候,零售商会推出复制品或者仿制品。生产商会在原创设计的基础上推出不同的款式,除了利用更便宜的面料大规模生产以外,仿制品和原创时装非常相像。

(三)顶峰期

顶峰期是指某种风格处于消费者接受程度最高的时期,这个阶段也称为高原期。时装被大量生产、大量销售,价格也在广大消费者都能接受的价位上。这个阶段或长或短,取决于流行的生命力。流行周期的顶峰阶段可以通过两种方式来延展:如果一种时尚能成为经典,其销售量就相对稳定;如果在细节上(设计、色彩和质地等方面)不断改进,一种风格能持续吸引消费者的兴趣。

(四)下降期

当人们对一种时尚厌倦时,对这种风格时装的需求量就会减少,这就是下降期。当一种款式的流行处于下降阶段时,人们也许还会穿它,但却不想以原价购买它。有商业眼光的零售商会及时判别时尚顶峰期的结束并开始标低价格,普通商店会做中等幅度的降价并打出广告,紧跟其后的可能就是清仓大甩卖。

(五)消亡期

当一种风格已经让人很厌倦的时候,再低的价格也卖不出去了,这就是流行的消亡期。在这个阶段,这种款式只能出现在二手商场或者跳蚤市场。

二、周期的跨度

预测一个流行周期的时间跨度是不可能的,因为时尚在按照自身的速度运行。然而,有一个指标却可以参考，那就是下降期非常快，从下降到消亡比从上升到顶峰要急剧得多。这个阶段，存货便卖不动了。随着进入21世纪，产品更新换代的速度越来越快，周期越来越短。科技的快速发展，信息的快速传播，都加快了这一速度。这也使得生产商和零售商之间的竞争越来越激烈，他们需要不断地去满足消费者的需求和期望。

三、周期的中断

与其他事物一样，时装世界也充满了兴衰波动。常规的流行周期在外来因素的作用下会打破或者突然终止。这些外来影响可能是没有预料到的气候或者公众喜好的变化，或者是更为剧烈的原因，如大规模的战争、世界范围的经济衰退以及自然灾害等。大规模的经济萧条也会打破正常的流行周期，当失业率非常高的时候，时尚演变进化就会趋缓，只有经济重新复苏，时尚演变进化才能重新快起来。

四、长期与短期周期

不同的时尚完成一个生命周期的时间跨度各不相同。有些时尚能流行几个季节，而有些则相对很短，或许一个周期只是一季。长期流行周期可以有更多的时间去完成它的生命周期，短期流行周期则相反。

五、消费者购买与穿着曲线

每种时尚都对应着一个消费者购买周期和消费者穿着周期。在流行的上升期，消费者购买曲线和消费者穿着曲线是直接相关的。但当流行周期到达顶峰阶段，消费者购买欲望就会快速下降，远比消费者穿着曲线下降得快。当每个阶层消费者穿着这一季节的流行时装时，生产商和零售商一边在销售当季的流行时装，一边在准备下一季该生产什么和销售什么。如果生产商和零售商能够准确预测消费者的下一季需求的话，就将赢得更多的市场。

第四节 流行传播的原理

在被大众接受之前，时尚总是被一小部分人先接受。流行预测中的一个重要环节就是要区分出那些时尚的引领者，并跟踪观察他们的选择。一旦了解了这些，流行趋势预测者就能够更准确地预测出哪种风格更有可能流行，它在多大的范围内被哪些人接受。有三种理论来解释时尚接受的“社会蔓延”或传播：自上而下流动理论（trickle up）、水平流动理论（horizontal）及自下而上流动理论（trickle down）。每种理论都力图描述时尚变化的过程，针对特定的时尚和社会环境，每种理论各有其相对的有效性。图1-8展示了时尚运动的三种理论。

一、自上而下流动理论

最早的关于时尚接受的理论是自上而下流动理论，也称为“滴落理论”。一种风格要想成为真正的时尚，必须首先被处于社会金字塔结构顶层的人们所接受，然后逐渐被下面的社会阶层所接受。

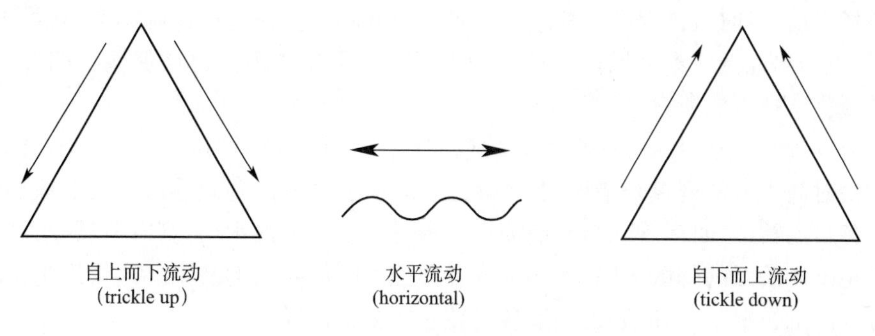

图1-8　时尚运动理论

这一理论假定存在着不同的社会阶层,其中的低收入阶层寻求更富裕阶层的认同。同时,上层社会又极力把自己和下层社会分隔开来。这一理论说明如下问题。

(1)时尚只有被上层的社会群体接受以后才会被下层社会群体所接受。

(2)当一种时尚在下层社会群体中流行起来以后,就会被上层社会所抛弃。

托斯坦·B. 危布伦(Thorstein B. Veblen),19世纪和20世纪交替之际的一位经济学家,最早研究了这一社会行为及其对时尚的影响。1903年,法国社会学家格布瑞尔·泰德(Gabriel Tarde)形象地描绘了时尚的传播就像在社会水塔里,模仿的水流不断从高处降落下来。1904年,德国社会学家乔治·西默尔(Georg Simmel)在深入研究时尚之后得出的第一个结论是:"社会形式、服饰、审美判断、人类的表达方式不断地被时尚所改变……只影响上层社会的人们。一旦下层社会的人们开始模仿上层社会的流行风格,为了破坏这种一致性,和下层社会划清界限,上层社会的人们就放弃这种风格而去接受一种新的风格。这一过程也同样发生在上层社会的各个群体之间,尽管有时并非显而易见。"

在某种情况下,自上而下流动理论是有效的,很多时尚的确先被社会显要群体所接受。利益驱动的生产商迅速以低成本大规模地仿制这种风格,使价格为大众所能承受,同时富有阶层的消费者已经开始寻找新的流行。但是当今社会结构已经发生巨大的变化,自上而下流动理论也不是一成不变的。这种理论适用于结构具有金字塔特征的社会,富有的阶层占据社会顶层,而相对低下的阶层成为追随者。

这种时尚接受模式的改变也是时尚新闻传播速度加快的结果,所有社会群体几乎同时能得知时尚革新的出现。而且,大规模的时装生产和销售也拓展了时尚被接受的范围,价格更低,流行更快,这是前所未有的。由于以上原因,从事工业化生产的时装商越来越没有耐心等待富有阶层消费者对新引进的风格的认可,只要某种新风格有流行的迹象,生产商就会尽快把改进款或复制款时装大批投入市场。

二、水平流动理论

水平流动理论或称为大众市场理论,是关于时尚接受的一种新理论。这种理论倾向于认为时尚在各种群体之间或者相似的社会阶层之间水平流动,而不是自上而下垂直式流动。

这一理论的代表人物之一是查尔斯·W. 金(Charles W. King)博士。他认为社会环境,包括快速的大众传播、生产商和零售商的促销措施,几乎在同一时间就把新的风格呈现给所有社会群体中的时尚引领者,各个群体之间几乎没有延迟。如巴黎时装,在原创风格投放高档时装市场之前,有时就已经在大众市场上被广泛复制了。一些设计师本人,在推出高档设计的同时,也推出能低成本大规模市场化的款式。水平流动理论也被那些早期自上而下流动理论的现代支持者们所察觉。

水平流动理论对于时装贸易有很大的重要性。它指出,那种认为在这个国家只有一个特征相同的时尚人群的观点是错误的。实际上,时尚公众由许多差异巨大的群体构成,每个群体都有各自的特征、时尚观念与时尚需求。水平流动理论揭示出,富有阶层今天的衣着并非一定就是中产阶级的郊区居民、大学生或者办公室职员明天的装束。这个理论认为,就像其他类型商品的情况一样,时装也有着各自独立的多个市场。

在销售活动中应用水平流动理论的零售商需要更多地关注他们的顾客,不能仅仅受专卖店销售情况的引导。他们要把消费者按照收入、年龄、受教育程度和生活方式来区分。在顾客中要关注时尚革新者的选择,同样也不能忽略时尚追随者的喜好。按照金博士的定义,一个时尚的革新者是一个比其同伴更快去尝试新风格的人。时尚的追随者则是受同伴的意见影响的人,他们对新风格的接受提高了这种风格在群体中的声誉。这两个角色也可能由一个特殊群体中的一个人扮演。

三、自下而上流动理论

第三种尝试解释时尚接受过程的理论相对较新,它反映了在过去的50年里社会所发生的巨大变化。从20世纪50~90年代发展起来的时尚传播模式和历史上风行的方式大相径庭。这一理论对生产商和零售商都大有启发,这一理论被称为自下而上流动理论。它认为,年轻人尤其是低收入家庭的年轻人和那些收入高但过着低收入生活方式的年轻人,比其他社会群体能更快地创造和接受新的时尚。就像它的名称所暗示的那样,自下而上流动理论认为新的时尚先被低收入群体接受,然后向高收入群体蔓延。

20世纪50~90年代的几十年间,自下而上流动理论的例证很多。50年代,年轻人发现军品商店,很快他们就开始穿戴起卡其布裤子、帽子、战斗夹克、工作服甚至炸药带。60年代,在"堕落天使"们的带动下,摩托车俱乐部给时尚世界带来了黑色皮革的夹克、背心和镶大头钉的臂带。很快,上流社会的人们也穿起了黑色的皮衣、皮裙和皮裤。同时,其他一些年轻人又发现了工装裤、铁路工人帽和多用途劳动服,这种劳动装不久便演变成了连身装。农民装、草原装以及各种小群体的风格和设计被演绎成了同一种时尚。它们先是成为低收入青年人生活的一部分,然后被不同生活方式和收入的成人所接受。

T恤是更富戏剧性的例子之一。短袖T恤长期以来是卡车司机、体力工人和农场工人的装束,长袖T恤则是保龄球队和垒球队的队服。70年代,T恤成了信息牌,催生了一个崭新的时尚工业。极品的T恤是"Chanel 5号",先是香水,再是T恤。实际上,Chanel T恤是夏奈尔长期奉行的信条的合理应用,这一信条相信时尚来源于街头,然后被设计师们改造。

80年代,体现着自下而上流动理论的时尚风格的灵感源泉比比皆是,尤其是在摇滚乐世界。追随着摇滚偶像的时尚风格,美国的年轻人变着样地穿戴斜纹棉布、金属制品、皮革制品、花边、手镯和电光服。色彩从孔雀杂色到单纯黑色。作为一个时尚的创立者,麦当娜发明了内衣外穿的时髦。

对生产商和零售商而言,时尚流动的新方向意味着传统的对时尚的预测模式要发生剧烈的变化。生产商和零售商不再是仅仅根据著名设计师和上层社会时尚引领者的观念来判断哪些将成为明天最受欢迎的时尚了。他们必须关注年轻人的喜好,年轻人已经变成一个对时尚有相当影响力的、巨大的、独立的群体。因此,今天越来越少的生产商和零售商去欧洲参观时装表演。欧洲的时装表演曾被认为是设计灵感最重要的来源,但现在的生产商和零售商对生活化时装表演更感兴趣,在那里他们能找到和美国年轻人的生活更相关的风格和设计细节。二十多岁、三十多岁的设计师们抱怨,很多实力更强的大公司在剽窃他们的设计。

很明显,时尚不会只在一个方向上流动。当然,有的消费者是热衷时尚的,有的则是保守的。但生产商和零售商们必须承认,他们应该更多地关注那些低收入的年轻人所接受的、并被很多人追随其后的时尚风格。

第五节 无形的时尚

一、群体接受

自从亚当和夏娃的无花果叶裙的发明被人们广为接受以来,人类的时装史经历了漫长的道路。可以说,时尚就是接受,在所有关于时尚的定义里都意味着群体接受和赞同。很多人都希望自己在个性表达的同时,自己仍然是某个群体的一部分。

然而,接受是不会整齐划一的。一种风格也许被一个群体所追捧,却被另一个群体所忽视。例如,都市生活方式中的时尚不会在乡村地区流行,时尚专家将此称为“风格群落”或者同时并存却穿戴不同时装的群体。戴维 · 沃尔夫(David Wolfe)在《多尼格设计指南》中富有创见地写道:一个人选择什么样的流行趋势取决于归属于什么样的群体,无论是打击乐歌手还是一个政治家的妻子。我们不会再以偏概全的论断(如“这是一个粉红色的季节”),我们花更多的时间分析消费者购买数据,一个地区、一个地区地追踪色彩流行的趋势。

穿着方式是个性的表征。在传统观念里,服饰是用来区分性别的,但在现代人的眼里,服饰很大程度上表达了我们希望被某种群体接受的愿望。接受也意味着某种时装是适合某个场合的,高层董事会议上的西装革履就与周末休闲装大相径庭。

二、变化

时尚变化是因为政治、宗教、休闲、民主、成功和年龄的观念在变化。时尚也是促进社会有序演变的一种复杂的手段。时尚总是在变化,或快或慢。在时尚更新加速的今天,大众传媒扮演了一个重要角色。

三、时代的镜子

时尚是一种非文字语言。它表示穿戴者与时代是同步的。时尚由一个时代的各个因素决定,反过来又影响着我们的思维和行动。每种新的时尚看上去都与时代精神相吻合,它以无可替代的方式反映着时代的变化。时尚就像绘画、雕塑和建筑一样,作为社会语言记录了那个时代的情趣和价值观念。

(一)社会阶层

时尚作为时代的一面镜子能够折射出社会阶层等级划分的严格程度。很早以前,某些时尚是社会地位和经济地位的象征。但随着进入21世纪,社会阶层的划分标准已不再固定,没有统一的生活方式,人人有权选择自己喜欢的生活方式和价值观——时尚就反映了这种选择。多种时尚同时并存,我们可以自由地选择任何一个社会群体的时尚。

(二)生活方式

通过一个时代人们所参与的活动,时尚也反映着时代特征。现在,我们的时装也随着生活方式的改变而改变。由于生活水平的提高,人们将更加重视时装的舒适、生态环保和功能特性,外在质感和内在保健功能的珠联璧合已成为纺织品及时装消费的新趋势,绿色产品将主导世界纺织品和时装的新潮流。Guess(盖尔斯)推出以有机棉制造的环保型男女牛仔裤,在营销中,其强调这款牛仔裤除了以有机棉制造外,每条裤子的洗水过程只用极少量的化学物质及简单的冲洗方式,就连商标也以百分百再造纸及大豆制的油墨印制,彻底符合环保原则。H&M推出的有机棉时装涵盖了从内衣到外套各个种类,并专门悬挂了"有机棉"商标,以示区分。

第六节　时尚的规律

一、基于消费者的时尚构建

通常,设计师总是自信地设计一种艺术形式,而很少考虑消费者是否接受,这是非常错误的。没有消费者的支持和接受,任何一个设计师都不会成功。在日常的设计过程中,设计师若总是从自身偏好角度来进行产品设计,而不是从消费者的需求出发,容易导致与市场需求脱节。

由设计师引入新的时尚的情况也有,但很少见。如Chanel套装中宽松的、方方正正的上衣;克里斯汀・迪奥(Christian Dior)设计的"新风貌"。然而,这些称为时尚"发明家"的设计在轮廓、色彩、面料等方面都与大多数消费者的需求相一致,并赢得了消费者的欢迎。设计师每个季节都要设计出数以百计的新款式,他们认为这些是能吸引消费者的。从这些新样式里,生产商在挑出他们认为有市场潜力的设计,其中淘汰的往往比接受的要多。

二、价格不是时尚形成的基础

某种商品价格高,并不意味着就会取得市场上的成功。虽然最终形成时尚的新款在刚刚引入的时候价格都很高,但这种情形如今越来越少了。一种时装的价格高低并不决定能否流行。

当今的时尚千差万别,各个价位的商品都有成功的可能。高收入的消费者也会去买价格很低的时装,而低收入的消费者也经常出手大方地购买很贵的东西——只要它是流行的。在很多情况下,消费者会把贵重的和廉价的服饰协调起来,而不管价格高低。

三、时尚是进化的

时尚其实是从一个季节到另一个季节慢慢过渡和变化的。纵观历史，真正能称得上革命的时尚风格大约有两次。一次是发生在20世纪：迪奥1947年设计了“新风貌”；另一次是法国大革命期间仿佛一夜之间出现的新时尚，妇女的时装从精致的长裙、大胆的低胸紧身衣、烦琐的装饰和考究的面料变成了简朴单调的装扮，以便和政治与道德观念的剧变协调步伐。时尚通常都是从一种风格悄悄演变成另一种风格。

时装设计师们都理解并接受这一规律。他们在拓展新的设计理念的时候，脑海里总参照着现在的流行风格。设计师们知道，很少有人每个季节都去购买全新风格的时装，而设计成功与否最终还是取决于时装的销量。

四、促销不能改变时尚的发展方向

生产商和零售商的促销手段并不能决定消费者购买什么，他们也不可能强迫消费者去购买他们不需要的东西。同样，促销手段也不能延续已经开始衰退的时尚的寿命，除非有起死回生的奇迹。这就是为什么一旦时尚开始消退，零售商就不惜血本清仓甩卖，尽可能减少库存，为消费者喜欢的新时尚腾出地方。

五、物极必反

一旦走向了极端，这种时尚也就该消亡了。一种时尚衰落了，另一种新的时尚又在兴起。许多事例可以证明这个说法的正确性。例如，20世纪60年代的超短裙后来越来越短，以至稍一活动就春光乍泄，因而最终被淘汰。

小结

1. 时装的四个组成部分分别为：轮廓、细节、色彩和面料。
2. 时尚流行周期的五个时期，即导入期、上升期、顶峰期、下降期和消亡期。
3. 时尚的流行有章可循，它可以通过消费者接受或拒绝提供的风格来构建时尚；时尚的形成不以价格为基础，且不断进化；促销改变不了时尚发展的方向；有时会物极必反。

思考题

1. 时尚流行周期分几个时期，它们各自的特点又有什么区别？
2. 简述高级时装和大众时装之间的区别。
3. 流行是如何产生的？在产生的过程中，消费者、生产商、品牌商谁在起主导作用？
4. 时装流行周期长短的特征是什么？
5. 时装的廓型有哪几种？

第二章　时装的环境

本章要点

- 自然环境对时装的影响
- 经济发展水平决定了时装的需求和变化
- 高科技在时装中的应用(科学技术水平对时装的影响)
- 影响时装的社会文化环境因素
- 现代社会的新社会群体与时装

学习目标

知识目标:

本章使学生能系统全面地了解时装的宏观环境,通过对时装与自然环境、经济环境、科技环境和社会文化环境的介绍,使学生确立时装行业可持续发展的整体意识,以便展开后续章节的学习。

能力目标:

本章使学生能够整体把握影响时装环境的四个因素,培养学生宏观把握行业信息的知识技能。

第一节　自然环境

自然环境在时装的演变发展中扮演着一种稳定的角色,一方面,它制约了时装的基本性格,不同地理环境的人们必须遵循自然因素穿着;另一方面,自然环境又为人们所利用而创造着时装。

自然环境是指一切可以直接或间接影响到人类生活、生产的自然界中的物质和资源的总和,是人类赖以生存和发展的基础。自然环境一般包括气候、水、地域、植被、动物、土壤、岩石等。与时装有关的自然环境主要是指气候和地域。

一、气候因素

相对固定的气候因素,形成了与之相适应的时装形式。

气候发生变化,时装也随之变化,如一年四季的更迭,人们的着装也会随着春夏秋冬的变化各不相同,而不同地域的环境气候对时装也有着直接影响,如表 2－1 所示。

表 2－1 全球各地域气候类型特征对服饰特点的影响

气候类型	气候特征	服饰特点	所属地域
低纬度海洋性气候	湿度大，雨量多	开放宽敞，易于散发体表热量	希腊、罗马等地中海欧洲国家
沙漠性干燥气候	湿度低，雨量少，昼夜温差大，气候干燥	全身包裹，避免暴晒和汗水蒸发，夜间起到保暖作用	阿拉伯国家、叙利亚、撒哈拉大沙漠等
亚热带季风气候	冬冷夏热	夏：呈开放裸出形式 冬：呈密闭包裹形式	中国、日本、美国等（夏干冬湿或夏湿冬干）
寒带极地气候	寒冷干燥	密闭包裹	北极圈、南极等
热带赤道气候	闷热，雨量大	腰绳装饰，垂布遮盖	非洲等热带未开化地区

从上表可以看出，海洋性气候地区因湿度大、雨量多，服饰较为开放，易于通风，透气性较好；沙漠性干燥气候地区由于昼夜温差大，干燥，衣服颜色多为白色，且全身包裹防蚊虫叮咬和太阳暴晒；季风性气候地区因季节变化，服饰也随之变化，如中国，夏季时装清爽散热性强，冬季则注重保暖，防风防寒；极地气候地区因终年寒冷，服饰大多呈包裹型；相反，热带赤道气候地区，则用垂布遮盖身体。

古埃及人的服饰就受到气候的影响，炎热的气候直接决定了制作服饰的材料。考古证明，古埃及人的衣服基本上都用透气性好的亚麻布制成。努格白是古埃及各阶层妇女通用的服饰，多为白色等浅色，样式简单，较紧身，从胸下一直穿到脚跟，胸下用一条布带扎住，上端一般有一条或两条用纽扣固定的吊带，通常用透气性较好的亚麻布制成。在一些晚会上，努格白上还会有一些装饰，穿着的时候，从脚下往身上套，再用色彩相配的吊带固定，如图2－1 所示。

图 2－1 古埃及为适应炎热气候的简单时装 （图片来自《时装与自然》，华梅，中国时代经济出版社）

二、地域因素

地域条件不同，服饰也会呈现不同的地域特色。比如，中国苗族主要分布在云贵高原以

图 2－2　苗族服饰

图 2－3　穿长裙的苗族姑娘

图 2－4　短裙且腿部打绑带的苗族服饰（图片来自《时装与自然》，华梅，中国时代经济出版社）

及广西北部等地，海拔平均在 1000 米以上，地势西北高东南低，气候温暖湿润、降水充足、植被茂盛。这样的自然地理环境决定了苗族裙装的差异性。居住在河谷、平坝地区的苗族人，因地势平坦、雨水充足、植被茂盛、气候潮湿、蚊虫较多，为了防止蚊虫叮咬，她们多穿长裙；而位于高山地区的苗族人，因为长年翻山越岭，为了行走方便，都穿着百褶短裙，且腿部用布条打绑带，避免被植被刮伤，如图 2－2～图 2－4 所示。

在面料、色彩、款式特征等各服饰要素上也表现出地域的差异性，如印度盛产棉布、古埃及盛产亚麻、古代中国以丝绸闻名。

第二节　经济环境

经济是指作为人类共同生活基础的物质财富的生产、分配、消费等行为和过程以及由此所形成的人与人之间的社会关系的总体。作为衣食住行的“衣”，与经济关系息息相关。因经济发展水平不同，消费能力不同，各个国家的时装发展也表现出进步、停滞或落后的差异。

经济环境的发展程度决定了时装的变化和需求。一般来说，经济水平高、消费者收入高的地区，其时装的更新和发展更快。中国在 20 世纪六七十年代还统一穿着蓝、绿、青布衣裤，随着改革开放，经济飞速发展，人们生活水平得到明显改善，对时装的要求也不断提高，开始不满足单一的服饰，追求时尚、多样化的款式。

一、现代中国经济发展水平与着装的变迁

（一）20 世纪 60～70 年代

新中国成立初期，物质匮乏，穿衣更是按人数来供应票证。

1. 国民经济与衣来源

新中国成立初期，社会结构简单，服装以粗布、棉布为主，品种单一，色调单一，补丁衣服极为普遍，如图2－5所示。六七十年代实行“票证经济”，衣服大都是凭票从布店买面料自己做，也有人花一点手工钱请裁缝加工服装。

图2－5 20世纪60年代一户普通家庭的着装

2. 服装款式

(1)列宁装：新中国成立之初，苏联服装成为当然的革命象征，深深地影响着城镇居民，列宁装一度成为最流行的服装。此外，仿苏联坦克兵服装设计的“坦克服”、“乌克兰”式衬衣、“布拉吉”也曾流行。

(2)绿军装：“文革”时期，最时尚的装束莫过于穿一身不带领章、帽徽的草绿旧军装，扎上棕色武装带，胸前佩戴毛泽东像章，斜挎草绿色帆布挎包，胳膊上佩戴着红卫兵袖章，脚蹬一双草绿色解放鞋。在原有的艰苦朴素、勤俭节约的思想风尚中，又增添了浓烈的革命化、军事化色彩，如图2－6所示。

图2－6 一群身着绿色军装的年轻人 (图片来自 www. baidu. com)

(3)假领子：由于物质相对匮乏，纺织品凭票供应，于是“假领子”应运而生。“假领子”不是一件真正的内衣，只是一个领子而已。它有前襟、后片、扣子、扣眼，只保留了内衣上部的小半截，穿在外衣里面，足以以假乱真，露出的衣领部分完全与衬衣相同，所以美曰其名“假领子”。

3. 代表性色彩和面料

20世纪六七十年代，人人需要劳动，因此，耐磨耐脏的黑、灰、蓝、绿成为这个年代最实用流行的颜色，如图2－7所示。

70年代末，改革开放的春风开始吹绿大江南北，人们的思想逐步解放，眼界开阔。“的确良”面料风靡全国，它是涤棉布的俗称，是一种化纤织物，直挺不皱，易染色、洗后免烫快干，尤其是印染出的鲜亮效果给当时的人们以强烈的视觉冲击。因此，即使价格不菲，也挡

图2-7　全国近乎单调统一的黑、灰、蓝、绿服色（图片来自 www. baidu. com）

不住经济上略为宽松的人们对它的追捧。

(二)20世纪80年代

20世纪80年代改革开放,港台的服饰样式和电视节目逐步进入内地。内地服装在款式、色彩上冲破了局限性,变得丰富而多样化。图2-8所示为80年代中期最早进入中国时装舞台的法国时装设计师皮尔·卡丹(Pierre Cardin)。

1. 国民经济与衣来源

80年代末,由于改革开放的深入和经济的发展,人们可以在摊点(位)上选择衣服。各城市的百货大楼也有越来越多的成衣可供选择,“去百货大楼!”成为当时住在乡村的人们进城说得最多的一句话。

2. 时装款式

20世纪80年代初,由于受西方时尚和经济发展的影响,人们的思想观念发生很大变化。中山装逐步淡出都市的流行,蝙蝠衫、喇叭裤和健美裤成为最热门的时装款式,如图2-9所示。

(1)蝙蝠衫:袖子大得夸张,跟衣服侧面连在一起,张开双臂,样子似蝙蝠,这就是红极一时的蝙蝠衫。当时,有句顺口溜:“不管多大官,都穿蝙蝠衫”,蝙蝠衫成为时髦必备的行头,街头“摇滚”青年尤其青睐。因为袖子宽大,跳起霹雳舞、太空舞来,袖子忽闪忽闪,与舞蹈动作相得益彰。这样一个特殊造型的时装,在当时也算得上是最流行的“奇装异服”。

(2)喇叭裤:上细下宽,把臀部绷得圆滚滚的,裤脚宽得足以扫地,是当时所向披靡的一

图 2-8　法国时装设计师皮尔·卡丹（图片来自 www. google. com）

图 2-9　当时流行的喇叭裤和蝙蝠衫（图片来自 www. baidu. com）

种时尚。喇叭裤诞生以前,女装裤从来奉行“右侧开口”路线,而喇叭裤的外表不分男女,拉链,一律开在正前方。因而,谁要是穿着一条喇叭裤在街上行走的话,那是非常吸引眼球的。对一些年轻人来说,喇叭裤是他们追赶时髦的方向和目标。

(3)健美裤:健美裤在80年代流行了相当长的时间,直到90年代仍有很多人穿着。它的基本特点是贴身、高弹且透气,一般以黑色为主,裤脚有个脚蹬套。廉价的踩脚弹力裤上下直成一条线,能够塞进两条臃肿的毛裤,女性不分年龄大小,为弹性的健美裤(图2-10)能展现腿部形态而乐此不疲地穿上一秋冬。后来,健美裤的材料变得多种多样。

图2-10　当时女性爱穿的健美裤

3. 代表性色彩和面料

80年代起,人们的物质生活逐步得到改善,思想不断开放,“蓝、灰、黑”是曾经的记忆,取而代之的是各种鲜艳的色彩。当时电影《街上流行红裙子》大受追捧,一时间,色泽亮丽的红、黄裙子成为大街小巷女性追求时尚的标志。

80年代,代表面料是毛料和化纤,同时牛仔面料开始盛行,很多家庭以拥有毛料衣服为荣,把毛料当成贵重衣服压箱底,只有逢年过节或走亲访友才穿上显示一下。此外,在结婚仪式上送毛料衣物也是当时一种比较通行的做法。毛纺厂纷纷崛起,如新疆八一毛纺织厂,就因出产优质毛料而曾经有过无限辉煌的历史。

(三)20世纪90年代

社会主义市场经济的提出,使人们的视野更加开阔,经济水平不断提高,人们对物质生活的追求也在高涨。西方嬉皮风蔓延,港台流行文化开始大量传入内地。

1. 国民经济与衣来源

20世纪90年代,城市里的繁华地区遍布各种品牌专卖店,高档西服、休闲装、时尚服饰、牛仔服饰在市场上大量涌现。人们学会了追逐“品牌”,这时的人们买衣服已经有了明确的地点:要么去时装市场,要么进品牌专卖店。

2. **时装款式**

（1）宽肩双排扣西服：受国际时尚T台的影响，双排扣西装演变成了一种臃肿、宽肩和没有风格定义的西装类型，面料不太讲究，多以化纤为主。颜色清淡，有玉白、灰白、浅蓝色等；款式多为双排扣，有一个扣眼或两个扣眼之分，上边左侧有一口袋，无袋盖，下边左右各有一口袋且有袋盖；背后有中缝线，中缝线下端开衩，约15厘米，穿起来笔挺、整齐、美观，在男青年中广泛流行。穿宽肩双排扣西装、携手持式电话机成为20世纪90年代初男子最时髦的搭配，如图2－11所示。

图2－11　20世纪90年代一名身着西装的男子

（2）一步裙：90年代初，多数女性都有几条一步裙。所谓一步裙，顾名思义，就是穿上之后双腿之间只能张开差不多一步那么大。这种裙子短而紧，对身材要求颇高，后来发展成办公室女性的职业装扮。

（3）西式婚纱：经济的宽裕让曾经的梦想再次成为现实。90年代，受台湾、香港文化的影响，婚纱自然也受到年轻男女的热捧，一度成为婚礼上的亮点。从新娘的化妆、造型到服饰配搭，多样化的婚纱风格让新人们激动不已。当时婚纱摄影也模仿港台风格，拍照造型多是新郎穿燕尾服、新娘穿婚纱，一个坐、一个站或半坐，造型单一。

3. **色彩和面料**

90年代初，社会主义市场经济确立，相应地，物质水平和生活状态也发生了改变，色彩时代开启。五彩缤纷的服饰让人们的生活变得丰富起来，中老年时装可选择的色彩、图案越来越广泛，而男式时装经过80年代的尝试，颜色也变得多起来。

纯棉、纯毛、真皮等高档面料普遍，但化纤时装仍然有很大市场。90年代的时装尽管追求流行，但着装观念发生了变化，同时也注重面料的舒适性和自然性。

（四）2000年至今

步入21世纪以来，随着经济全球化的迅速发展，中国经济水平一直高速发展，交通的便利和互联网等高科技技术的应用使得全球时尚同步进行，时尚更新速度不断加快。人们的视野更加开阔，思想也趋向全球化，着装流行文化已经和国际时尚接轨，时装款式、衣来源、面料和色彩流行多样化、个性化、潮流化，如图2－12所示。

图 2－12　喜爱韩流服饰打扮的少年

二、经济全球化与时装产业整合

时装产业的整合对于一个正在发展中的企业显得尤为重要，时装企业可以通过产业链的有效整合，成为市场的快速反应者。增强企业竞争力，压缩经营成本，提高时装行业的综合经济效益，是时装产业经济稳固增长的重要保证。

(一)时装产业链

时尚产业是一个由多行业部门、多产品构成的综合体系。仅一个时尚品牌，如Chanel，旗下就包括时装、包袋、化妆品、手表、香水等门类，每个门类包含较长产业链。以时装产业链为例，其生产链包括纤维、纺织、织造、染整、缝制；其价值链包括材料研发、面料纹样、款式设计、商品策划、贸易零售、营销推广等，还要有装备、配饰件供应、包装、物流等的支持。

产业链是产业经济学中的一个相对宏观的概念，是指在一定的地理区域内，以某一个产业中具有竞争力或竞争潜力的企业为链核，与相关产业的企业以产品、技术、资本等为纽带结成一种具有价值增值功能的战略关系链。而产业链整合是一个对产业链进行调整和协同的过程，产业链环节中的某个主导企业通过调整、优化相关企业关系使其协同行动，从而高效运作整个产业链，最终提升企业的整体竞争优势。

时装产业链是在产业链概念基础上延伸出来的一个分支概念，一般包括原料、设计、加工、物流、销售、服务、品牌等环节。它是以时装设计领衔,集时装加工、商业和贸易为一体的都市型产业,以服饰商贸为产业主体,以面料、辅料、时装加工等为产业支持,以服饰配件、化妆品、形象设计等为产业配套,以展览业、时装报刊及新闻传播、信息咨询等为产业媒介,以时装教育为产业的人才资源基础的综合产业链。

在全球时尚产业链中,美国是最大的棉花出口国,澳洲是最大的羊毛产地,中国是世界棉、丝、麻的最大生产和消费国,而日本、美国是主要高端纤维的生产国。发展中国家主要以时尚产品的加工制造为主(OEA 或 OEM),而研发设计和品牌营销基本由发达国家掌握。比如,中国是世界上具有最完整的纺织时装产业链的国家,强于加工制造而弱于品牌营销,虽已培育出一批时装品牌,但尚无知名的国际品牌,高端的时装品牌几乎集中在欧美发达国家。发展中国家与地区和不发达国家与地区在时尚产品的加工生产中占有重要地位,如时装、袜品、领带、皮鞋与运动休闲鞋、伞具等产品的加工大部分都在这些国家与地区进行,中国便是上述产品的最大生产与出口国,但这类产品的附加值较低。

(二)国内时装产业链板块

(1)长江三角洲和珠江三角洲地区:集中了我国纺织时装工业近 2/3 的产能,是最重要的产业基地,形成较为完整的产业链。

(2)环渤海地区:是继长江和珠江三角洲之后的第三大纺织时装产业经济带,是承接东部纺织时装产业向中、东、北部地区梯度转移的过渡区域。

(3)中西部区域:时装产业链不够完整,缺乏整体协调性,发展不平衡,但凭着丰富的人力资源和自然条件,可作为东部沿海区域纺织时装产业转移的方向地区。

三、中国时装产业集群

(一)时装产业集群概况

中国时装产业集群,以长江三角洲、珠江三角洲、环渤海三角洲三大经济圈为辐射中心,在时装生产区广东省、浙江省、江苏省、山东省、福建省等地的企业,凭借专业市场、出口优势、龙头企业等优势,形成了以生产某类产品为主的区域性产业集群,如表 2-2、表 2-3 所示。例如杭州的女装,宁波、温州的男装,织里的童装,嵊州的领带、常熟的羽绒服、郑州的女裤等,这些时装产业集聚地产业链发展完善,已成为当地经济发展的主体。

表 2-2　2009 年中国纺织时装行业年度十大产业集群

地　区	集群性质
绍兴	中国纺织产业基地
东莞虎门镇	中国女装名镇
海宁马桥街道	中国经编名镇
沙溪镇	中国休闲服名镇
织里镇	中国童装名镇
吴江市盛泽镇	中国丝绸名镇
均安镇	中国牛仔服名镇

续表

地　区	集群性质
郑州	中国女裤名城
洪合镇	中国毛衫名镇
石狮市	中国休闲时装名城

表 2-3　中国产业集聚地一览表

所属省份	地　区	产业特点或主要产品	时装产业企业数(个)	时装工业园区(个)	时装专业市场(个)
北京	北京	时装文化、商贸、设计	1871	6	6
上海	上海	时装文化、商贸、设计	1457	1	1
天津	天津	时装文化、商贸、加工	755	6	8
辽宁	大连	时装文化、设计	1811	2	4
湖北	武汉	时装生产、商贸	1592	5	4
河北	容城	男装、针织时装	426	1	3
山东	青岛	时装文化、设计	1169	9	1
	淄博	休闲服、牛仔服	27	—	3
	诸城	男装、针织时装	286	—	—
江苏	无锡	品牌时装制造	1163	9	10
	常州	时装制造	860	5	3
	其中:金坛	出口时装制造	285	—	—
	常熟	羽绒服、休闲服	1650	—	—
浙江	杭州	女装	30	—	—
	宁波	品牌男装	1800	6	3
	平湖	出口时装生产基地	1100	8	—
	温州	男装	2500	2	8
	其中:乐清	男装、休闲装	425	2	4
	嵊州	领带	1100	1	1
	织里	童装	2510	—	6
	枫桥	男衬衫	37	—	—
福建	晋江	休闲服、西服、泳装、内衣、运动服	3000	13	9
	其中:英林	休闲时装	1191	3	—
	深沪	内衣	252	3	1
	石狮	休闲装、运动装生产基地	2247	8	18
	其中:灵秀	运动休闲时装	652	—	—
	蚶江	西裤	586	2	8

续表

所属省份	地　区	产业特点或主要产品	时装产业企业数（个）	时装工业园区（个）	时装专业市场（个）
广东	广州	时装文化、商贸、设计	2850	6	38
	深圳	时装文化、女装生产、设计	1860	1	5
	东莞	纺织时装生产基地	2155	—	7
	其中：虎门	女装、休闲装	1072	—	3
	中山	休闲装、牛仔服	2152	2	4
	其中：沙溪	休闲装	639	6	5
	大涌	牛仔服	280	4	—
	潮州	婚纱、晚礼服	556	—	—
	普宁	衬衫、针织衫	1452	5	—
	新塘	牛仔服	2045	2	5
	均安	牛仔服	1200	1	1
	盐步	内衣	310	—	—

注　资料来源：中国时装协会网站。

（二）我国时装产业集群特点

（1）集群区域均围绕一个专业化市场展开，可充分提供各种原材料、配套设施与服务，最大限度实现产业集群区内的产品产出。

（2）产业资本能够在区域内迅速集中，实现劳动力、原材料、专业服务和产业技术优化配置，降低成本。

（3）当地政府提供相关优惠政策，在土地、工商管理、引导服务等方面提供政策支持，促进集聚区域产业链的完善和提升。

案　例

虎门镇——以最完善的产业链为目标

虎门镇以女装闻名，被称为“中国时装名城”、“中国女装名镇”。每年虎门销售的时装约占广东省的30%，占全国的20%。全镇从事时装生产约有25万人，时装年销售额150亿元，拥有“中国驰名商标”、“中国名牌产品”、“广东省著名商标”、“广东省名牌产品”等近20个。经过近30年的发展，虎门时装品牌走出了一条“无牌—贴牌—创牌—名牌”的发展道路。虎门时装生产企业在国内外注册商标有5000多个。从1996年第一届中国（虎门）国际服装交易会推出虎门时装七大品牌开始，服装交易会陆续培育了以纯、松鹰、衣讯、依米奴、狐仙、伊韵儿等80多个有一定区域影响力的时装品牌。虎门早已成为以时装产业为龙头，以商贸流通业为主体，相关行业配套齐全的纺织时装生产、销售产业集群基地，并具有规模大、产量高、质地优、款式新、出货快、市场大的特点。

2010年，虎门完善了产业链的设备一环，已建成的虎门国际服装机械城是虎门唯一、珠三角最大的时装机械专业市场。未来,它将成为一个集“产品展示中心、贸易中心、信息中心、经营中心、物流配送中心、融资服务中心”一体化的行业旗舰平台。虎门在基本完善纺织时装产业链条的基础上,旨在将“培育产业集群,强化产业支撑力”、“打造品牌集群,提升区域竞争力”、“构建创意集群,增强创新活力”三大方面继续努力,构建最完善的产业链,壮大虎门的纺织时装产业。

四、国家经济实力与时装品牌国际化

(一)中国时装品牌国际化的背景

1. 服装出口大国品牌小国

中国是全球服装出口大国。据国家统计局统计数据,2010 年 1 ~ 11 月份,我国服装行业 19143 家规模以上企业累计实现工业总产值 11675. 72 亿元,同比增长 24. 38% ,累计实现工业销售产值 11324. 90 亿元,同比增长 23. 89% ,工业总产值和销售产值增速较去年同期分别提高 9. 75 和 9. 3 个百分点,服装行业产销增速已经恢复至 2007 年同期水平。但出口主要以 OEM 贴牌方式出口,自主品牌出口占服装出口总额不足 10% ,形成了出口大国、品牌小国的现状。

2. 时装自主品牌建设有待加强

随着金融危机、国际贸易壁垒摩擦、人民币升值等因素的影响,不少服装企业开始转向国内市场寻找机会。从 1994 年开始,在廉价的劳动力市场和国家优厚的出口退税政策鼓励下,浙江省 OEM 服装加工企业如雨后春笋般成长起来。浙江省规模以上服装企业每年的服装出口金额稳居全国第二,省内很多服装企业在经过了一二十年的发展后,逐渐由纯加工模式转变为自主品牌兼自主生产模式。

目前,国内一些知名品牌开始走国际化合作道路,发展成熟的品牌企业开始向多元化品牌发展,一些具有潜力的中小企业也积极转换经营理念,加大了品牌建设力度。针对很多服装企业开始转型的现象,如何加强品牌的自主建设,增强时装产业竞争力的问题显得尤为重要。

3. 逐步由“中国制造”向“中国创造”、由“产量大国”向“品牌大国”转变

从国际产业发展规律来看,产业发展过程一般可分为品牌生产、品牌创造、品牌经营几个阶段。目前,中国时装是以贴牌生产(OEM)为主,“中国制造”是以物质资源消耗为基础,“中国创造”则是通过创意性的设计和品牌附加值为企业创造价值。

(二)时装品牌国际化

品牌国际化即品牌的全球化经营。品牌国际化可使品牌的国际认知度、知名度、美誉度和忠诚度大大提高,最终形成鲜明的品牌文化和品牌内涵。品牌国际化是企业国际化战略的重要组成部分。

时装品牌国际化是将独有的设计理念、设计风格和民族文化的元素融入时装设计中,将高品质的时装以自主品牌的形式进入不同国家市场,给消费者以独特的品牌体验,在世界范围内树立起品牌形象,提高消费者对品牌的忠诚度,最终实现时装品牌价值。

一般品牌的成长过程，从品牌知名度角度来说，是由地方性品牌、区域性品牌到国家级品牌、国际级品牌，最后发展成世界级品牌，如 Chanel、Dior（迪奥）、Adidas（阿迪达斯）等。中国的时装品牌如雅戈尔、吉芬、利郎、波司登等经历了地方性品牌、区域性品牌阶段，在获得中国名牌、中国驰名商标、中国出口名牌和中国世界名牌等称号后，已发展为国家级品牌，正积极推动品牌的国际化升级。

（三）品牌国际化方式

品牌国际化主要有以下三种方式。

（1）以自主品牌出口，建立自营销售渠道。

（2）通过收购国际品牌，获得现有国际市场资源，实施品牌国际化战略。

（3）时装设计师通过参加巴黎、米兰、纽约和东京等世界时装周活动，以中国设计师品牌时装发布会的方式实施国际化战略。

第三节　科技环境

科学技术是推动社会发展的革命性力量。科学技术的每一次重大进步，都创造出新的生产力，给人类带来切身利益。科学技术日新月异的变化，广泛而深刻地改变着人们的生产和生活方式，推进经济和社会的发展，影响着国家的国际竞争力。当前，新科技革命突飞猛进，许多科学研究领域不断取得重大突破，以信息技术、生物技术和新材料技术为代表的技术创新不断涌现，知识更新和技术变革的周期越来越短。时尚业一直与科技发展并行，密不可分，从面料的制作、时装设计、生产制作、物流、终端，任何一个环节都少不了科学技术的支撑。

一、新材料的运用

所谓的新材料，是指那些材料制造的基本原理建立在最新科学成果的基础上、性能比传统材料有实质性的突破并能形成较高经济效益的新材料，一般包括以下三类。

（一）采用全新原材料制作的高科技面料

如大豆蛋白纤维制成的面料，手感柔软、光泽优雅、吸湿性能强、抗皱性好。

（二）通过物理手段改良的高性能面料

如 Coolmax 就是通过物理手段将涤纶进行改性而得到的一种快干排汗、清凉舒爽的面料，这种快干性和透湿性被广泛应用于各类运动休闲服中。

（三）运用化学手段改造的高科技面料

如新型的抗菌面料，利用化学手段，打破了传统面料抗菌的非永久性，可永久保持抗菌性能。另外，还有记忆棉、记忆麻等永久记忆性面料。

随着高科技的发展，特别是运动服和户外服对科技的创新应用，如防静电无尘服、防磁服、阻燃服、耐热防火服、接触皮肤可产生降温1～2℃的凉爽面料及运用循环再造物料制造的夹克、滑雪服和户外夹克等。

二、生产加工与管理技术的变革

现代时装加工工艺包括裁剪加工工艺、缝纫加工工艺和整烫加工工艺，对应的三大加工设备有：裁剪加工设备、缝纫加工设备和整烫加工设备。这些设备的科技发展使时装生产工艺与应用技术不断提高。现在国内大型时装加工厂普遍应用诸如自动裁剪机、自动开袋机、自动拷边机等自动化设备，已经实现半自动化生产，例如雅戈尔，它拥有当今世界最先进的时装生产技术装备和生产流水线。

时装吊挂生产（FMS）系统，是在数控机械、机器人、自动化仓库、自动输送等自动化设备和计算机技术项目下发展起来的生产单元或系统。通过计算机控制带有不同编码的吊架在不同工位的传输，从而达到对衣服或衣片的运输。该系统能提高设备利用率、缩短加工辅助时间、提高生产效率、减少半成品占地面积、保证产品质量，是适合高效率生产的系统。

时装企业资源计划ERP（Enterprise Resource Planning）系统，是建立在计算机网络和企业数据库的基础上对时装企业从市场需求、计划、生产监控、销售、财务、库存、职工、客户等信息进行统一的、集约化管理的软件系统。该软件系统致力于企业物流、资金流、信息流等资源配置的集成管理。该系统主要包括系统管理、订单管理、生产计划智能调度、库存管理、财务管理、人力资源管理、质量检验、设备管理、查询分析等功能模块。

计算机辅助工艺过程设计CAPP（Computer Aided Process Planning）系统，是基于计算机软硬件技术，利用计算机进行数值计算、逻辑判断和推理等来制订零件机械加工工艺的过程。CAPP系统一般包括五个基本模块：零件信息的获取、工艺决策、工艺数据库/知识库、人机界面、工艺文件管理/输出，可以解决手工工艺设计效率低、一致性差、质量不稳定、不易达到优化等问题。

三、智能化零售终端

零售终端是产品到达消费者、完成交易的最终端口，是商品交易的场所。通过终端，商家将产品卖给消费者，最终完成交易。终端是竞争最激烈的具有决定性的环节，因此零售终端的智能化显得尤为重要。

（一）智能零售POS系统

智能零售POS系统是即时销售点信息系统，顾客携带所购商品走过之处，智能购物装置便可自动读取销售商品信息（如商品名、单价、销售数量、销售时间、销售店铺、销售情况等），并通过通讯网络和计算机系统传送至相关部门，对所获数据进行整理分析以提高经营效率的未来新型智能系统。

（二）智能化零售空间

智能化零售空间是通过现代信息技术、计算机网络技术、行业技术、智能控制技术汇集而成的针对时装零售空间的智能化集合。如位于美国贝弗利山、日本表参道的Prada（普拉达）专卖店的交互式试衣间，它的外围由Privalite高科技玻璃制成，这种玻璃，只要通过开关就能智能控制玻璃透明与否,不需要窗帘遮挡,既可保证采光又拥有私密性。

(三)智能化客服系统管理

智能化客服系统管理(RFID)技术在时装行业的应用越来越受到企业的重视,RFID 智能商店可提高消费者体验,通过互动和展示更多商品,快速响应消费者需求,以提高服务水平和门店销售额。如 RFID 芯片被运用到美特斯·邦威的会员用户卡上,会员顾客只要走进店铺就会立刻被系统识别出来,并享受专门服务,只要将会员卡放在店铺的交互触屏上,便可以查询消费的历史记录,还可以获得促销打折、推荐搭配等便捷的时装信息服务。

四、基于网络技术的电子商务平台

电子商务作为时装企业的营销手段之一,由于它的经济和便捷性,近年来在时装行业备受重视。随着网络信息技术的发展和普及,电子商务以其特有的跨越时空的便利、低廉的成本和广泛的传播性在我国取得了极大的发展。时装电子商务作为一种新的营销渠道已成为必然。

第四节　社会文化环境

社会文化环境不同,人们对服装的表现形式和选择也就不同。一般来说,影响服装的社会文化环境因素包括:宗教文化、政治流行文化、社会阶层和生活方式、民族特性几个方面。

一、服装与宗教

这里讲的宗教包括原始宗教和理性宗教。原始宗教是原始社会发展到一定阶段产生的以反映人和自然矛盾为主要内容的初期状态的宗教;理性宗教是针对原始宗教而言的,指具有完备的经典和礼仪制度并且流转至今的宗教,主要指基督教、佛教和伊斯兰教。

(一)原始宗教的服装观念

在原始宗教中,服装作为一种可以与神相通的工具,被赋予了神秘的含义。人们在敬拜神的活动中,按照自己的想象,将装扮者扮成神所具有的威严和能力。一方面,让敬拜者产生威严崇拜之心;另一方面,他们也深信通过这种对神的模仿,能够在心理上与神产生沟通。所以服装就有了象征的意味,主要表现为用羽毛、贝壳、兽皮、图腾、符号等来装饰服装。

(二)基督教的服装观念

基督教在《圣经·创世纪》中记载了有关服装的起源:人类的始祖亚当和夏娃在伊甸园赤身露体,并不感到羞耻,在受到了蛇的引诱而堕落后,他们的眼睛开始变得明亮起来,才发现自己赤身裸体是羞耻的,便用无花果树的叶子编做裙子遮盖身体。因此,在基督教中,衣服始终是作为遮身蔽体的一种方式,它的功能性始终大于装饰性。随着基督教成为中世纪社会占统治地位的宗教,其思想在西方的服装观念中产生了很大的影响。中世纪时期基督教统治的国家,要求服装必须朴素,未满 15 岁的女孩不得穿丝绒,禁止花边、无用的纽扣、手套和褶饰，男子不得蓄长发，女子不得把一缕缕头发卷起来用梳子定型；身体被看成欲念和产生罪恶的载体，服装作为遮盖身体和遮掩罪行的外在形式而存在，如图 2－13、图 2－14所示。

图 2－13　中世纪妇女的朴素服装

图 2－14　西方艺术作品中基督徒着装　（图片来自《时装与自然》，华梅，中国时代经济出版社）

（三）佛教的服装观念

佛教于公元前 5 世纪左右由古印度迦毗罗卫国的王子乔达摩·悉达多创立，在公元前 3

世纪被阿育王立为国教。佛教宣扬世间一切皆随缘生灭,缘起缘灭,不可执著。因此,佛经中服装的观念也是以遮身蔽体、保护身体的功能性为主,为避免世俗世界的诱惑,着装朴素简洁。但佛教中法衣的穿戴同《旧约》中对祭祀服饰和中世纪教士服饰的规定相似,各种讲究和规定不胜繁复,有别于世俗服装。在服装上,我国唐代的宝相花、莲花、卷草纹等纹样以及日本的一些染织物图案都明显受到佛教艺术的影响。

(四)伊斯兰教的服装观念

伊斯兰教由穆罕默德于6世纪创立,强调接受和服从安拉和穆罕默德的教义,并认为穆罕默德是上帝安拉的最后一个先知。他们认为,安拉为人类创造了衣服,希望人类可以用来遮蔽身体、美化自己。

伊斯兰教占统治地位的国家对女性的着装尤为重视,通常要求女性服装要遮盖除脸面和双手以外的整个身体,不管天气酷热或寒冷;服装面料不得用薄纱或透明材质的面料,以免让人看到身体;不能穿着显示社会地位或有吸引力的服装,以单色、文雅为尚。尽管现代时装的国际化趋势日益明显,但传统的着装方式仍然保持着,现在仍可以在街上看到一些阿拉伯国家的女性身着黑色或白色长袍,且用面纱将面孔遮住,如图2-15所示。

(a)

(b)

图2-15　伊斯兰教国家的女性着装(图片来自 www.baidu.com)

二、服装与政治

服装是社会的一面镜子,国家的政治环境通常会给服装带来一定影响。如我国历代封建王朝遵循严格的服饰制度,辛亥革命改变了清王朝的长袍马褂,新民主主义革命使"中山服"成为革命性和人民性的象征,文化大革命使我们的服装发展步伐一度变得缓慢。近几十年改革开放的政策使得思想上获得解放,服装也随之发生了巨大变化,开始跟随潮流的发展,时装业随之开始活跃起来。

三、服装与社会阶层

社会阶层是指全体社会成员按照一定等级标准划分彼此地位以相互区别的社会集团。同一社会集团成员之间态度、行为模式和价值观等方面具有相似性,不同集团的成员则存在差异性。

不同时期的社会对阶级或阶层的划分各不相同。现代社会对社会阶层的划分,通常是依照生活水平、经济能力、受教育程度等方面来划分。同一社会阶层的人群具有类同的行为特征。社会阶层是职业、经济收入、受教育水平等综合的结果,有高低之分。不同社会阶层对服装的选择也体现着差异性。表2-4所示是中国葫芦型社会的财富结构和品牌消费特点。

表2-4 中国葫芦型社会财富结构和品牌消费

中国七大消费阶层	人群构成	人数	占总人口比例	品牌消费特点
富豪阶层	大集团企业总裁、著名企业家及演艺明星	<1万	<1‰	喝轩尼诗酒,戴江诗丹顿手表,开宾利轿车,穿Amarni(阿玛尼)服装,拥有Princess游艇,出入拍卖行、私人俱乐部
中富阶层	以大中型私营企业老板、大型企业管理者及国家高级公务员居多	1500万	<1.2%	开奥迪A6轿车,住花园洋房,出国度假,出入高级酒店及娱乐场所、高尔夫健身桑拿中心
中产阶层	大中型企业和外资企业高层管理人员、国家公务人员,金融行业高管、知识型中小企业业主和专业技术人员。其中,专业技术人员主要包括:律师、IT业工程师、高级演艺人员、高级知识分子等	3000万~4000万	2.3%~3%	开别克、本田和帕萨特轿车,品牌认知混杂,相当一部分喜欢金利来衬衫、鳄鱼T恤、登喜路皮带、老人头鞋、中华烟等,愿意投资人际关系,部分喜爱收藏
准中产阶层	IT业、金融证券机构、中介机构的专业人员(会计师、评估师),广告人,私营企业主,高级职业经理人,股市年轻新贵等	1000万~1200万	0.8%~1%	喜欢炫耀性消费,穿用LV(路易·威登)或PRADA,用索尼、三星笔记本电脑,身上有各种信用卡,把购买行为视为一种身份标志
小康阶层	事业单位管理人员或技术专业人员、党政机关公务员、企业技术人员、经理人员、小私营企业主,大部分接受过中等及以上教育	1.5亿~2.0亿	12%~18%	衣食无忧,享有社会保障和医疗保险,多数穿国内知名服饰品牌,更愿意把钱花在接受教育和机会上
中下产阶层	企业普通白领、职业工人、流动农民、奔小康农民	9亿~10亿	70%~80%	大卖场的常客,他们常常因房贷、就业和子女教育而深感压力,可能因重大疾病而徘徊在贫困与小康之间,对物价的变化敏感,品牌意识淡薄,但对日用品品牌有较高的敏感度,消费形态具有维持基本生存性。每年1~2次的国内旅游是较奢侈的消费
底层	城市中的失业者、残疾人群体、农村绝对贫困群体(留守农村的贫困人口)	8000万	6%	群体主体是反映我国国情压力的主要群体,是一种边缘性、弱势性、负担性的社会群体,基本丧失消费能力

注 资料来源:李凯洛.《当"麦时尚"遭遇葫芦型消费》,时尚品牌商业评论,2008年,卷(3)。

上表所示的葫芦型社会财富结构，形象地说明了中产和小康阶层是社会的主流消费群体，他们的生活方式、消费状态对时装的发展产生了很大影响。他们大多更乐意成为时装的追随者而不是领导者，正因为这样，他们对时装的品牌认知度和价格非常关注。

四、时装与流行文化

（一）流行文化与一般文化

文化，从广义上说，是人类创造出来的所有物质和精神财富的总和，其中包括具有意识形态的部分，如世界观、人生观、价值观等；也包括非意识形态的部分，如自然科学和技术、语言和文字等。文化是人类社会特有的现象，是人类社会实践的产物。狭义上的文化，是指意识形态所创造出的精神财富，包括宗教、信仰、风俗习惯、道德情操、学术思想、文学艺术、科学技术、各种制度等。

文化的发展总是与一定的社会及群体思想状况紧密相连，流行文化尤其能够反映一个群体的普遍思想状况，甚至是塑造个人品质、生活态度和人生理想的重要社会化机制。可以说，伴随着社会的变化，流行文化在当代生活中无所不在。特别是 20 世纪 90 年代以来，信息通信技术的迅猛发展、电子网络和经济全球化使得流行文化的传播更加广泛、深远。

一般来说，流行文化是与高雅文化相对而言的。高雅文化一般包括古典音乐、诗、舞蹈、高雅艺术等，为少数受到专门教育的人们所欣赏。流行文化则是被普遍喜欢和热烈追随的文化，其主要功能是娱乐。广义上的流行文化是指被一个社团广泛分享的信仰、行为和将他们组织在一起的事物。其中包括以地方传统为基础的民俗信仰、行为和事物以及在政治和商业中心形成的大众信仰、行为和事物，也包括普及化的精英文化样式和提升到博物馆传统中的流行文化样式。

（二）时装与流行文化的关系

流行文化与时装之间存在着密切关联，它们相互影响，又相互建构。我们既可以通过研究现实中时装的存在方式与发展趋势来分析流行文化，也可以通过研究流行文化本身来预知对时装文化可能产生的影响，还可以同时研究二者的互动关系。时装文化的流行在诸多流行现象中尤为突出，其在流行文化中的地位也尤为关键，承载着服饰文化意义的现代时装在流行文化中的领导者地位也不容置疑。

罗兰・巴特（Roland Barthes）曾经说过："时装一方面是时装，另一方面是世界。"服饰文化的流行体现着一个社会的时代基本精神，浓缩反映着一个世界，有什么样的世界就应该有什么样的流行。流行的变化性和多样性，在一定程度上表现了整个社会的生命力和创造力。人类通过时装的变化，与整个文化世界的各个方面不断进行潜移默化的消解和重构，形成新的流行服饰文化。可以说，时装不仅是人的心灵、思想、精神状态和气质的"窗户"，也是社会文化存在和发展的基本标志。

前些年，"哈日"、"哈韩"一度成为流行文化的主流，就是一个例子。"韩流"这种说法最初来自于中国媒体，源于 20 世纪 90 年代末韩国电视剧在中国的热播以及韩国音乐、街舞的流行。随后，韩国媒体也开始使用"韩流"这个词来指称韩国流行文化在其他国家的影响。

在中国,它是指韩国电视剧和韩式服饰与美容在中国引起的流行风潮。韩剧作为韩国流行文化的传播载体,对“韩流”的形成起了推动作用。随着韩剧进入中国家庭,设计新颖、注重细节、搭配恰到好处的韩国时尚也成为人们竞相追逐的对象。

五、时装与生活方式

生活方式一般指人们的衣、食、住、行等物质生活和精神生活的各个方面。可以理解为在一定历史和社会条件下各个民族、阶级和社会群体的生活模式。在相同的社会条件下,不同的主体会形成全然不同的生活方式,如雅皮士、乐活族和宅男宅女族。

(一)雅皮士

雅皮士(yuppies)指年轻的都市专业工作者。他们一般受过高等教育,从事律师、医生、建筑师、计算机程序员、工商管理人员等年薪很高的职业,具有较高的知识水平和技能。他们有优越的社会背景,他们的着装、消费行为及生活方式都带有明显的群体特征,即对高级生活品味的追求。与嬉皮士不同,雅皮士没有颓废情绪,不关心政治与社会问题,只关心财富,追求舒适的高品质生活。雅皮潮男喜用细节彰显智慧,如图 2-16 所示。

图 2-16 雅皮潮男喜用细节彰显智慧 (图片来自 www.baidu.com)

(二)乐活族

"乐活"是英文LOHAS的意译(LOHAS,即lifestyles of health and sustainability),是指一种重视环境和健康、崇尚可持续发展的生活方式。这一概念由美国社会学家保罗·雷(Paul Ray)在1998年提出。乐活以重视健康和保护地球环境为前提,强调现代与传统的有机结合,将创造与反思融入生活,体现了对高度发达的经济社会所带来的各种生活方式的一种反思。它不同于便利店、快餐文化追求新鲜短暂的流行方式,而是将一种环保健康、可持续发展的观念引入人类的时装、美食、住宅、交通等生活的各个方面,成为正面迎击全球化能源危机、环境恶化、疾病横生等威胁的一种生活方式。乐活族的生活态度和原则见表2-5。乐活族在时装上强调环境保护和社会责任,如图2-17所示。

表2-5 乐活族的生活态度和原则

<table>
<tr><th colspan="2">典型生活态度</th><th>生活原则</th></tr>
<tr><td>健康绿色生活</td><td>绿色生态食品</td><td rowspan="4">坚持轻慢运动
不抽烟
节约电器能源和水资源
选择绿色生态食品
实行垃圾分类和回收
选择"有机"旅行
关注自我学习,关怀他人
积极参加公益活动和慈善事业
坚持绿色环保,保护大自然原生态</td></tr>
<tr><td>可持续经济</td><td>节能减排环保车</td></tr>
<tr><td>生态旅游</td><td>保护环境,了解地域文化,热心文化传承和保护</td></tr>
<tr><td>关爱自己和他人</td><td>关注自己和他人的心理健康、注重养生</td></tr>
</table>

图2-17 乐活族塑造心灵环保 (图片来自www.baidu.com)

（三）宅男和宅女

宅男、宅女指每天待在屋子里而很少出去社交的人，他们热衷于网络活动，如自由办公、电脑游戏、网聊、BBS、动漫等，这一群体的大部分时间都是通过网络与外界沟通的，通常是年轻一族。他们喜欢宽松舒适、容易穿脱、方便洗涤、价钱合适、有型有款的时装。还可分为“硬宅”和“软宅”，如图2－18所示。

图2－18　硬宅男和软宅男的趣味分析

小结

1. 自然环境对服装的影响主要表现为气候因素的制约和地域的差异。气候环境塑造了服装的基本特点，地域的不同也呈现出不同的着装风格。

2. 经济发展的程度决定了时装的变化和需求。

3. 提升时装产业竞争力的策略与途径：产业转移、产业结构的优化、自主创新、创建品牌、政府引导。

4. 影响服装的社会文化环境因素有：宗教文化、政治社会阶层和生活方式等。

5. 社会阶层是指全体社会成员按照一定等级标准划分彼此地位以相互区别的社会集团。社会阶层不同，时装的选择标准也不同。

思考题

1. 举例说明自然环境与服装的关系。

2. 试述中国时装业在当前国际环境下的出路与对策。

3. 高新技术在时装上的应用有哪些?

4. 雅皮士、乐活族和宅男宅女等群体,你属于哪个群体?谈谈你对该种生活方式的认识。

第三章　服装的变迁

本章要点

- 服装的变迁
- 东方服装的演变
- 西方服装的演变
- 东西方交融与时装发展
- 时装品牌的变迁

学习目标

知识目标：

本章可使学生系统地了解服装的发展与变化过程，了解服装的裁剪特征、不同时期服装的样式特征、结构特点和装饰特点，并对时装品牌的相关知识有所了解。

能力目标：

通过本章学习，学生能够进行时装素材的整理，能够了解服装的发展变化，并在此过程中培养看问题的立体视角，以提高设计能力，开拓设计思维。

服装的产生、发展、变化与人类社会的发展变化密切相关，与不同的文化特征密切相关。了解服装的变迁，了解东西方不同文化情况下服装发展变化的不同表征，有利于时装从业人员在总结历史的基础上提高自身的设计能力，拓展自身的设计思维。掌握时装品牌的发展与变化，可以在一定程度上帮助时装从业人员在借鉴历史的前提下进行更为有效的品牌产品开发。

第一节　服装变迁概述

服装的变迁，不仅仅是作为主体的服装样式在不同的历史阶段进行变化和创新，而且历代服装样式的变化反映了其表征下的文化本质和内在发展变化规律，可为现今的时装设计和相关领域起到良好的借鉴作用。对服装变化过程进行陈述前，有必要对服装变迁的机理进行梳理。

一、服装变迁的机理

了解服装的变迁是作为时装工业从业人员的必备知识。在时装工业中，不管你所从事的是设计、生产还是销售环节的工作，你所具备的文化艺术修养和审美眼光会决定你在专业的道路上走多远。时装可以反映出穿着者的修养、审美和品位，也可以折射出时代发展和社会文化、经济和科技的发展水平。将时间的轴线往前推移，会发现每个历史时期的社会制度、文化艺术、美学思想和审美倾向都可以从当时的服装中反映出来。所以，作为时装工业的从业人员，作为表现当代人们生活方式、文化特征和审美特质的使者，应具备各时期服装变迁的相关知识，其中包括以下方面。

(1)纵向体系：从服装历史的角度了解文化与样式的关系及不同历史背景下服装样式的特征，从而对当今的流行有一定的洞察。

(2)横向体系：从东西方不同地域的角度了解文化与样式的关系及不同地域内服装样式的特征，从而对当今流行的影响有一定的洞察。

服装变迁发展必定会受环境的影响而呈现出不同的着装体现。不同环境形成的群体反映出具有一定地域性的社会文化，包括共同的语言、共同的生活地域、共同的经济生活以及表现于共同文化上的共同心理素质，并在各自的土地上形成特定的样式特征。东西方由于不同的环境特点而在服装发展的进程中呈现出不同的样式特征，这也是现代设计师抓取设计灵感的源泉。了解服装的变迁是从事时装产品开发专业人士必修的一门课程。在璀璨的服装变迁历史长河中，很多传统的时装经典样式被作为符号传承至今，并为众多设计师所借鉴运用。学习历史，了解服装变迁的过程及体系，有利于设计师对产品样式的源与流有一个清晰的认识，可以帮助设计师借助服装传统样式中的造型特点、工艺细节、局部表现等进行产品的设计与开发。

二、服装变迁的路径

服装变迁可以从年代或地域划分来理解，而时装从业人员期望以专业的视角看待服装的发展和变化，因此在本章中以服装的重要支撑——剪裁方式与结构设计作为视角进行服装变迁的描述。

人类着装文明早期，服装的裁剪可以说是“无裁剪”，即不管是哪个古文明(古希腊、古埃及等)，都是将一块面料稍做加工，以这样或那样的方式以肩部为支点披挂于身，形成自然的布纹和垂荡式绕体效果。在以后的发展过程中，东西方由于环境和文化不同，产生了不同的着装观念，进而产生不同的裁剪方式、样式特征和装饰设计。

东方文明地处亚欧大陆，三面陆地、一面临海的地理环境形成了水包地式的环境特点。东方文化强调“天人合一”，因此在衣料绕体的基础上将服装进行简单的缝合形成袍制服装，其服装特点是强调二维空间效果，不强调人体曲线，在此基础上进行以肩部为主要支点的平面式裁剪，服装注重面料本身的外观效果和平面性的装饰表现。西方文明地处欧洲大陆，四面陆地环抱着地中海的地理环境形成了地包水式的环境特点。西方文化强调“自由人本”，因此在前期衣料绕体的基础上经过短时间的简单缝合袍制阶段，马上发展成注重造型的样式阶段。其服装特点是强调三维空间效果，强调或夸张人体的曲线和两性特征。西方服装在此基础上形成了以人体多支点为依托的立体式裁剪，在突出造型的同时兼顾服装的装饰性。在时代发展的今天，两条线路表现出交融和互通。东方时装在东西交流的过程中将西方的立体式裁剪融入日常生活，而东方的平面式裁剪方式也多次深入西方时装而流行。

第二节　东方服装的演变

东方服装是指以中国、日本、印度、阿拉伯等亚洲地区为主的服饰。东方服装总体上保持封闭、含蓄、庄重的特点,服装造型简洁宽松、线条流畅。

东方服装以平面式裁剪为主,但平面式裁剪并不是东方所独有的。古希腊、古罗马等古文明社会所崇尚的自然和谐之美充分体现在同时期的服装样式特点上,希腊服装的典型样式希顿和罗马服装的代表样式托加都是以平面裁剪方式存在的。在服装发展的过程中,东方服装一直秉承了这种平面式的裁剪方式,并在几千年的发展过程中将其不断壮大,而西方则慢慢地将平面式的裁剪融入立体造型意识,并逐渐往此方向延伸。

东方服装中,日本的典型服装样式"和服"、阿拉伯国家受宗教文化影响的袍服、印度的纱丽都是平面裁剪的典型样式。中国服饰是东方服饰文化的典型代表,将中国人所特有的人生观和道德观在服饰中进行着重要的体现。本节以中国服饰为代表,在此基础上阐述东方特色的平面式剪裁的发展及沿革。

一、平面式裁剪的开始与袍制的服装

公元前1600～公元220年,中国历史处于商周与秦汉时期,商周两代是中国奴隶制国家初步建立并日趋完善的时期,并在礼数的规则下形成了具有地域特色的袍制服装。殷商晚期,以大宗、小宗和嫡庶来区分的宗法制度已经逐渐形成,充分显示出奴隶主王权的进一步加强。到了西周,奴隶主推行的分封制度同宗法制度紧密相连,并提出了"礼"的规范。《周礼》就是一部在此背景下产生的搜集周王室官制和战国时期各国制度、并赋予儒家政治理想的经典,记载了比较详尽的先秦服饰制度,是后世历代封建帝王修订舆服制度的参照范本,在中国服饰史上有着重要的地位。商周早期,服装采用一种形制,即上衣下裳制。到了周代后、春秋战国时期流行的服装形制则是衣裳连属制,是具有东方特色的袍制服装的开端。

到了秦汉时期,已经形成以袍为主、以袍为贵的穿衣格局(表3－1)。秦汉时代是中国封建社会的初期,秦代结束了周以来封建诸侯割据称雄的局面。汉代在秦的基础上加强了各民族的联系,巩固了政权,形成了极具特色的楚汉文化。在此过程中,纺织服装业得到了空前的发展,直至今日,马王堆汉墓中出土的大量精美织品仍被后人叹为观止。此阶段服装的典型样式有商周时期的元端、深衣和袍服。

(一)元端

元端的具体形制不详。

(二)深衣

深衣样式的特点是将面料分块后进行简单缝合,制作时上下分裁,然后在腰部缝合而成,下裳为六幅,每幅又交解成两片共十二幅,是为了对应一年有十二月的自然顺序。

(三)袍服

袍服是将面料分块后进行简单的缝合,是在深衣的基础上形成的,腰部没有断缝,实为一种长衣,并且袍里夹有棉絮。短的袍又称为襦。先秦时期的袍还是一种内衣,穿时必须加罩衣;到了汉朝,袍服已逐渐发展成为可以外穿且作为礼服用的服装。秦汉的袍服以大袖为多,袖口部分收缩紧小。袍服的领口袒露,穿着时衣领的两襟相交,称为交领,能露出里面的衣服。此时的袍服,在此基本形制上也有些许变化,但都具备几个特点:其一,衣身直下并采用交领,两襟相交垂直而下;其二,质地较厚实;其三,衣袖宽大。

不管如何变化,袍服样式都是以两肩为支点,形成了以不强调人体特征为主的袍服文化,并在此基础上不断发展繁荣,最终形成了与西方窄衣文化截然不同的以东方为主的宽衣文化。见表3-1。

表3-1　商周秦汉时期的服装样式

时　期	商　周	秦　汉
平面结构设计方法	将面料分块后进行简单缝合,上下分裁或不分	
样式名称	深衣	袍服
服装样式		
装饰特点	简单的领部装饰和纹样装饰	领部装饰和纹样装饰显示古拙质朴的特点

二、平面式裁剪的繁荣与装饰的极致

(一)样式

公元581~1911年,中国服饰根据历史时期的划分形成了丰富的服装样式,如唐代的低胸宽衣样式、宋代的大袖衫、明代的背子配裙样式、清代由满族服饰与中原服饰相融合而形成的袍制样式等。中国极其丰富的自然环境和多元的民族文化,形成了各民族服饰多层面、多纬度发展的局面,并大多显示出以“袍”为主体的服饰样式特点,见表3-2。

表 3-2 隋唐至清代的服装样式

时期	隋 唐	宋辽金元	明 代	清 代
平面结构设计方法	将面料分块后进行缝合，上下分裁或不分			
样式名称	襦裙装	宋代大袖衫	背子配裙	马蹄袖长袍
服装样式				
装饰特点	织造业发展迅速，染、织、绣技术发展较快，出现很多精美纹样	织造业进一步发展，苏州的"宋锦"、南京的"云锦"、四川的"蜀锦"等织锦工艺空前发展，"纳石失"工艺发达	加金工艺进一步提高，提花技术增强。补子纹样、云纹、如意纹、鸟兽字等相结合的吉祥纹样丰富多彩	工艺上体现汉族与满族的融合

公元 581 年，隋朝的建立结束了自东汉以来将近四百年的分裂局面，出现了一个较秦汉经济文化更为发达、国势更为强盛的局面，为随后繁荣的唐朝奠定了基础。唐代(618 ~ 907 年)是中国封建社会的鼎盛时期，国家稳定、经济繁荣，文化事业全面发展，成为中国服装发展过程中极为重要的时期。宋辽金元时期(960 ~ 1368 年)，各民族间的矛盾冲突也加强了交流和融合的可能。宋代在理学和禅宗思想的影响下，服装风格趋于拘谨、质朴、含蓄和典雅。异族的入侵使宋代经济和文化遭到了重创，但也形成了以北方游牧民族文化与中原文化相融合的服装样式特征。明代(1368 ~ 1644 年)是朱元璋领导的起义军推翻蒙古族政权而建立的汉民族统治王朝。明代重新规定和整顿了服饰制度，并采用上取周汉、下至唐宋的方针，因此在服装样式和种类方面没有新的突破。清代(1616 ~ 1911 年)是中国封建社会的最后一个王朝，多民族的融合使国家政权得到巩固和发展的同时，也为服饰的变化拉开了序幕。一方面，隋唐以来的袍服在清代得以延续；另一方面，清代服饰在前代的基础上大量融入窄衣、简洁的样式，对我国从宽衣的二维式裁剪向窄衣的三维式剪裁起到了很好的过渡。

此阶段的典型服装样式也随着朝代的更替显示出丰富的特征。

1. 隋唐时期

隋唐女子服装的典型样式有从秦汉延续下来的襦裙装，而且唐代开放的政治气氛和广泛的文化交流使胡服广为流行。隋唐男子服装的典型样式为袍装。此时的袍装多为窄袖、圆领，其形制明显受到北方游牧民族服饰风格的影响。袖子较窄，包裹着前臂，袍身适体。

襦裙装是指上着短襦、下着长裙的样式。自唐以来，襦裙装的上衣日趋短小、衣袖变窄，裙腰逐渐升高。襦裙装的领口有多种不同形式，如圆领、方领、斜领和鸡心领等。

2. 宋代

宋代的服装依然体现出中国古代一贯的等级制度，这在官服中体现甚多。宋代的官服仍以袍服为主，且在装饰上依然铺张奢华。宋代的典型服装样式包括大袖衫、背子和千褶百叠裙。

(1)大袖衫:袍服样式的一种,除具有袍服的典型特征外,宽大的袖子是其样式特点。

(2)背子:背子在宋代是男女都可穿用的典型服装样式,是继承了前期服装的半臂样式以及中单样式发展而来的。其样式表现为袍式结构、直垂至足、袖子加长、衣服前襟分离不闭合,在左右腋下开长衩。背子有斜领、盘领、直领等多种领型,有不垂挂式、系带式和不系带式等多种变化。

(3)千褶百叠裙:宋代女子下装流行"千褶"裙、"百叠"裙。裙子有很多褶裥,裙子的颜色有红、绿、黄、蓝等多种,增加的褶裥在女子舞动和旋转时若隐若现,分外漂亮。

3. 辽金元时期

辽金元是少数民族统治时期,其服装样式比较单一,以袍服为主,其中较具特色的是元代的质孙服。质孙服是在戎装的基础上发展而来的既承袭汉族又兼有蒙古民族特色的服装,其样式特征表现为衣服较紧、下裳部分较短、腰间有装饰、肩背上挂大珠。

4. 明代

明代的男子装束主要有直身和罩甲等,多承袭前代,仅在色泽、长短上有所变化。服装多以大袖衫及背子组成,也与前代相似。

5. 清代

清代服装大多是沿袭旧制,虽然废除了明代服饰,但在某些方面还是沿用前代服饰特征。其变革主要表现在将传统的宽衣大袖样式改变为较为窄身收紧的样式,从而使服装变得较为实用有效。其中典型的服装样式有马蹄袖长袍和马褂。

(1)马蹄袖长袍:马蹄袖是因其形状似马蹄而得名的袖子样式,这与清朝统治者在入关之前的游牧生活有关。除此之外,长袍造型简练,立领直身,前后衣身有接缝,下摆有开衩。

(2)马褂:清代在长衣袍之外,上身还穿一件马褂。马褂比外衣短,长仅至腹部,门襟有多种变化。

(二)装饰

此阶段的东方服装在发展过程中,与基本形制变化不大相对应的是装饰的大发展,特别是染织方面的成就使造型相对较为简洁的袍制服装通过不同的装饰有了相应的变化。唐代的服装装饰风格脱离了商周、秦汉以来的古朴氛围,开始向装饰化方向发展。另外,宋代的清秀雅致、元代的刚劲豪迈、明代的简约大气、清代的繁复细腻,都给后世留下了很深的影响。

1. 隋唐时期

隋唐时期的染织工艺由中央的少府监下设的织染署管理生产,对当时染织织造的发展起到了很好的奠基作用。据《新唐书·五行志》记载,"中宗女安乐公主,有尚方织成毛裙,合百鸟毛,正看一色,旁看一色,日中为一色,影中为一色,百鸟之状并见裙中"。这段文字的描绘反映出当时织物工艺的精湛。此外,隋唐时期的刺绣、印染等多种手法也非常丰富。以印染为例,当时已有蜡缬、绞缬、夹缬、碱缬、拓印等多种手法,使装饰可以通过各种手法得到呈现。

2. 宋代

宋代的官方手工业管理机构比唐代更为庞大,使得装饰技术得到了全盛发展,特别是织锦技术更是达到了鼎盛时期,其中苏州的"宋锦"、南京的"云锦"、四川的"蜀锦"等都各具特色且工艺精湛,为袍制服装的华丽装饰打下了基础。

3. 辽金元时期

辽金元的服装装饰工艺受少数民族影响较多,产生了一些既有中原文化传承又有异族烙印的装饰工艺,例如"纳石失"就是其中的典型代表。"纳石失"是运用在丝织过程中加金的技术,使织品富丽堂皇。

4. 明代

明代的装饰工艺较前代又有了新的突破。当时的苏州是全国的纺织业中心,其纺织品品种繁多,加金工艺进一步提高,提花技术增强,因此明代的纹样设计变化丰富多彩。在官方服饰中制订了象征阶级性和次序性的补子纹样。在民间服饰中产生了很多云纹、如意纹、鸟兽字等吉祥纹样,为袍服的华丽装饰提供了广阔的空间。

5. 清代

清代的服装装饰在明代的基础上沿革,与明代简洁便利的服装样式相对应的是繁复细腻的装饰设计,在此过程中体现出汉族与满族的融合。就其服装本身而言,体现了时代的进步,也为后续东方服装逐渐向立体式交融发展提供了前提和条件。

三、平面式裁剪的变革与服装样式的多元化

1840 年鸦片战争的爆发拉开了中国近代史的序幕。外国资本主义的入侵,使中国从独立自主的封建国家变成了半殖民地半封建的国家。西方资本主义文化也进入了中国人的视野,思想观念、文化传统包括服饰随之发生了巨大变化,以西方为代表的窄衣文化极大地冲击了中国几千年来维系和引以为豪的宽衣袍制服装系统。1911 年的辛亥革命和 1919 年的五四运动,不仅改变了中国的面貌,也使中国的服装发生了翻天覆地的变化。辛亥革命带来的社会巨变,使得服装呈现出迅猛的变革而不是缓慢的变迁,尤其表现在男装的变化中。孙中山领导的南京临时政府率先穿着统一的高领军装式制服,改变了中国历朝历代的传统冠冕服饰制度和它所反映出的森严的等级制度。而统一的制服样式正是取材于西方的窄衣文化中的典型样式。五四运动所倡导的新思想、新观念则在一定程度上促使了服装的发展变革。五四运动受西方思想发展影响,强调个人的价值,提倡人性的解放、人格的发展。在思想方面积极对外开放,在科学文化方面积极吸取国外先进的技术与文化,包括直接引进国外服装生产设备、裁剪技术,直接引进国外的服装文化等,使女性逐渐摆脱封建礼教和传统观念的束缚,为服饰的变革和服装样式的多元化创造了良好的条件。

此阶段服饰的典型样式有男子的中山装、学生装、西式男装和中西结合的便装,女子的改良旗袍和女学生装等(表 3-3)。

(一)中山装

中山装是因孙中山先生率先穿着而得名的服装样式。在民国十八年制订国民党宪法时,曾规定一定等级的文官宣布就职时一定要穿着此样式。其特征表现为直身样式,前身五粒扣、四个口袋、袖口三粒扣,分别表示当时的五权分立、国之四维和三民主义。中山装在一定程度上反映了中国传统与西方文化的碰撞和融合。

表 3－3　19 世纪末 20 世纪初服装样式

时期	19 世纪末 20 世纪初				
平面结构设计方法	将面料分块后进行缝合，适当加入西方立体裁剪方式使服装整体造型趋于合体				
样式名称	中山装	学生装	西式男装	中西结合的便装	改良旗袍
时装样式					
装饰特点	直身式，前身五粒扣、四个口袋、袖口三粒扣	直身式，直立领、胸前有一暗袋	三件式西服、皮鞋、礼帽，丰富多样	由长袍、西裤、礼帽、皮鞋组成的服装样式	衣领紧扣、腰身瘦窄、两侧开衩

(二) 学生装

学生装是此阶段从日本引进的制服改变而成。19 世纪末 20 世纪初，大量有志青年怀揣着救国的梦想远渡日本学习先进技术，一度将日本制服引入中国。学生装的样式特征表现为直身型样式，直立领，胸前有一暗袋。

(三) 西式男装

西式男装是一种完全西化的时装样式，其样式特征表现为三件式西服、皮鞋、礼帽。

(四) 中西结合的便装

中西结合的便装是由长袍、西裤、礼帽、皮鞋组成的时装样式，在此样式中，既有西式服装的典型单品西裤、典型服饰礼帽、皮鞋，又有中式服装的典型单品长袍，是当时中西结合的典型代表。

(五) 改良旗袍

改良旗袍是在传统袍制服装的基础上加入西方窄衣服饰文化的特征，将袍制时装通过收省、开衩，简化，使其变得较为合体，体现女性风韵。其样式特征表现为衣领紧扣、腰身瘦窄、两侧开衩。

第三节　西方服装的演变

西方服装是以欧洲为主线，以意大利、西班牙、法国、英国等国家服饰文化为代表的服饰。西方服饰总体上保持开放、自由、丰富的特点。服装造型纷繁多样,线条突出人体特性,充分展现服装的造型美。服装色彩丰富、注重结构设计和装饰手段,注重图案的变化,整体变化多端。西方的服装并不是一开始就是紧裹人体的立体式裁剪,古希腊式和古罗马式时期的服装也是以平面裁剪、捆扎和披挂的形式出现的。直至中世纪,西方服装开始从平面向立体转化。

一、立体式裁剪的开始与合体的服装造型

西方服装出现真正意义的立体式裁剪是在中世纪。中世纪是处于古代奴隶社会与近代资本主义社会之间的过渡阶段,政教合一是其显著特征。宗教禁欲封闭思想的蔓延使此阶段的服装从古代开放式的缠绕式向封闭式的袍制阶段发展,服装结构开始从平面状态向立体裁剪发展,服装较之以往更具造型感和层次感。此时期的服装是从古罗马式的宽衣文化,经拜占庭文化的润色和变形、罗马式时期和哥特式时期的过渡,最后落脚至以日耳曼为代表的北方窄衣文化。从此,西方的服装摆脱了以往服装平面性的结构,进入了追求立体造型的三维时代,逐渐形成了以西方为代表的立体式裁剪服装样式。

(一)罗马式时期

最先在服装上出现较为合体的设计是罗马式时期。罗马式后期,服装出现了收紧腰身、显露体型的结构设计,具体表现为在服装的两侧收合,把衣片的前片和后片在两侧裁成像躯干的形,在后片的正中央从颈部到腰口开个口,并在两边挖气眼,穿衣时把绳子或带子穿过这些气眼,然后系紧,形成与人体相近的合身型,这种结构设计的典型样式是当时的布里奥(Bliaud)和鲜兹(Chainse)。

1. *布里奥*

布里奥是贯头式袍制外衣,用丝织物或毛织物制成。

2. *鲜兹*

鲜兹是当时的典型样式,是由白色亚麻织物制成的内衣,并有窄长的合体袖设计,袖口装饰着精美的刺绣和带子。

此服装只是立体式裁剪的雏形,还没有真正涉及胸部的省道转移等立体式裁剪构成的关键。

(二)哥特式中后期

服装真正开始立体式裁剪是在13世纪的哥特式中后期。13世纪,受建筑风格影响,服装的裁剪方法出现了新的突破,服装从前、侧、后三个方向去除胸腰之间多余的量,并采用在衣片间加三角形布片的方法。这些三角形的布片就像现今时装上用到的省道,将三角形布片缝合在一起后,衣片可以很好地贴合人体,解决了人体的立体形态和平面面料之间存在的空间问题,使服装变得更加合适人体,标志着西方服装从平面式的宽衣文化向立体式的窄衣文化转变。此时期的服装代表样式有考特(Cott)、苏尔考特(Surcotes)、考特哈雷地服(Cotardie)等,见表3-4。

表 3-4　罗马式时期和哥特式时期服装样式

时期	罗马式时期		哥特式时期		
立体结构设计方法	侧边收量		三角形布片		
样式名称	布里奥	鲜兹	考特	苏尔考特	考特哈雷地服
服装样式					
结构特征	贯头式袍制外衣，用丝织物或毛织物制成	贯头式袍制外衣	筒形衣服，利用立体式裁剪收腰以强调曲线美	贯头式筒形外衣，袖子长短、宽窄变化很多，男子苏尔考特的袖子常在腋下开口，女子苏尔考特常系一根腰带，以起到捆扎和修饰的双重作用	从腰部到臀部非常合体，在前中央或腋下用扣子固定或用绳子系合，裙片上插入很多三角形布片，以起到加大裙摆的作用

1. **考特**

考特是一种男女均穿的筒形衣服，服装利用立体式裁剪收腰以强调人体曲线美。

2. **苏尔考特**

苏尔考特是在考特外所罩的贯头式筒形外衣。苏尔考特的袖子长短、宽窄变化很多，男子苏尔考特的袖子常在腋下开口，女子苏尔考特常系一根腰带，以起到捆扎和修饰的双重作用。

3. **考特哈雷地服**

考特哈雷地服从腰部到臀部都非常合体，在前中央或腋下用扣子固定或用绳子系合，形成显露体型曲线的优美外形轮廓，领口大到袒露双肩，裙片上插入很多三角形布片，以起到加大裙摆的作用。

二、立体式裁剪的繁荣与服装造型的极致

西方服装随着资本主义萌芽的出现、文化艺术的繁荣，向着立体造型的极致发展，立体式裁剪逐渐进入繁荣阶段，其代表时期首推 15 ~ 18 世纪的文艺复兴时期、巴洛克时期和洛可可时期。文艺复兴是指 15 ~ 17 世纪以新兴资产阶级成长为背景，以欧洲诸国为中心发展

起来的文化艺术运动,其服装样式特点是把衣服分为若干个部件并独立构成,然后组装在一起形成明确的外形,因此在构成上与中世纪截然不同,显示出鲜明的建筑构筑性和硬直性特征。巴洛克艺术是指17~18世纪出现的气势磅礴、动感强烈的文化艺术,在服装史上也把此时期出现的装饰过剩的造型奇异的装扮称为巴洛克样式。巴洛克服装注重整体性和流动感,表现出强烈的跃动外观。洛可可艺术是指18世纪以欧洲宫廷为舞台展现的造型独特、装饰繁华、注重曲线与繁复细节的文化艺术,在服装史上也把此时期的以女性为中心、以沙龙为展示场地的装扮称为洛可可样式。洛可可时期的服装样式把女性的纤细和优美发挥到极致。

(一)设计技巧

15~18世纪,西方服装注重人体线条的强化,通过强调细腰丰臀和宽肩紧腿强化两性特征。具体表现为男子通过雄大的上半身和紧贴肉体的下半身的对比表现男子的伟岸体型,女子通过上半身紧贴的胸衣和下半身膨大的裙子的对比表现女子的柔美,同时也是西方窄衣文化发展的重大成果,并在各个代表时期通过细节结构设计和服装的单个部件设计进行表现。例如,当厚实的织锦缎等面料用于制作合身的造型时,为了解决人体的运动技能问题,就出现了切口(slash)设计,当面料依附于人体所产生的造型不够夸张时,便出现了打褶(fold)设计和填充(pad)设计。

1. 切口设计

切口设计是在文艺复兴时期出现的一种结构与装饰并用的设计手法。表现为在外衣上切口,让内衣或里面的衣料露出,并在局部进行装饰,起到强调人体局部位置和装饰的目的。据传,此设计来源于战争时期的雇佣兵服装。

2. 打褶设计

打褶设计在文艺复兴时期、巴洛克时期被广泛运用。打褶设计表现为两个方面的设计,一方面,在服装上运用打较为大型的普利兹褶,使服装的局部造型产生较为夸张的形态;另一方面,将面料裁条、上浆、打褶、固定后形成此阶段非常具代表性的拉夫领,用于服装领部的设计,使整体服装产生较为夸张的廓型特征。

3. 填充设计

填充设计在文艺复兴时期、巴洛克时期、洛可可时期都大量使用。表现为在袖子、裤腿等部位的服装面料内部填充棉花等填充物,使其隆起,产生较为夸张的造型。

(二)服装款式

此阶段的服装样式通过采用较多的切口、打褶、填充物等结构和装饰设计,达到局部造型夸张的目的。运用这些设计的典型样式有文艺复兴时期的服装罗布(Robe)、男装达布里特(Doublet)、男裤布里齐兹(Breeches),巴洛克时期的男装朗葛拉布(Petticoat Breeches)、鸠斯特科尔(Justaucorpr)以及洛可可时期的阿比(Habit a la Francaise)、各种罗布的变化,见表3-5。

表3－5　文艺复兴、巴洛克、洛可可时期的服装样式

时期	文艺复兴时期			巴洛克时期		洛可可时期
立体结构设计方法	切口设计、打褶设计、填充设计、紧身胸衣、裙撑					
样式名称	罗布	达布里特	布里齐兹	朗葛拉布	鸠斯特科尔	阿比
服装样式						
结构特征	腰部有接缝的连衣裙，整体造型上身小巧、下身宽大	衣身有打褶设计，上衣立领很高	裤脚束紧、长及膝盖的半长裤	宽松的半截裤，腰围处有很多打褶设计	从背缝和两侧收腰，两侧的打褶设计使下摆张开，形成上合下张的紧身服装廓型	收腰、下摆向外张、呈波浪状，中缝与两侧缝都有打褶设计

1. **文艺复兴时期的罗布**

文艺复兴时期的罗布是在腰部有接缝的连衣裙，领口开得很大，呈梯形或V型，高腰身，衣长及地。罗布在袖子处运用了许多切口设计，呈现出紧身的袖型和一段一段扎束得像莲藕一样的外观。罗布的整体造型上身小巧、下身宽大。

2. **达布里特**

达布里特是一种衣身有打褶设计、立领很高的上衣，是在哥特时期男装的基础上发展而来的。

3. **布里齐兹**

布里齐兹是一种裤脚束紧、长及膝盖的半长裤。典型的布里齐兹造型比较肥大，呈南瓜状，运用切口和填充设计使之表现为异色相间的瓜瓣型凹凸条纹。

4. **朗葛拉布**

朗葛拉布是巴洛克时期的男装，其样式特征表现为宽松的半截裤，腰围处有很多打褶设计。

5. **鸠斯特科尔**

鸠斯特科尔是一种紧身合体的服装，由衣长及膝的宽大军装演变而来，其样式从背缝和两侧收腰，两侧的打褶设计使下摆张开，形成上合下张的服装廓型。

6. **阿比**

阿比是在鸠斯特科尔的基础上发展而成的，造型与鸠斯特科尔相似，收腰、下摆向外张、呈波浪状，中缝与两侧缝都有打褶设计，下摆有马尾衬或插入鲸须使其造型更加丰满。

7. **洛可可时期的罗布**

洛可可时期的罗布在文艺复兴时期的基础上进行了多种变化，如法国式罗布有多处打褶设计，表现出繁复豪华的女性倾向，波兰式罗布在裙子后侧部分像幕布或当时的窗帘式提

拉、打褶,形成柔和的隆起造型。英国式罗布在腰线处打碎褶,形成裙身的体积感。

(三)造型

此时期女性服装的上紧下大的极致造型,是通过紧身胸衣和各种样式的裙撑这两个部件设计达到极致的。紧身胸衣束缚和勒紧上半身,裙撑利用支撑物将下半身尽量撑大,两者相结合使女性服装呈现出上紧下大的样式特征。在16~18世纪的发展过程中,紧身胸衣和裙撑都经历了多种变化。文艺复兴时期流行的紧身胸衣,一种是鲸须胸衣,称为巴斯克(Basqu);另一种是布纳胸衣,称为苛尔佩凯(Corps Pique)。巴洛克时期流行苛尔巴莱耐(Corps Baleine)紧身胸衣。文艺复兴时期流行的裙撑是一种箍撑裙,即一种将裙子撑开使其膨起的裙撑,称为法勤盖尔(Farthingale)。巴洛克时期流行叫做Cul de Paris的裙撑。而洛可可时期则流行一种类似马儿在身躯两侧背负箩筐样式的裙撑,称为帕尼耶(Pannier)。

三、立体式裁剪的变迁与服装样式的多元

18~20世纪是西方充满动荡的资本主义全面发展时期,也是立体式裁剪的变迁与服装样式的多元化时期。此阶段思想革命、政治革命、工业革命和科学革命风起云涌,浪漫主义、现实主义、印象主义等艺术思潮层出不穷。伴随着纺织业的飞速发展,此阶段服装时而简洁自然,时而繁复臃缀,可以分为新古典主义时期、浪漫主义时期和"S"型时期(表3-6)。

表3-6 新古典主义、浪漫主义、"S"型时期的服装样式

时期	新古典主义时期		浪漫主义时期	"S"型时期
立体结构设计方法	紧身胸衣、裙撑			
样式名称	修米兹·多莱斯	帝政样式	克里诺林裙	"S"型样式
服装样式				
结构特征	用白色细棉布制作而成的宽松的衬衣式连衣裙,因其形似衬衣而得名	强调胸高的高腰身、细长裙子、短的泡泡袖,方形领口,领子开得很大、很低	由马尾硬衬做裙撑,鸟羽的茎骨、细铁丝或藤条做轮骨,用带子连接成鸟笼状的裙撑,外加面料装饰	前面用紧身胸衣将胸部高高托起,把腹部压平,在后臀用加了铁丝制成的撑架或坐垫式的臀垫使臀部的造型往后凸起

新古典主义是指18世纪50年代~19世纪初风靡西欧的艺术风潮。由于这股思潮表达了当时人们对古希腊、古罗马的艺术形式的推崇和喜爱而引发对古典主义的喜爱,因而称之为新古典主义。新古典主义时期的审美倾向回复至古希腊、古罗马时期的崇尚自然,拿破仑执政时期又在此基础上加入了泡泡袖等装饰细节并流行帝政样式。

浪漫主义是指1830年至法国的七月革命这段时间的服装文化特征。这段时期政治风

云变化,欧洲各国的新旧势力交替政权,梦想资本主义发展的资产阶级的浪漫主义和企图向贵族时代复归的浪漫主义混合在一起,形成了这个时代独特的社会风潮。

“S”型是指 1870 年～20 世纪初期这段时间的服装文化特征。这段时期,服装开始向较为简洁的方向发展,但裙撑等传统支撑物并没有完全被取代,因此产生了后臀翘起的“S”型女装样式。

(一)新古典主义时期

新古典主义时期的服装样式较洛可可时期有很大的变化。服装向古希腊、古罗马那种自然样式方向发展。样式的造型特点简洁、朴素,与造型较为夸张、装饰繁多的洛可可时期服装形成了极为鲜明的对比。此阶段的典型服装样式有修米兹(Chemise)裙和帝政样式(empire style)。

1. **修米兹裙**

修米兹裙是一种用白色细棉布制作而成的宽松的衬衣式连衣裙,因其形似衬衣而得名。

2. **帝政样式**

帝政样式是新古典主义时期最具代表性的服装样式之一,至今仍经常被设计师经过稍许改变而出现在时装舞台上。样式特征表现为强调胸高的高腰身、细长裙子、短的泡泡袖,方形领口,领子开得很大、很低。帝政样式的这种袖子也被称为帝政泡泡袖。

(二)浪漫主义时期

浪漫主义时期由于长期战争,人们心底的不安情绪需要外在的空想进行填补,于是在服装样式上出现了复古的理想主义风格,主要体现在女装中。浪漫主义时期的男装较之以往变化不大,开始追求服装的合理性、活动性和技能性,并形成了现代意义的男装雏形。这个时期的典型样式有克里诺林裙。

克里诺林裙由马尾硬衬做裙撑,用鸟羽的茎骨、细铁丝或藤条做轮骨,用带子连接成鸟笼状的克里诺林裙撑,外加面料装饰,就形成了浪漫主义时期的女子下装的典型样式。

(三)“S”型时期

“S”型时期的男子样式较之以往并没有显著的变化,女装在此阶段向着简洁的方向发展,出现了“S”型样式。

“S”型样式是指女装在前面用紧身胸衣将胸部高高托起,把腹部压平,在后臀用加了铁丝制成的撑架或坐垫式的臀垫使臀部的造型往后凸起。这种强调前挺后翘的外形特征,形成了侧面优美的“S”型。

第四节　东西方交融与时装发展

东西方的服装随着发展和变化一直进行着彼此的沟通和交融,进入 20 世纪后,这种沟通更加紧密、更加频繁。

一、东方对西方的影响

东方对西方服装流行影响的案例层出不穷，特别是西方近现代的时装设计历程中，受东方服装影响较大的三个时期分别是：20 世纪初期、20 世纪 60～70 年代和 20 世纪末至 21 世纪初时期。

(一)19 世纪末 20 世纪初

19 世纪末 20 世纪初是一个文化交融频繁、艺术运动活跃的年代。1919 年，俄国芭蕾舞编导迪亚吉列夫(Diaghilev)所在的俄罗斯芭蕾舞团在巴黎演出芭蕾舞剧《一千零一夜》，其所具有的东方风格与现代艺术气息的服装设计和舞台背景吸引了巴黎的设计界，也深深地影响了以保罗·波烈(Paul Poiret)为代表的一批时装设计师。此后保罗·波烈在时装设计中采用了许多东方的服装风格和元素特征，改变了西方时装一贯的多支点式裁剪样式，采用以肩部为支点的时装样式，其中最具代表性的是霍布尔(Hobble)裙、孔子衣、土耳其式裤子等样式，并将富有东方趣味的色彩和图案运用于其时装设计中。以保罗·波烈为代表的时装设计师在当时时装界的巨大影响力使这股东方风强劲地吹遍西方时装舞台，这是 20 世纪第一次东方影响西方时装的流行。

(二)20 世纪 70 年代

20 世纪的西方社会在工业文明的不断变革中进行着快速的工业化发展，石油能源被亲切地称为“现代工业社会的血液”。当 20 世纪 70 年代阿拉伯等产油重地削减石油生产而抬高石油价格时，西方经济立刻受到了巨大的冲击。西方不得不再次重点关注东方。对东方政治、经济的关注势必带动时尚与流行，此时出现了 20 世纪第二次较大规模的东方影响西方时尚的情景。一方面，大量的西方设计师开始关注东方顾客，特别是来自石油输出国的富裕客人的需求；另一方面，一批以日本设计师为代表的东方设计师如高田贤三(Kenzo)、三宅一生(Issey Miyaki)等以此为契机登上时装舞台。

(三)20 世纪末 21 世纪初

20 世纪末 21 世纪初，依托于发达经济的现代文明带来了人们对生活方式、消费观念的重新思考。人们开始更多地考虑环保性和着装的舒适性，而不一味地追求时装的造型性和装饰性。人们重新审视由于经济高速发展带来的环境变化以及快节奏、高频率带来的生活变化。“节能”、“低碳”的生活方式，已经被越来越多的西方人接受和认可；崇尚自然和环境保护意识，欣赏自然、赞美自然、享受自然、体验自然越来越受到西方人们的关注。东方的设计理念和服装样式在一定程度上可以迎合世纪之交的人们的心理需求。另一方面，时装发展的求异性使世界各地的民族服饰再次引起设计师们的关注，包括东方主题在内的民族题材被众多设计师演绎，因此东方信息再次受到关注。特别是中国的经济腾飞使世界再次关注东方，包括中国在内的东方元素与时装样式也再次成为设计师追捧的对象。

二、西方对东方的影响

西方对东方时装流行影响的案例不胜枚举，特别是在东方近现代时装设计历程中，由于时装主流样式来自西方,因此东方的日常时装特别是正式场合的男性商务用装,基本上以西方时装为参照体系。以中国为例,自20世纪以来受西方时装影响较大的时期是:20世纪初期、20世纪80年代和20世纪末至21世纪初。

(一)20世纪初

20世纪初,东方世界受到西方资本主义思想和观念的冲击,特别是中国当时正处于社会动荡的不稳定时期,西方的时装样式和着装理念伴随着民主思想进入中国,对中国产生了巨大的影响。当时的中国,特别是上海等接受西方时装信息较快的地区,时装样式既受欧美时尚的影响,又具有本土化特征。

(二)20世纪80年代

20世纪80年代,西方时装流行加强了对中国的影响力度。随着改革的深入、思想的开明、时装商业的发展,中国时装迎来了改革开放后的新时期,表现为西方时装与中国当时现有时装的结合运用,产生了精致、时髦、做工精良、注重细节以及服饰搭配等特征的时装样式,并且具有更多的流行性、趋变性,其套装的设计、各种夹克的流行以及时髦的装扮,都与西方的流行时装有一定的关联性。

(三)20世纪末21世纪初

20世纪末21世纪初的多元经济格局并没有改变西方对东方时装的影响,世界传统意义的五大时装之都(巴黎、米兰、纽约、伦敦、东京)之中有四个在西方国家。各个时装之都都在每年两季地传播权威时尚流行信息,并辐射到其他地区进行时尚的解读和转换。虽然新兴的东方国家如中国、韩国等国的时尚影响力在逐步扩大,但来自西方的传统力量仍不能忽略。

三、趋同与多元

信息的快速发展和经济格局的变化使东西方时装有趋同倾向,同时,时装也向着更加多元的方向发展。消费者的多样性促进这种多元发展的速度,人们对回归自然的渴望进一步带动了时装的多元发展。

(一)时装发展的趋同化

科技信息的高速发展使地球变成了“村”,东西方的交流与互动比以往任何时候都要方便与密集,时装在发展的进程中不断地趋同化,主要表现在三个方面。其一,科技信息的高速发展改变了人们的生活方式,从而带动了时装的趋同。网络、短信通讯、视屏聊天、网上购物等成为人们生活不可或缺的重要组成部分,从而引发了人们生活方式的改变。这些因素导致了东西方消费者的无地域性,并带来了新的消费方式:消费者在东方某地生活,可以通过网络在西方某地购物。此时,时装的样式越来越变得不受地域的局限而向趋同的方向发展。其二,科技信息影响下,时装发展的趋同性带来了新的设计驱动力量,东西方设计师都不约而同地越来越关注科幻、未来等主题,并从中挖掘灵感元素,运用于产品设计。其三,时装产业的发展进一步带动了时装发展的趋同性。就时装产业而言,随着时代的发展和出于成本预算的考虑,由策划、设计、生产、销售等各个环节组成的链式结构在全球的各个地方进行而不是在一个单一地点进行,特别是数字化远程设计工具的应用(如计算机辅助设计和信息交流),催生了相应的设计方法和观念的变革,同时加强了东西方过程间的交流和时装发展的趋同化。

(二)时装发展的多元化

时装在发展的过程中不仅有趋同的倾向,更有着由于各种因素而导致的多元化发展趋向。其中包括三个方面。其一,由消费者的单一性向多元化发展而产生的时装发展多元倾向。不同的阶层、不同的年龄、不同地域的消费者,以各种方式向设计师传递自己多元的时尚诉求,这对时装发展的多元化提出了新命题。其二,由越来越国际一体化而加强的民族化倾向。体验多民族的生活状态、对各地域性民族服饰风格的尊重是人们精神生活发展的重要标志之一,具有民族艺术风格的时装将成为审美的热点。其三由高度发达的物质文化产生的压力而带来的回归倾向,各种传统意义的美好生活成为现代人们暂时摆脱紧张生活的良方。

第五节　时装品牌的变迁

进入20世纪,由工业革命带动的纺织业的发展带来了时装的历史性变革,时装经历了以设计师为主导的时装屋品牌、以营销推广为主旨的时装品牌和以快速反应为主旨的时装品牌的过程,为时装的变迁增添了丰富的内容。

一、时装品牌概述

时装品牌具有一定的市场认知度,有明确的形象定位,有系统的产品展开、价格定位和产品营销策略等。作为品牌的时装与单纯的服装的不同之处在于其具有品牌的特性。因此,对时装品牌的概念和沿革的简单了解有助于人们更加清晰地认识时装的变迁。

时装品牌在其发展过程中经历了几个阶段。19世纪末20世纪初,纺织业发展带动时装的革新,以查尔斯·沃斯为代表的专门从事设计的"时装设计师"代替了以往做衣服的"裁缝",他们以时装屋为形式,以新颖的设计为中心,以自己的名字吸引顾客,每年推出流行样式和作品集,以这种形式促使时装品牌的雏形形成。20世纪40~50年代,随着工业化发展进程的不断推进,时装品牌从以设计师命名的时装屋形式逐步转向品牌化成衣生产形式,特别是到了60年代,西方各国人们的生活价值观念发生了很多的变化,穿着开始变得越来越实用,加上营销推广的推波助澜,以营销为代表的时装品牌迅速影响全球。80年代以后,全球经济持续发展,日新月异的信息技术在时装产业中扮演着重要的角色,各个国家依靠自身的特点在品牌发展中扮演着重要的角色。21世纪互联网的普及、信息的扁平化,各种以快速反应为特点的时装品牌迅速占据市场。

二、时装品牌的变迁

不同的品牌是时装品牌变迁过程中的主角。以下列举的品牌包含几个方面:其一是历史上出现过的时装品牌,由于种种原因已经消失了,但其创造的辉煌仍旧对现今的时装品牌、时装设计有一定的指导作用。其二是在历史进程中出现的、现在依旧活跃在时装舞台的时装品牌,它们创造并延续的时装神话是当下学习和借鉴的生动教材。其三是在信息化时代诞生的新型时装品牌,它们强劲的活力、与前辈不同的品牌理念和强大的市场占有率对人们有着良好的启迪作用。

(一) 历史上曾经出现并消亡的时装品牌

历史上曾经出现的时装品牌是指在时装的发展变迁过程中出现过的,对时装的发展过程产生过较为深远的影响,但由于时代的变迁、流行的转换、经营等方面的原因而消亡的时装品牌。以 Paul Poiret 时装屋和 Vionnet 时装屋为例。

Paul Poiret:法国著名时装屋,由保罗·波烈(Paul Poiret)在 1903 年创立,主要经营时装。保罗·波烈对时装的贡献在于,他强调当时的女性时装应摆脱紧身胸衣和当时流行的"S"型的形式,必须以表现自身的身体为方向。其另一个对时装的突出贡献在于他非常善于吸收艺术流派和借鉴异域信息作为时装灵感运用于时装设计中。"一战"结束后,保罗·波烈的时装设计受到当时新生代设计师的冲击,他的设计理念不能符合当时人们的需求,但他固执地坚持自己的设计风格,造成顾客的流失而无法挽回,最终他一手创建的时装屋在 1925 年宣告破产。

Vionnet:法国著名的时装屋,由玛德琳·维奥内(Madeleine Vionnet)在 1912 年创立,主要经营时装。维奥内对时装的贡献是其创立了斜裁的特殊剪裁方式,使其设计出的时装有着非常自如的线条和精致的边缘设计。维奥内的时装按照女性的身材特征,通过对缝线位置、剪裁方式的研究,使衣料与人体的结合达到最佳状态,对现代多样化的礼服设计有着很大的影响,在时装发展史上具有里程碑式的作用。维奥内不注重个人自身形象的树立,当 1939 年时装屋关闭时,其品牌也渐渐地被人们淡忘。

(二) 现今依然存在的经典时装品牌

现今依然存在的时装品牌是指在时装的发展变迁过程中出现过的、对时装的发展过程产生过较为深远的影响的、现今依然活跃在时装舞台的时装品牌。以 Dior 时装品牌和 Chanel 时装品牌为例。

Dior:著名法国高端时尚品牌,1946 年由同名设计师克里斯汀·迪奥创立,主要经营女装、男装、首饰、香水、化妆品等高档消费品。作为 20 世纪中期确立的时尚品牌,Dior 至今仍然屹立时尚顶峰,与其一贯的引领时尚的定位、华丽与高雅的明确风格密切相连。1947 年,克里斯汀·迪奥推出了他的"New Look"时装系列:意指带给女性一种全新的面貌,其收起的腰身与突出的胸部曲线和长及小腿的张开式下摆形成强烈对比,再加上修饰精巧的肩线,吸引了所有人的目光。从此,Dior 品牌开始主导时尚界,并在每年以不同的廓型推出时尚样式并引领流行。迪奥的继任者伊夫·圣·洛朗(Yves Saint Laurent)、马克·博昂(Marc Bohan)、约翰·加里亚诺(John Galliano)等都能推出时尚经典系列并引领时尚。

Chanel:法国著名高端时尚品牌,由设计师加布里埃勒·夏奈尔(Gabrielle Chanel)于 1913 年在法国巴黎创立,主要经营时装、珠宝饰品、服装配件、化妆品、香水等高档消费品。Chanel 品牌是一个经历了近百年的品牌,其品牌始终倡导着高雅、简洁、精美的风格,并不断突破自我。20 世纪 20 年代，品牌创始人夏奈尔设计的简洁舒适的“H”型时装将女性从繁复的时装中解放出来，使 Chanel 品牌一举成为当时的一线品牌。随后，Chanel 品牌在创始设计师夏奈尔的带领下创出了时尚界的传奇，其代表性的 Chanel 套装、针织套装、小黑裙、Chanel5#香水、人造珠宝、Chanel2. 55 箱包等经典样式和产品已经深入人心。20 世纪 80 年代，这个经典品牌由设计师卡尔·拉格菲尔德执掌，在传统经典中适时融入时尚元素，使这个传奇式品牌在 21 世纪仍然活跃在时尚舞台。

（三）新兴的时装品牌

新兴的时装品牌是指在互联网普及、信息扁平化的 21 世纪兴起的各种以快速反应为特点的时装品牌，以 Zara（飒拉）和 Uniqlo（优衣库）等为代表。

Zara：西班牙 Inditex 集团旗下的时装品牌，为全球排名第三、西班牙排名第一的时装商，创立于 1975 年，其目标消费群是收入较高并有着较高学历的年轻人。Zara 有着快速时尚、设计优质、价格低廉的特质，并以此深受消费者的追捧。快速时尚供应链系统，大大提高了 Zara 品牌从设计到上架的时间；优质设计是指一些顶级品牌的最新服装设计刚摆上柜台，Zara 就会迅速发布和这些设计非常相似的时装，这样的设计方式能保证 Zara 紧跟时尚潮流；价格低廉是指 Zara 的优质设计的服装价格只是一线名牌的 1/3 或更少，是可以让平民拥抱的时尚。

Uniqlo：全名是 Unique Clothing Warehouse，其含义是指仓库型店铺采用超市型的自助购物方式，以合理可信的价格提供顾客希望的商品。Uniqlo 可以被列为日本的快速时尚品牌，消费对象是有一定消费能力的时尚人士，年龄定位较广，涵盖 22～45 岁，是产自日本的快速零售时尚产品的品牌。Uniqlo 品牌隶属于 1963 年创立于日本的迅销公司，公司管理者提出在时装店尝试以仓储型自助购物的方式出售时装，并在日本首次引进了大卖场式的时装销售方式，通过独特的商品策划、开发和销售体系来实现店铺运作的低成本化。Uniqlo 的“快速零售”体现为自助式店铺经营模式，体现了如何将顾客的要求迅速商品化、如何迅速提供商品这一企业根本精神。在激烈竞争的时装产业中，Uniqlo 以其独有的经营模式、经营理念，成为日本零售业排名首位和世界时装零售业名列前茅的企业。

小结

1. 服装有自己的变迁机理和路径。

2. 东方服装是指以中国、日本、印度、阿拉伯等亚洲国家为主的服饰。东方服装以平面式裁剪为主，并在不同的时期产生了不同的样式特征和装饰设计。

3. 西方服装是以欧洲为主线，以意大利、西班牙、法国、英国等国家的服饰文化为代表。西方服装以立体式裁剪为主，并在不同的时期产生了不同的样式特征和结构设计。

4. 东西方的服装随着时代的发展和变化一直进行着彼此的交融，历史上有很多互通和交流的案例，进入 20 世纪和 21 世纪，这种交融更加紧密、更加频繁。

5. 工业革命带动了纺织业的发展，并带来了时装的历史性变革。时装经历了以设计师为主导的时装屋、以营销为推广的时装品牌和以快速反应为主旨的时装品牌的过程，为时装的变迁增添了丰富的内容。

思考题

1. 简述东方服装的基本特征。

2. 中国的秦汉至清代的典型服装样式特点和装饰特点有哪些?

3. 简述西方服装的基本特征。

4. 西方服装发展过程中的哥特时期、文艺复兴时期、巴洛克时期和洛可可时期的典型服装样式特点有哪些?

5. 列举20世纪东方对西方时装流行影响的案例。

6. 列举20世纪西方对东方时装流行影响的案例。

7. 简述时装品牌的概念,列举三个有代表性的时装品牌,并做简要说明。

第二部分
时装工业产品

第四章　时装新产品开发

本章要点

- 时装产品的生命周期
- 时装新产品开发的基本流程
- 时装新产品开发的策略

学习目标

知识目标：

本章使学生了解时装产品的整体概念、生命周期以及时装新产品开发的重要性，掌握时装新产品开发的基本流程以及在新产品开发过程中常用的产品组合和产品延伸策略。

能力目标：

本章使学生能够运用现代时装产品开发的技术与方法，与前面所学知识融会贯通，结合实例进行新产品开发，培养学生实际操作能力和团队协作能力。

近年来，国内商务成本和劳动成本不断上升，人民币升值，在新时装出口国的竞争以及贸易保护主义的各种壁垒措施作用下，我国时装产业面临着严峻的挑战。与此同时，国人日渐成熟的消费心理和日益提高的消费水平，又为国内时装产业提供了广阔的发展空间，带来了新的机遇。

在此背景下，我国时装企业进一步认识到，建设打造品牌才是企业终极的战略目标，而掌握具体而实际的操作方法是企业成功打造品牌、开拓市场的重要途径。时装新产品开发是以消费者为原点，进行市场研究、目标市场细分、流行趋势研究、设计风格确定、产品设计开发和营销组合的商品策划过程。新产品开发对企业有着重要的战略性意义，研发具有自主知识产权的品牌与新产品是当前我国时装企业必须面对的课题，是提高时装品牌核心竞争力的主要途径。

第一节　时装新产品

伟大的设计在实验室产生，而伟大的产品在营销部门产生。

——威廉·H. 达维多(William H. Davidow)

一、产品整体概念

产品是指能够通过交换满足消费者或用户需求和欲望的任何有形物品和无形服务。产品即实体加服务。

管理学者菲利普·科特勒(Philip Kotler)用五个基本层次来描述产品整体概念,即核心产品、形式产品、期望产品、延伸产品和潜在产品,如图4-1所示。

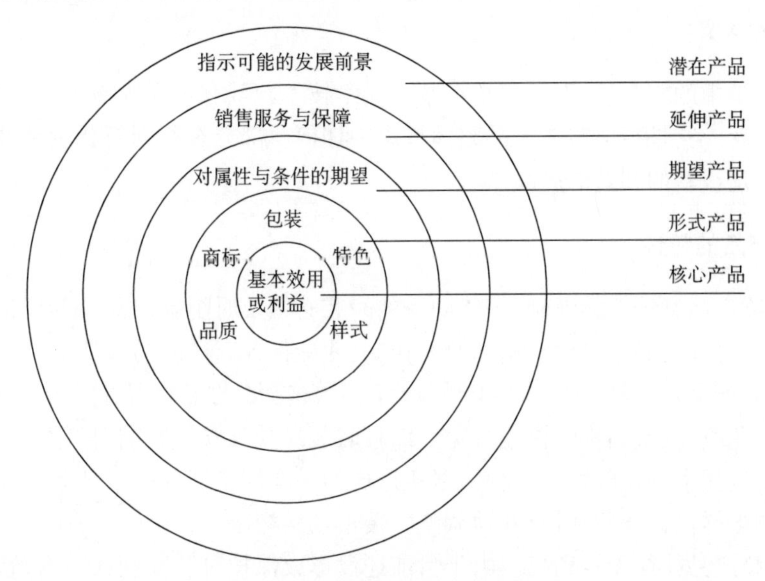

图4-1　五层次产品整体概念

本文将产品主要分为三个层次:核心产品、形式产品和延伸产品。

核心产品也叫实质产品。它位于整体产品的中心,是消费者购买产品或服务时所要真正获得的利益和服务,是埋藏在产品之内、隐藏在消费行为背后的东西。

形式产品也叫基础产品。它是依据核心产品来设计的实际产品,实际上就是核心产品得以实现的方式,是消费者得以识别和选择的主要依据。它一般表现为产品的样式、特色、包装、商标等。

延伸产品即服务质量,也叫附加产品。它是指消费者购买产品时随同产品所获得的全部附加服务与利益,从而把一个公司的产品与其他公司的产品区别开来。

整体产品概念是现代市场营销学的一个重要组成,也是当代时装营销理念的思想基础。它明确了满足顾客所追求的核心利益是时装新产品开发的最终目的,企业需要重视产品的形象、服务等方面。

整体产品概念给我们的启示如下。

(1)现代企业的产品开发不是由生产部门完成的,而是由营销部门完成的。

(2)整体产品概念体现了以顾客为中心的现代营销理念。

(3)整体产品概念为企业开发适合消费者需要的有形与无形产品、挖掘新的市场提供了思路。

(4)整体产品概念给企业产品开发设计提供了新的方向。

(5)整体产品概念为产品差异化开辟了新领域。

(6)企业要更加重视各种售后服务。

(7)产品线上的竞争可以多层次展开。

二、时装新产品的特性

(一)新产品的含义

市场营销学中的新产品,不仅仅指在某一科学技术领域有重大突破而推出的新产品,其意义要更加广泛。它是指那些在产品整体概念中任何一部分有所创新和变革并给消费者带来某种新的满足或新的利益的产品。

(二)时装新产品的特性

首先,时装产品有季节的限制,一年四季的时装必须及时更新产品才能保证销售量。因此,时装新产品的开发必须受到严格的时间控制,才能保证新产品的如期上市。

其次,时装产品具有易变性。由于受流行的影响较大,导致产品生命周期短,表现为时装面料、色彩、花纹、款式结构的快速变化。而且时装易受气候的影响,异常气候的发生常常会造成时装市场需求变化频繁。多种因素所形成的易变性特征促使时装新产品的开发必须具有提前性和多样性,才能及时有效地调整时装市场结构。

再次,时装产品往往无专利权。由于目前还没形成保护时装专利权的有效方法,时装款式非常容易被模仿、跟风、抄袭。但如果时装品牌能做到系统性地开发新产品,形成强大的品牌整体效应,将大大减少局部模仿和抄袭所带来的负面影响。

三、时装产品生命周期

时装产品生命周期(PLC,product life cycle)是指某时装产品从进入市场到被淘汰退出市场的全部运动过程,如图4-2所示。时装产品的生命周期长短及发展变化主要受市场供求关系与该产品本身属性的影响。

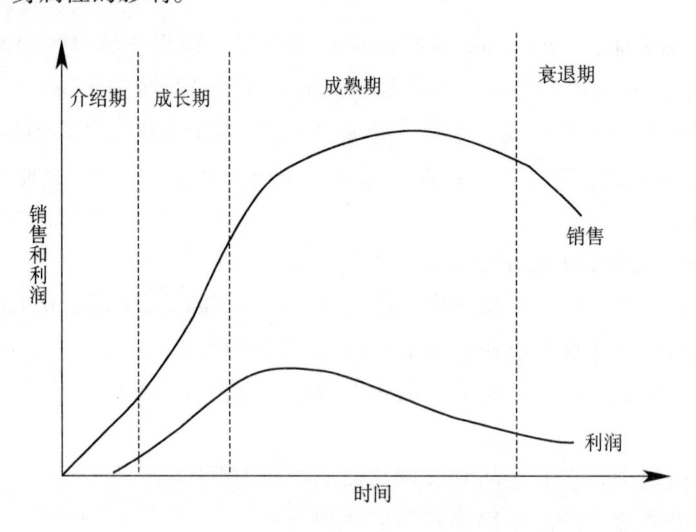

图4-2 时装产品生命周期

(一)介绍期

介绍期是产品开始导入市场、销售缓慢增长的时期。在这个阶段,由于产品导入市场支付的成本较高,但销售收益并不高,所以企业的利润几乎不存在,甚至亏损。

(二)成长期

成长期是产品迅速被市场接受和销售量锐增,销售利润也由负变正并快速上升的阶段。

(三)成熟期

成熟期是产品被大多数潜在购买者接受从而造成销售额增加缓慢的时期。在此阶段,企业为了维持已有的销售份额,其营销费用日益增长,利润稳定或者开始下降。

(四)衰退期

当销售量加速递减,利润也较快下降时,产品便步入了衰退期。

表4-1中描述了在产品生命周期的不同阶段时装产品的不同市场表现,企业开发新产品所采取的方法也应有所调整。

表4-1　时装产品生命周期中各阶段特征

阶段 项目	介绍期	成长期	成熟期	衰退期
销售量	低	剧增	最大	放缓
销售速度	缓慢	快速	减慢	负增长
成本	高	一般	低	回升
价格	高	回落	稳定	回升
利润	亏损	提升	最大	减少
顾客	创新者	早期使用者	中间多数	落伍者
竞争	很少	增多	稳中有降	减少
营销目标	建立知名度,鼓励试用	最大限度地占有市场	保护市场,争取最大利润	压缩开支,获取最后价值

分析时装产品生命周期是为了更好地了解时装产品本身的发展规律。再好的产品也有滞销的一天,因此,新产品开发人员应该做到未雨绸缪,及早改良现有产品或开发全新的替代产品,才能使时装企业的销售有所保障。

四、时装新产品的划分

(一)根据改良程度划分

时装新产品是与现有产品相对的,只要是在设计外观或功能等方面与原有产品有所差异,都可视为新产品。时装自身的特点决定了其新产品的原创性较低,大多是在原有产品的基础上改良而成,根据改良的程度可分为全新新产品、改进新产品和仿制新产品。

1. 全新新产品

全新新产品是指由新面料、新造型、新色彩和新的细节处理形成的新型的时装款式。

2. 改进新产品

改进新产品是指与现有市场上产品相比,在面料、色彩、造型及细节等方面有局部改进或变化的时装款式。

3. 仿制新产品

仿制新产品是指和现有市场上产品基本相似的时装款式。

(二)根据业绩划分

根据新产品对销售业绩的贡献以及投产数量,还可以将其分为 A 级、B 级和 C 级新产品。

1. A 级新产品

A 级新产品指不分地区和店铺大小,都被确定和预测为畅销产品,也是投产数量最大、颜色尺码最齐全的款式。

2. B 级新产品

B 级新产品指可能因地域位置不同,部分地区可能畅销的新产品。

3. C 级新产品

C 级新产品指根据国际流行趋势推出的非常时尚的新产品。这类产品是探索性的,也有可能是形象类的,投产数量最少。

时装企业要具有活力,就要不断开发新的产品。新产品开发要从消费者需求和企业现实状况出发,在市场研究和技术成果应用的基础上,采用新材料、新工艺、新配色及新构思进行创造性活动。时装新产品开发是针对特定的市场消费群体按计划进行设计生产、最终提供所需产品的过程。新产品开发的本质是以消费者为原点所进行的商品策划,其中包括目标市场研究与细分、流行趋势与设计风格的确定、产品开发和营销组合策划等内容。好的新产品开发可以使一组产品线的利润达到最大化。作为企业的一项重大战略性决策,它不仅是时装企业进行生产经营活动的基础,同时也是提高竞争能力和增加经济效益的重要手段。

时装企业需要不断开发新产品,源于以下四个主要因素:时装产品生命周期,市场竞争状况,顾客需求变化,新发明、技术在时装上的应用。

企业为了生存和发展要通过开发新产品来占领市场,获取利润。而流行趋势新走向、消费者需求变化以及竞争品牌的新产品动态,都是时装新产品不断涌出的原动力。

五、时装新产品的重要性

新产品开发是时装企业的利润中心,它肩负着公司多条产品线的设计开发,是公司经济收入的重要保证。新产品方面的失误将导致公司财务上的损失。在现代时装企业运营模式中,时装新产品开发部门和销售部门同为企业的两大支柱部门。

（一）新产品开发是时装企业生存发展的需求

时装企业同时装本身一样也存在着生命周期，如果企业不开发新产品，当产品走向衰退时，企业也走到了生命的终点。反之，如果企业不断开发新产品，持续地占领市场，就能不断发展。一般而言，时装企业每时每刻都应有正在设计中的新款式，在任何时期都有不同产品处于生命周期的各个阶段。

（二）新产品开发是消费者需求变化的要求

随着经济的发展和人们生活水平的提高，消费者需求发生了很大的变化，消费结构变化加快，消费者选择更加多样化，产品的生命周期日益缩短。在这种情况下，企业必须不断地开发适应消费者需求的时装新产品。

（三）新产品开发是市场竞争的要求

现在时装企业的竞争日趋激烈，企业要想在市场上保持竞争优势，就必须不断设计新产品，从而增强企业活力。著名休闲品牌 Esprit（埃斯普利特）在国内休闲装市场一直保持前列，其推出新产品的速度非常快。Esprit 将一年分成 12 季，每季都会在全球市场推出上百款新产品，每年的新款达到 1200 个，再加上其他衍生产品，Esprit 一年的新品数量很多。

可见，时装品牌新产品的开发会给企业赢得绝对的市场竞争优势，其开发流程的研究具有重要的意义。新产品的开发不是某一个部门的工作，它需要策划、设计、生产、销售、客户等团队的协作来共同完成。企业的决策者应该搞好各环节的组织工作，在产品开发的每一个阶段都必须制订明确的日程表、编制明确的计划书，使每一项工作都有可操作性。各个部门需要严格执行计划方案，但同时又要得到充分的自由度，这样新产品的开发工作才能有序的展开。

案　例

美特斯邦威推出新品牌 Me & City 高端城市系列（图 4－3）

电视广告中曾经常播放《越狱》男主角温特沃什·米勒（Wentworth Miller）演绎的一个时装品牌广告，片中的另一位女主角是巴西超模，有中国血统的布鲁娜·特诺里奥（Bruna Tenorio），该品牌名叫 Me & City，是美特斯邦威新推出的高端城市系列。

该品牌将包括三个系列，分别是精致休闲、时尚外出和商务系列，并包括都市配件系列。该城市系列筹划已有数年之久，两年前开始正式筹备。新品牌将与原有美特斯邦威的校园感进行区隔，为逐渐长大的美特斯邦威消费者提供高性价比时装，同时 Me & City 也会以独立品牌的形式操作，这或许是美特斯邦威多品牌化的一个开始。整个 Me & City 营销策划过程继续由 4A 广告公司的李奥贝纳操刀，在中国人气极旺的温特沃什·米勒的代言费不得而知，不过肯定大大超过之前的周杰伦。今年下半年，Me & City 将根据米勒的档期邀请他来中国宣传品牌。

（摘自　中国时尚品牌网 2009－7－31）

图 4－3　Me & City 高端城市系列

第二节　时装新产品开发流程

时装新产品开发流程通常始于市场调研，止于产品的投产与上市，其中涉及环节较多，各环节紧密连接、环环相扣。整个流程需要企划部、设计部、生产部和销售部等协作进行，将市场销售信息、新的流行信息和公司的发展战略等有机地结合在一起，即设计、产销间统筹与协同管理。

时装产品开发可以概括为“3P”，即计划（plan）、研发（produce）、推出（present），各环节可概括为调研与定位、流行趋势、计划与开发、样品试制与投产、定价与上市五个部分，如图 4－4 所示。

一、调研与定位

这部分主要包括市场调研、市场定位和产品线计划等环节，它是新产品开发顺利完成的前提和保证。

市场调研（market research）是指对与营销决策相关的数据进行计划、收集、分析，并把结果与管理者沟通的过程。市场调研在营销系统中扮演着双重角色。其一，它是市场情报反馈过程的一部分，向决策者提供当前营销信息和进行必要变革的线索；其次，它是探索新的市场机会的基本工具。

市场调研的目的是进行准确的新产品市场定位（target segmentation）。新产品的市场定位是根据顾客重视的产品属性及市场现有竞争产品的状况塑造新产品的个性和形象，并通过营销手段传递给顾客以确立自己新产品的竞争地位的行为。简单地说，就是目标顾客对你的新产品的独特印象是什么，或者说你和你的竞争产品之间的区别是什么，即市场定位。

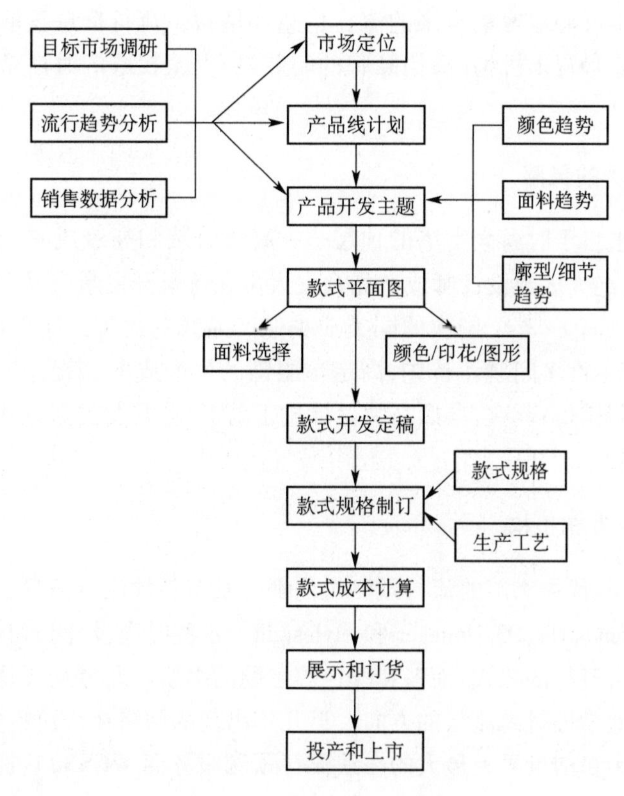

图4－4 新产品开发流程

例如，下列品牌的市场定位分别如下。

LV——以箱包为主的旅途奢侈品；

Amarni——高贵、儒雅的商务着装；

Boss——年轻、时尚的商务套装；

Chanel——具有传奇色彩、经典时尚的法国高级女装；

Zzra——国际化的、紧跟流行的中等价格的时尚产品；

CDG——个性化的、高品质设计师品牌；

Coach——可以承受得起的奢侈品箱包；

美特斯邦威——中国本土的青少年休闲服饰；

白领——中国的奢侈品女装；

例外——个性、环保的休闲女装。

选择市场定位时，时装企业先要通过市场细分研究把握市场状况，并根据企业自身及市场环境选择合适的目标市场，最后对产品的市场定位做出决策。目标市场设定是否准确与合理与否关系到产品开发整体工作的成败。目前常用的设定目标市场的方法很多，以产品时尚度和价位等属性来标注品牌市场定位的方法是其中之一，它可以清晰直接地反映出自己和周围品牌在市场中的相互位置。

二、流行趋势

新的流行趋势会对下一季的时装设计风格产生直接影响。因此，现代时装企业在进行新产品开发之前要尽可能地搜集未来的流行信息和情报。流行信息获取的途径有很多种，主要有各类的流行趋势资讯机构、高档品牌的时装发布会、权威的时尚杂志、时事通讯以及网站等。

(一)来自高一级品牌的灵感

很多潮流趋势来自于时尚金字塔的顶层——高级时装和高级成衣，然后从上往下流行延伸和发展。因此，绝大多数设计师或产品开发人员在每季开发新产品时，都会密切关注一两个比自己品牌价格高1~2个层次的同类或类似产品线的品牌。如果仿效了过于高端的品牌产品线，也会产生许多问题。首先，高定位服饰的生产成本、工艺、技术都太过高端，自身品牌根本无法参照模仿；其次，参照品牌设计过于前卫，若开发类似款式，则会导致本品牌定位消费群无法接受。

(二)流行趋势预测/发布机构

每年，世界上一些优秀杰出的流行预测机构都会发布各种流行信息。其中，比较权威的流行预测机构有 Promostyle、D3 Doneger 和 Stylesight。这些时尚设计公司会提供许多关于即将要到来的季节将会流行的款式、面料和颜色等主题的书册。通过购买这些信息和资料，设计师们能够更精准地掌握时尚流行的方向。近几年出现的网络在线流行资讯机构发展非常迅速，图4-5所示为目前世界上最大的在线流行预测服务商 WGSN，它拥有上千家客户，其中不乏像 Wal-Mart(沃尔玛)和 Adidas 之类的重量级企业。

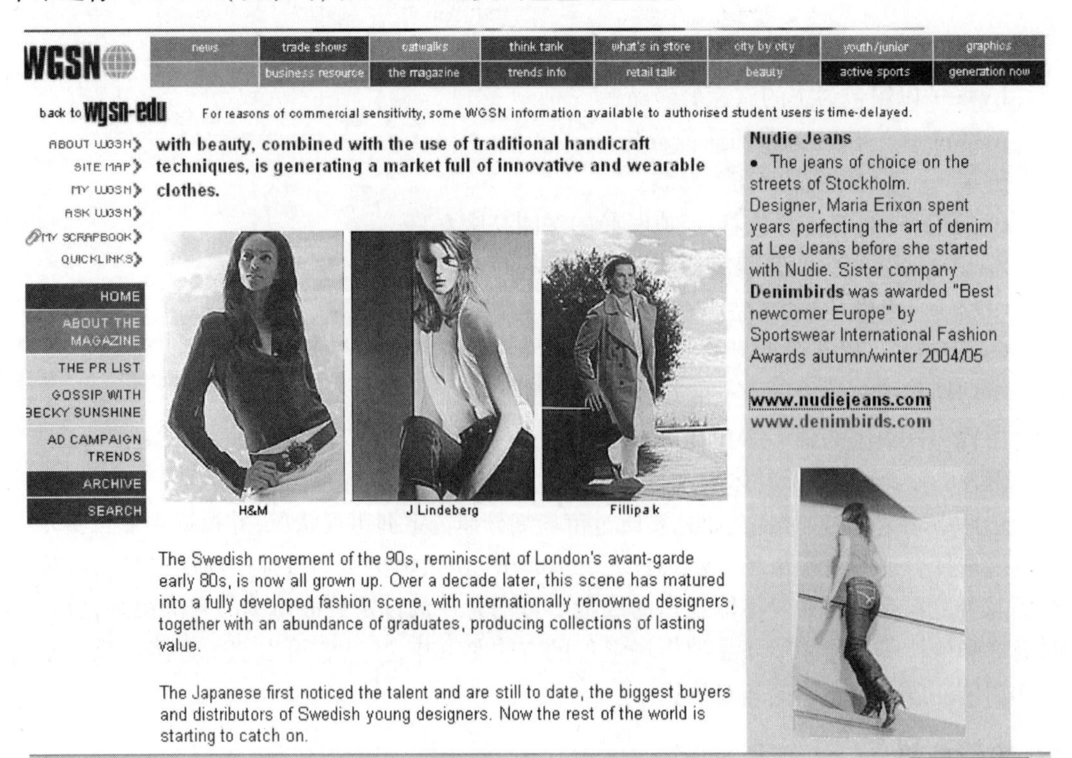

图4-5 国际在线流行预测服务商 WGSN

通常,流行色彩预测机构会提前 18 个月,根据商业用途(女装、男装、童装)预测下一季流行的颜色。其中总部设在国际时尚中心美国纽约的 Color Box、Huepoint 和 Design Intelligence 等数家流行色预测机构都会提前一年推出色彩方案(图 4 - 6),在业内较具有权威。设计师们通常会购买 2 ~ 3 家机构的流行预测信息,以寻求这几家预测机构信息之间的共同点和符合其市场特征的有用资料。

此外,其他国际上较权威的流行趋势发布机构有:Cotton Inc、Expofil、Premiere Vision 、Tencel、Textile View、Pantone、Color Association of U. S. 、WWD Buyer's Guide、MR Magazine(Menswear & Boy's)、Sportstyle Magazine、National Retail Federation 等。

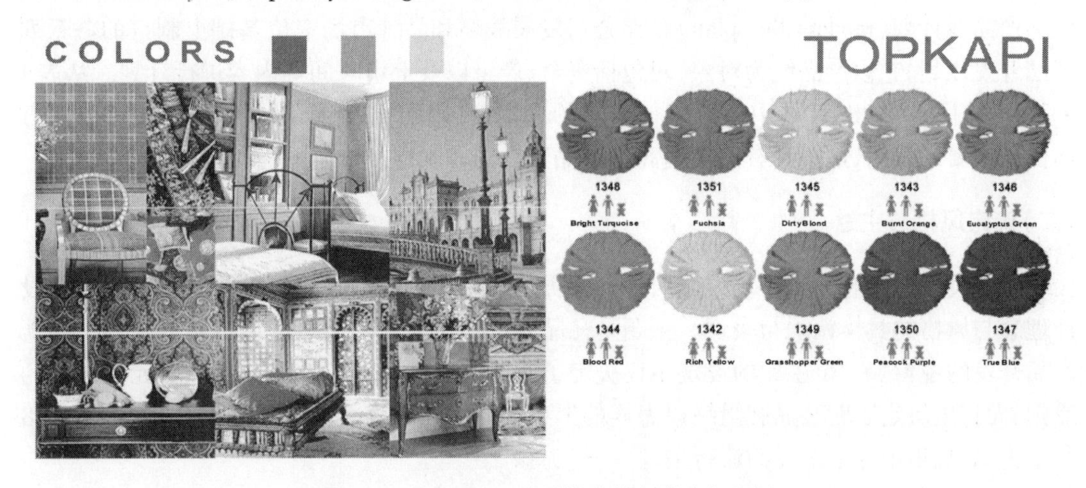

图 4 - 6　Color Box 公司推出的色彩流行预测

(三) 面料调研

面料既掌控时尚又跟随时尚。全世界顶级的面料产地为欧洲,世界顶级的面料展有:Premier Vision(法国巴黎)、Interstoff(德国法兰克福)、Idea Como(意大利科摩)、International Fashion and Fabric Exhibition(IFFE,美国纽约面料展)等。

另外,一些时尚设计公司提供专门的流行素材,他们的设计人员会从各种各样的艺术中获得启发并设计绘制出创新的图样,然后将这些图样卖给设计师、产品开发人员或零售机构。如总部在美国纽约的 Printsourse 公司虽然只提供印花图案方面的预测与设计,但其专业性和前瞻性受到业界的肯定,Ralph Lauren(拉尔夫·劳伦)、Calvin Klein(卡尔文·克莱恩)等高级成衣品牌都是它的客户。

(四) 其他方式

其他方式包括研究过去的产品销售情况、逛街、关注媒体、参观相关时装博物馆、参考权威的时装专业期刊如 *WWD*、*Vogue*、*New York Times*、*Sporstyle Magazine*、*DNR* 等。

专业的咨询固然重要,但设计者在开发产品时,必须对所获的信息进行有效的梳理与分析,结合品牌特点与企业文化,筛选出实际有效的流行元素导入设计,切忌盲目追求,照搬应用。

三、计划与开发

流行是时装产品更新换代的动力,产品是流行的载体。新产品开发中的“新”,表现为在原有设计上注入新的流行元素。比如对一件上市销售过的产品可以通过更换新的流行色、面料等设计元素赋予其新的价值。由此可见,新产品开发过程也是产品增值的过程,而设计与开发正是这个增值行为的集中体现。

(一)产品线计划

产品线计划(product line plan)是在公司发展战略和品牌市场定位基础上制订的一系列产品开发规划,它以产品线为对象,对包括资金、产量以及上市时间等内容进行计划。从表4-2中我们可以看出,计划中还对包括产品的成本、尺码配比、组合搭配以及上市波段等方面做了必要的设定,这些都有助于提高新产品开发的客观性和准确性。

(二)确定风格与主题

时装设计的理念与风格定位是时装产品开发的中心环节,每一个新款都是设计师对设计理念与风格的具体认识与表现。主题是在品牌设计风格基础上结合流行趋势制订出的新产品开发的主旨。一个主题的设定不仅决定了对后续面料、色彩、款式和细节等元素取舍的原则,而且也决定了时装品牌最终以怎样的形象在零售店中直面消费者。图4-7和图4-8所示为2010年国际上主要的流行主题——“男孩”。

一个品牌的设计风格只有一个,但它的产品开发主题根据流行趋势的要求可以有多个。主题确定后进入具体款式设计环节,即在不同主题的框架下对面料、款式、颜色和细节等元素进行取舍,最后对确定下来的款式进行技术上的落实。

图4-7 2010年国际上流行的“男孩”主题

表 4－2 时装企业产品线计划:2009 年秋冬季商品结构及款式上柜计划表

阶段	A			B			C			D			总计	
日期	8/30～9/15(8/30 上货)			9/16～10/15(9/16 上货)			10/16～11/15(10/16 上货)			11/16～12/15(11/16 上货)				
品种	款式数量	款式备注	A 期要求	款式数量	款式备注	B 期要求	款式数量	款式备注	C 期要求	款式数量	款式备注	D 期要求	数量总和	占比
裤子(培优)	8(6)		2 短裤/3 锥型裤/2 直筒/1 牛仔紧身裤、麻纱类、半精纺类、厚型棉贡,罗马布	4	(皮革等面料的拼接)	1 皮短裤/2 小脚裤/1 直筒麻纱类、半精纺类、厚型棉贡缎,罗马布	4(3)	棉裤	1 薄呢锥型裤/1 花式呢直筒/1 薄呢短裤/1 复合小脚裤	4(2)		1 绗缝短裤/1 萝卜裤/1 复合直筒裤/1 绗缝靴裤	20(15)	10%
针织上衣(圆机针织 T 恤)	8(10)	增加圆机针织的厚度有绒毛感	3 手工/2 结构/2 印花/1V 领打底衫黏胶纤维莫代尔毛黏棉弹蕾丝	6(4)	针机拼接	2 手工/2 结构/2 印花/黏胶纤维莫代尔毛黏棉弹	6		4 手工/结构/印花/黏胶纤维莫代尔毛黏棉弹	4		2 手工/1 结构/1 印花黏胶纤维莫代尔毛黏	24	12%
毛衣(培优)	8	针机拼接	4 外穿(2 短 2 长)/4 内搭(2 短 2 长)全毛 五合一 马海毛 三合一	8(6)		4 外穿/4 内搭全毛 五合一 马海毛 三合一	6		4 外穿(2 短 2 长)/2 内搭(1 长 1 短)全毛 五合一 马海毛 三合一	6(2)		6 内搭全毛五合一马海毛三合一	28(22)	14%
中长大衣(厚型呢科)				2		花式呢 强缩绒	6(7)		全毛仿羊绒 5% 羊绒短顺毛毛毡 花式呢 强缩绒	4(3)		全毛仿羊绒 5% 羊绒短顺毛毛毡	12	6%
风衣	4		2 中长/2 短 全记忆面料 直贡锦棉 尼龙涂层提花 T400	2		1 短 1 长/加内胎加厚 全记忆面料 尼龙涂层提花							6	3%

续表

阶段	A			B			C			D			总计	
日期	8/30～9/15(8/30 上货)			9/16～10/15(9/16 上货)			10/16～11/15(10/16 上货)			11/16～12/15(11/16 上货)				
品种	款式数量	款式备注	A 期要求	款式数量	款式备注	B 期要求	款式数量	款式备注	C 期要求	款式数量	款式备注	D 期要求	数量总和	占比
单上衣(外套及短大衣)	4(6)		半精纺 罗马布 T400	4		花式呢 强缩绒	4(8)		薄棉外套 全毛仿羊绒 5% 羊绒短顺毛 毛毡	2		棉外套	14(20)	7%
连衣裙	8(10)		黏毛圆机针织 精纺羊毛 丝绸涤纶 提花	8(6)		黏毛圆机针织 丝调 涤纶 罗马布 丝绒 全皮	6(8)		黏毛圆机针织 罗马布薄呢 圆机毛料 丝绒	4(2)		针织呢料 丝绒提花	26	13%
单裙	4(6)		2A2 直筒 麻纱 罗马布 提花 精纺毛料 真丝	4(2)		罗马布 精纺毛料 丝绒	6(3)		绗棉,拼皮 毛呢 皮裙	2(1)		绗缝 毛呢	16(12)	8%
衬衣(丝绸及精梳棉)	6(8)		A 型 直身型 直丝丝绸 丝光棉弹 丝棉 格子布	6(4)		重磅丝绸 薄型混毛				2		真丝	14	7%
棉衣				2		1 短款 1 中长款绗缝 薄棉 超细旦 涂层尼龙	4		1 短 2 中长 1 长超细旦 涂层尼龙 薄呢圆机混毛	4		2 中长 2 长超细旦 涂层尼龙	10	5%
马甲	(2)		薄绗缝 超细旦涂层尼龙	2		厚棉 超细旦涂层尼龙	2		厚棉 超细旦夕涂层尼龙				4	2%
尼克服							2		1 短 1 中长 尼龙双色涂层	4		1 短 2 中 1 长	6	3%
羽绒服							4		1 马甲 1 短款 2 中长 超细旦 涂层尼龙	2		2 长款 超细旦涂层尼龙	6	3%
皮衣	2(3)		1 马甲 1 夹克	2(1)		2 外套	2		1 中长 1 短 裥棉 带毛领	1		经典款	7	3%

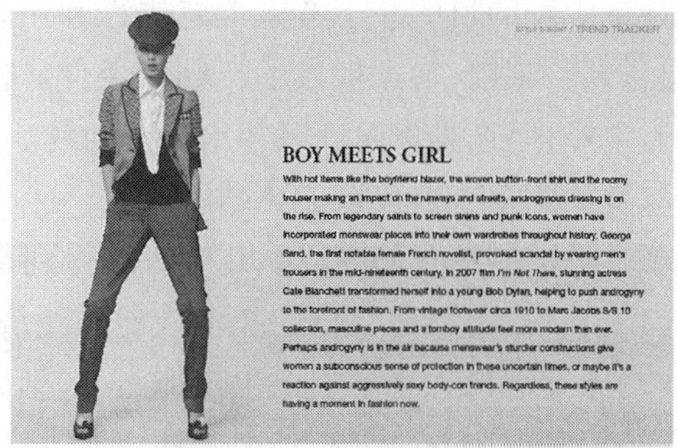

图 4－8　2010 年时装品牌根据“男孩”主题开发的新产品

四、样品试制与投产

开发部门的时装设计师将前面工作形成的产品构思绘制成时装款式图。如图 4－9 所示，时装款式图中包括时装款式的造型风格、工艺要求和规格参数。这时的产品还停留在平面构想的阶段，只有通过真材实料的缝制过程——样衣制作，才能形成真正的产品视觉效果。样衣试制后写出相应的试验报告，包括造型效果是否达到设计要求。

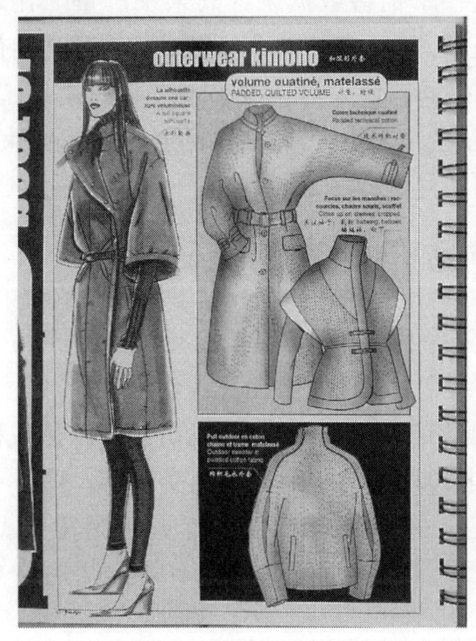

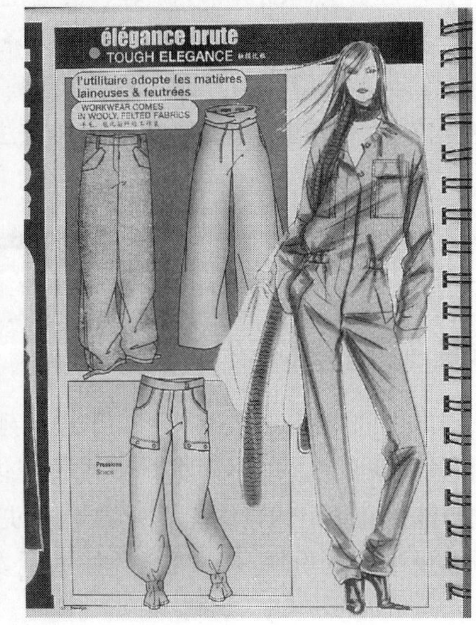

图 4－9　样衣制作所需的时装款式图

新款式试制完成后，由技术部门组织对新产品的造型效果、技术性能进行全面评价和鉴定。样品的鉴定内容包括三个方面：第一，设计资料是否完整、样品是否符合技术规定；第二，检查加工质量、时装面料是否恰当，工时记录是否准确完整；第三，对时装样品的效果、结构、工艺性和经济性作出评价和结论。此外，销售部门对该样品与市场竞争产品进行比较，对样品提出改进意见。在此基础上，填写样品鉴定证书，提出能否投产或需要转入小批量试生产的建议。

需要提醒的是：单件样品加工的生产条件往往和流水线上的生产条件有所不同。因此，小批量试生产的目的在于考验工艺规程和工艺装备,对于时装产品的工艺性进一步做出审查,通过试产试销,为大批量生产创造条件。例如,有一家时装厂,在初期的样品阶段,造型效果非常好,但在批量生产时却出现了问题。经过反复查实,才发现是因为批量生产时采用的蒸汽熨烫使某些部位造成热缩所致。

小批量试制的产品在以下几个方面得到肯定后,才能正式转入大批量生产。

(1)确认产品具有良好的技术性能和经济效益。

(2)企业能够保证必要的生产能力,包括人、财、物和时间。

(3)时装面辅料、燃料、动力及外协的供应确实可靠。

(4)市场销售的预期良好。

五、定价与上市

定价与上市是产品开发流程的收官环节,也是前期计划的最终体现。定价时不仅要考虑成衣成本和市场竞争因素,更要核定产品的利润指标。它们在流程前期的资金计划中都已有设定,新产品上市时所需的门类组合、尺码分配等也在前期的产量计划中有所体现。通常,一个品牌可以通过产品订货会上的订单数量来确定投产量,但对于那些以直营为主或不召开订货会的品牌来讲,则要根据上一季销售数据来计划未来产量。在现代企业的产品开发流程中,生产环节的比重有所降低,甚至有的被虚拟化,但它仍是确保产品按计划上市的最后保障。新产品如期上市后,市场销售人员将接手下一步的销售工作,如制订销售策略、促销策略、专卖店视觉陈列方法等。至此,一轮新产品开发流程结束。

第三节 时装新产品开发应用策略

一、延续新产品开发

上一季出现的畅销款,可以在下一季进行延续的产品开发,将其畅销元素保留或稍加改进。同时,根据季节时令的不同进行款式的变化,如长短袖、不同领型变化等。图4-10所示为胸前订珠绣花造型的延续产品开发,上面是上季秋冬畅销款中胸前订珠绣花款式,下面是下一季春夏不同月份对其延续新产品的开发。当然,还可以采用不同设计风格来进行延续。

在新产品开发过程中,运用延续的方法既可以保证新开发的产品在市场上的接受度,同时又可以保持产品持续的开发风格,使品牌文化得以延续,是当前常用的开发手段之一。当然,过多的延续产品开发会导致新产品整体缺乏新意和变化,因此该方法在使用时要掌握好比例。

二、产品组合

产品组合(product mix),是指一个企业生产经营的全部产品线、产品项目的组合方式。定义中的产品线是指具有相同的使用功能,但规格、型号不同的一组类似产品项目;产品项目是指产品线中按规格、外形、价格等区分的具体产品。

图4－10　延续新产品开发

(一)时装产品组合包含的因素

1. **产品线**(product line)

产品线是指在时装产品开发中具有密切关系的一组产品单品,例如同在某一个主题下开发的单品或同属于一个价格幅度的单品。

2. **时装单品**(product item)

时装单品是指由外观、价格及其他属性来区别的具体时装产品。

3. **产品组合的宽度**(breath)

产品组合的宽度又称产品组合的广度,是指一个品牌所拥有的产品线的多少。产品线越多,说明产品组合的广度越宽。

4. **产品组合的深度**(depth)

产品组合的深度是指时装产品大类中不同花色、品种、规格的单品总量。

5. **产品组合厚度**(volume)

产品组合厚度是指一个品牌的时装产品组合中所包含单品的总数。

6. **产品的关联度**(consistency)

产品的关联度是指品牌各产品线之间在定位细分、生产条件、搭配陈列等方面的相互关联的程度。关联度越高,品牌的统一感越强。

(二)时装产品组合在新产品开发中的意义

(1)时装产品组合有利于整体地分析时装新产品的结构,根据市场需求和竞争状况来设定产品组合的模型,能够充分发挥企业的优势和特长,使企业的设备、技术、人力等资源得到充分发挥,扩大企业的经营范围,提高销售额和经济效益。

(2)时装产品组合有利于综合分析时装企业的优劣势,合理避免经营风险,实行多样化经营。

(3)时装产品组合可以提高产品的关联度,增强品牌的形象和市场地位,充分利用企业的技术、生产和销售资源。

三、新产品的延伸

(一)新产品延伸的不同方向

任何一个企业都有其特定的市场定位,产品延伸战略是指企业在特定的产品线内部、全部或者部分地改变公司原有产品的市场定位,主要有向上延伸、向下延伸和双向延伸。

1. 向下延伸

向下延伸是指企业原来生产高档产品,后来决定增加低档产品。在企业原有的高档产品的销售增长缓慢、企业的高档产品激烈竞争时,可以采用这种策略。

2. 向上延伸

向上延伸是指原来生产低档产品,后来决定增加高档产品。在高档产品市场需求大、销售增长快、利润率较高、高档产品市场上的竞争者比较弱、企业又想生产较多种类时,可以采用这种策略。

3. 双向延伸

双向延伸指原来定位为中档产品市场的企业,在控制了中档产品的市场后,决定向产品大类的上下两个方向延伸,扩大产品的市场阵地。

(二)新产品延伸的优点

任何企业的经营目的都是逐利的。因此,时装企业利用原有的各类资源,通过扩大产品线的规模来增加营业额和利润空间也是不错的方法。时装的新产品延伸对企业来讲,通常具有以下优势。

(1)可以利用已经成功的品牌的声誉和开发资源。

(2)可以满足更多消费者的需求,扩大新产品受众面。

(3)可以迎合消费者求新求变的心理。

(4)可以减少企业开发新产品的风险。

(5)可以适应不同层次价格的需求。

案　例

日韩等国多品牌战略下的新产品开发模式

日本、韩国是亚洲时装产业发展较快的国家,但由于国土面积小、人口少,两国时装企业除了通过品牌输出拓展海外市场外,还采取多品牌战略扩大市场占有率,提高企业竞争力。例如韩国最大时装公司依恋集团旗下就拥有40多个品牌,日本恩瓦德公司旗下也有20多个品牌。时装公司同时运作多个品牌,可以共享企业资源,分散市场风险,但当一个产品开发团队要同时开发两个或更多品牌的产品时,就需要在产品风格及主题上有清晰的划分,在类别组合、定价以及投产量方面有严谨的计划,因此对流程中计划制订的可操作性和执行过程中的完成度要求更高。此外,由于不同国家和地区的时装消费存在诸多差别,对新产品开发流程前期的市场调研要求也随之提高。

(三) 新产品延伸也存在风险

任何事物都有正反两面,新产品延伸运用不当也会给企业带来负面影响,主要表现在以下方面。

(1)企业资本投入增加,运营风险加大。

(2)已造成原有品牌形象模糊,降低品牌忠诚度。

(3)产品的不同项目难以区分。

(4)引起成本增加。

(四)新产品开发失败的原因

对于已经在市场上获得认可的产品,对其进行新产品开发是有一定保证的。但是很多企业在没有获得原有产品的市场认可的前提下,就盲目进行下一轮的新产品延伸开发,往往会导致新产品开发的失败。失败的主要原因如下。

(1)市场分析失误,没有选准目标市场。

(2)产品本身的缺陷。

(3)成本太高。

(4)竞争对手的抗衡。

(5)营销组合策略选择和运用不当。

因此,把握好延伸的度至关重要,企业经营应当及时关注产品利润率的情况,集中生产利润较高的产品,削减那些利润低或者亏损的品种。当需求紧缩时,缩短产品线;当需求旺盛时,延伸产品大类。

小结

1. 时装行业是一个时尚产业,其特点就是流行性、时尚性和季节性并重。产品生命周期短,可预见性低。对于企业决策者来说,新产品信息量越丰富,信息内容越缜密、越细致,越能够帮助其进行准确的判断。然而,在过去的"粗犷型"产品开发模式下,国内时装企业对国内消费市场的调研与预测虽然重视,但缺少科学的分析,很多企业对销售动态、市场变化等信息掌握不足,仅凭感觉决定开发产品的款式、数量和花色,最终导致产品定位偏离消费者实际需求,使产品开发成为一种"赌博"。现代的新产品开发手段需要企业加大软硬件投入,运用最新资讯,及时掌握市场需求和潮流变化。不同的企业应该根据自身的定位选择适当的信息交换方案,传递销售数据,跟踪市场动态,以确保及时与准确地开发新产品。

2. 近年来,国内时装企业纷纷由原来的产品制造商(OEM)向品牌制造商(OBM)转型,它们利用对外加工中积累的资金和经验,创立自己的品牌,并开始参与国际和国内竞争,同时在国内市场中也有不错的表现。这些企业和品牌的成功,得益于它们在与国外客户打交道的过程中掌握的先进的新产品开发理念,这些理念经过改良和本土化,逐渐成为它们的核心竞争力。

3. 新产品开发部门无疑是企业的核心部门,新产品是企业的收入源泉。新产品开发过程就像人体内的造血机能,只有不断制造出充足的新鲜血液,才能保证人的生命,才能使人青春永驻;企业只有不断地开发出足够畅销的产品才能生存,并在激烈的竞争中立于不败之地。

思考题

要求以文案形式策划一个新产品开发方案,包含以下内容。

(1)该品牌的市场分析,包括:定位/客群确认、竞争对手分析、上一年销售分析(模拟)。

(2)流行情报搜集和概念企划,包括:流行趋势预测分析(注明来源)、确定新产品主题。

(3)X季的新产品结构和产品组合,包括:新品开发的款式数量、产品结构比例、上市波段及时间安排。

(4)开发若干新产品款式,说明款式中的颜色、图案、面料、细节等元素。

(5)设定新开发款式的价格带。

第五章　时装工业

本章要点

- 时装工业的发展历程
- 工业革命对时装工业的影响
- 定制与大众成衣
- 时装工业的发展趋势
- 中国男装产业
- 中国女装产业
- 中国童装产业

学习目标

知识目标：

通过本章学习，使学生能够对时装工业的发展与现状有系统的认识，了解男装、女装、童装产业的历史与现状、发展趋势。本章从区域、着装场合、完成方式、主导品类等角度解读时装产业，并进一步探讨多品牌、传播模式、消费者、价值传递等内容。

能力目标：

通过本章学习，使学生能够形成自己对时装工业的系统认知。通过案例分析使学生了解时装工业的发展现状与趋势，进一步培养学生的独立思考能力与分析问题能力。

第一节　时装工业的发展历程

一、时装工业的历史沿革

时装业（fashion business）概念的外延很大，包括所有与时装有关的工业与服务部门：设计、生产、批发、市场、零售、广告、传播、出版和咨询等。广义的时装业指一切与时装商品和服务相关的行业。

在缝纫机发明和使用之前，时装的剪裁和缝制全部都是由人工完成的，直到现在，一些个体裁缝店的剪裁仍然要依靠手工方式，拥有自动裁剪设备的大型时装制造企业也需要手工裁剪作为补充。

从 18 世纪 60 年代起，源于英国的以蒸汽机为主要标志的第一次工业革命，使机械化生产得以诞生、发展和普及，英国成为 19 世纪世界领先的工业国家。纺织工业的机械化使纺织产品的大量增加与衣服手工缝制的低效率之间的矛盾日益突出。1859 年，胜家公司发明了脚踏式缝纫机，缝纫制衣快捷，很快受到人们的青睐，不久就风行美国。缝纫机的问世，为时装生产的工业化奠定了基础。随着制衣机械的不断发展和完善,时装的工业化生产开始形成,成衣制造业逐渐繁荣。

美国纺织时装产业主要位于美国东南部和大西洋中部地区,从19世纪中期开始发展。19世纪末20世纪初,美国发生的第二次工业革命即电气革命,对纺织时装产业的发展产生了很大影响。1900年美国棉花消费量和生丝消费量均超过英国,1913年在世界棉纺织品总产量中,美国占27.5%,英国只占18.5%,美国取代英国成为当时唯一的世界纺织制造中心。

从20世纪50年代起,美国纺织时装产业开始下降,纺织时装企业从北部和大西洋中部向南部和西部转移,产量与就业人数下降。20世纪90年代后期出现的美元波动,刺激了美国纺织时装产业一系列的战略调整和产业重构。从美国纺织时装业跨国公司的崛起、产业链的全球布局、产品的升级和盈利能力的空前提高等现象看,美国纺织时装业已成为以跨国公司为龙头、在全球具有相当竞争力的行业。

可以看到,以美国为代表的发达国家纺织时装企业把纺织时装业最终加工或组装环节向国外转移,并通过兼并收购,不断提高市场集中度,构建了多样化的纺织集团,而且营造专业化的细分市场,在技术、系统和人力资源上进行升级,同时,推进技术创新、推进个性化服务和大规模定制(mass customization,指用信息技术和灵活的管理结构来满足特殊客户群体的需要),并推进外包与合作供应链网络。全球外包和供应链网络极大地改进了制造商对客户需要的快速反应能力。

时装工业的历史和成衣工艺的发展密不可分。我国的服装工艺有着悠久的历史,但由于几千年封建社会制度的影响,严重地束缚和影响了科学技术和生产力的发展,致使我国的服装业发展缓慢。19世纪初,随着西方服饰文化的传入,我国传统的服装生产工艺与技术得到改进,并逐步产生了红帮裁缝、白帮裁缝、中式裁缝、大帮裁缝等四大技术流派。20世纪中叶,脚踏缝纫机在中国逐步推广,服装的生产规模和形式不断地扩大,中国沿海大城市逐步形成了西服、衬衣、内衣、童装、裘皮服装等产业集群。

二、工业革命对时装工业的影响

(一)第一次工业革命与时装工业

18世纪下半叶,持续半个世纪的英国工业革命是人类近代史上具有划时代意义的一次伟大变革。英国近现代工业革命首先从纺织工业开始。工业革命不仅带来了经济的巨大增长,而且对人类社会历史的变化起到了深远的影响。

工业革命使生产完成了从工厂手工业向机器大工业过渡的阶段。机器的发明及运用成为这个时代的标志,因此历史学家称这个时代为“机器时代”(the age of machines)。由纺纱机开始的第一次工业革命把时装带出了作坊式的制作场所。

(二)第二次工业革命与时装工业

19世纪70年代~20世纪初,科学技术的进步和工业生产的高涨,被称为近代历史上的第二次工业革命。相对于出现在英国而后影响世界的第一次工业革命,第二次工业革命同时出现在多个国家,首先出现在美国和德国,世界由“蒸汽时代”进入“电气时代”。1870年以后,科学技术的发展突飞猛进,各种新技术、新发明层出不穷,并被迅速应用于工业生产,大大促进了经济的发展。

19 世纪末期,随着资本主义的发展,富有阶层的产生是现代时装出现的重要因素。虽然时装的起源是在 1905 年前后,但是,时装真正成为国际性的大产业,是 1960 年之后的事情。在批量生产、大规模消费的背景下,时装界认识到:品牌的作用是推动流行,一旦成为流行,就可以批量生产,获取巨大的利润。观念的转变促成了时装设计师与市场、媒介的紧密配合,时装因此进入了以全球市场为中心,以树立和推广品牌为核心的活动。在现代时装业中,品牌成为整个时装产业运作的核心。

(三)第三次科技革命与第四次浪潮中的时装工业

20 世纪四五十年代,"二战"及战后各国对高科技迫切的需要直接推动了第三次科技革命。第三次科技革命以信息技术的出现和普及为代表。信息技术对人类社会的影响巨大,对时装的影响深远。今天,网络改变着人们的沟通、购物、信息传播方式与生产方式。对于时装工业而言,改变的不仅是购物模式,还有消费者认知品牌途径的转变。根据艾瑞咨询统计数据,2010 年商对客网购(B2C,business-to-customer)时装市场规模超过 900 亿,已经成为重要的时装销售渠道之一,并进入稳步高速发展期。

同时,绿色时尚的理念不断深入人心。不仅反映在消费者对天然面料、有机材料的偏爱,还体现在企业运营模式的转变,对企业伦理道德、社会责任的强调。例如,提高碳排放生产率的要求将催生出大量新的技术、工艺和生产方法,新的市场、管理机制和商业模式,新的制度安排。种种迹象表明,这将是一场具有历史意义的重大创新,将引领人类社会进入以绿色发展为特征的时代,其规模、深度和影响力,很可能与人类社会曾经历过的蒸汽机、电力、信息等重大技术革命处于同一水平。国际能源署(IEA)认为,实际上人类进入 21 世纪以后将会发生一场新的工业革命,叫做能源革命和环境革命。这就是我们所看到的第四次工业革命——绿色工业革命。四次工业革命对时装工业的影响见表 5-1。

表 5-1　工业革命对时装工业的影响

	第一次工业革命	第二次工业革命	第三次科技革命	第四次工业革命浪潮
时间	18 世纪 60 年代开始	19 世纪 70 年代开始	第二次世界大战后开始	21 世纪开始
发起国	英国	德国、美国等	美国	美国
内容	轻工业为主导,蒸汽机的发明	内燃机、电力技术	计算机、信息革命、原子能	生物科技、绿色能源
生产方式变化	由手工时代走向机器化大生产	电气时代,新发明、新技术迅速应用于工业生产	科学技术紧密结合,并在各个领域相互渗透,第三产业比重上升	新能源产业
对时装工业的影响	一系列纺织机的发明改变了生产方式和审美情趣	化合物的出现改变了时装织物的属性	快速反应、生产信息和市场信息的快速反应、ERP 管理等	产品研发生命周期管理(PLM)、数字化定制技术(EMTM)、生物技术融入,传播、销售方式多元化,社会责任、环保理念增强

三、定制与大众成衣

工业革命改变了时装产业的面貌,手工业走向了产业化,定制与工业化大生产相结合。而今,个人诉求随着时代的变迁又一次成为万众瞩目的焦点。一方面,随着时装消费需求的差异化、多样化和复杂化,以小批量、个性化为特征的定制化服务体现了一种全新的生活理念;另一方面,不管是定制工作室还是大众品牌与奢侈品牌间频繁的时尚跨界(fashion crossover),都是在拉低价格的同时强化顾客体验。定制的精髓融入了大众产品,成为时装工业的组成部分。

定制时装从艺术品的象牙塔走上街头,走向大众,成为青年一代时尚生活的一部分,是当代消费者个人化需求的回归和自我观念的再现。于是,时尚大师们纷纷与大众品牌联手,原本以顾客需求为驱动导向、专属于高级定制领域的设计师纷纷走向大众;而大众品牌则走向个性化,呈现出了一种前所未有的融合态势。多种时装艺术形式并存,共同勾勒出一个多元化的时装市场,如图 5 – 1 所示。

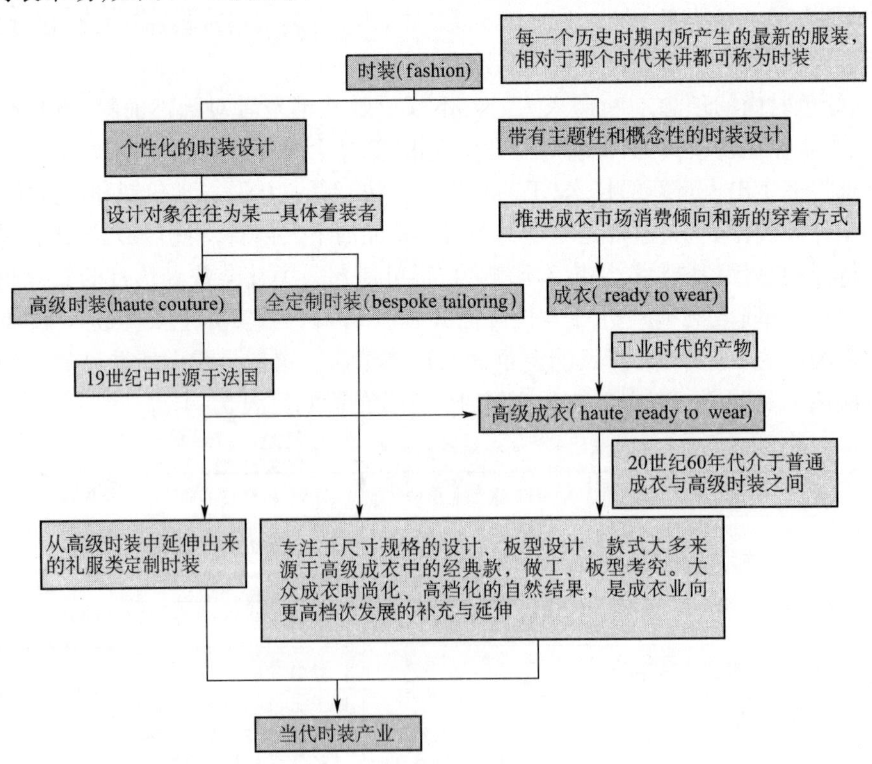

图 5 – 1　多种时装艺术形式的融合

第二节　中国男装产业

一、世界男装产业的发展与现状

男装业作为历史最悠久的时装工业,是女装业及童装业形成的基础。男装业始于 1700

年末,在这之前只有生活富裕的顾客光顾男装裁缝店量身定制时装,而普通人均穿着家中自己缝制的衣服。工业革命促进了成衣市场的形成,将时装制作从家庭作坊中转移出来。到了 19 世纪中晚期,尽管富有阶层没有考虑在低价成衣店购买时装,但是成衣已经逐渐变成符合体面人身份的时装,中产阶级则是接受流行风格的重要群体。

1846 年,缝纫机进入男装产业,生产商们根据要求争相生产制服,针对各种体型的标准号型也随之形成。到了 19 世纪后半叶,成衣终于打破了阶层界限。1869 年、1873 年和 1907 年的经济危机则把人们从以往的定制时装店带到了成衣店。战后男装业的主要变化表现在休闲装这一新的时装类别的出现。但随着消费者个性化诉求的凸显,定制时装出现了明显的回归态势。

男装作为时装中的一大门类,在整个时装产业中占据着非常重要的地位。近几年,国外的高档男装品牌纷纷进入中国市场,加剧了中国男装市场的竞争,但发展潜力巨大。

二、中国男装产业的分类

中国男装市场具有两个特征:一是在品牌地域分布上,浙江和福建的品牌占据大半江山,其他区域性品牌难与之抗衡;二是在时装风格上,逐渐形成商务正装、商务休闲装和时尚休闲装三分天下的局势。

(一)按区域划分

男装产业在逐步发展的过程中,已经形成了浙江男装产业集群、福建男装产业集群和广东男装产业集群三大派系,占据了男装市场 85% 以上的市场份额,除此之外,北京和山东等地也存在着小部分的市场力量。

1. 浙派男装

浙派男装的产地以宁波、温州为主。作为起步最早的一批时装企业,浙派男装占据了较大的市场份额,雅戈尔等品牌作为国内男装的领头羊,已连续十多年位居男装销量第一。浙派男装以生产男士正装和新正装为主,代表品牌有雅戈尔、报喜鸟、罗蒙、杉杉、步森、洛兹、太平鸟、夏梦、法派等。浙江温州是中国重要的男装生产基地,除了正装,还有休闲男装“森马”、“美特斯邦威”等品牌都在此诞生。成功的广告营销、遍布全国的专卖店营销网络使温州男装企业得到快速成长。2004 年以来,70% 的温州男装企业开始了精品贴牌加工,至此,温州男装开始进入产业升级转型的关键时期。

2. 闽派男装

闽派男装主推商务男装和运动装,其中九牧王、劲霸等品牌营销手段活跃。

福建派系的代表品牌有七匹狼、九牧王、利郎、才子、劲霸和柒牌、爱登堡等,形成了以户外休闲男装为特色的产业集群,生产的休闲装、夹克约占全国市场的 1/4。福建派系服装营销扎根于二线、三线城市,倡导“商务休闲”的男装概念,与浙江派系形成差异化经营,开拓了一条独具风格的发展路线。福建商务休闲品牌开创的是本土品牌,行走的是草根路线,占据的是大众市场,秉承了闽商创业的冒险精神,务实勤奋。

3. 粤派男装

广东派系以代人加工起步,吸收了国外先进的制造工艺和管理经验,代表品牌有威鹏、波顿、剑龙等。以中山大涌、佛山均安、增城新塘、开平三埠为代表的“牛仔时装名城”在国内牛仔时装产业中占据重要地位。从产品附加值角度看,粤派男装走的大多是高端商务路线,因此往往单价较高,如博斯绅威、卡尔丹顿等。

三大男装产业基地因地域、文化、产业基础的不同,呈现出不同的风格特征,见表5-2所示。

表5-2　三大男装产业基地

产业集群	浙派男装	闽派男装	粤派男装
所在地域	江浙地区,以宁波、温州、上海为代表	闽东南的晋江、石狮等	广东、深圳等
风格描述	借助在商务正装领域的传统优势,近年转向商务休闲风格	商务休闲概念的提出与倡导者,时尚务实的风格	临近香港,时尚度高
产业基础	起步较早,区域产业集群成熟,产业链带来的竞争优势明显	起步较晚,资本运作能力强,劳动力成本优势明显	外单依存度高,借鉴国外先进的制造工艺和管理经验,产能规模优势
代表品牌	雅戈尔、杉杉、报喜鸟、太平鸟等	利郎、七匹狼、九牧王、柒牌、劲霸、才子、爱登堡等	威鹏、波顿、剑龙、博斯绅威、卡尔丹顿等
营销策略	多品牌国际化战略的先行者,营销网络强大	央视广告、事件性营销,品类专家的概念,多品牌战略	借助区位优势,资讯领先;会展经济优势;女装品牌的快速成长带来协同效应

(二)按着装场合和风格分类

按着装场合和风格,男装可分为商务正装、休闲男装、商务休闲装和商务时尚装等品类。

1. 休闲男装

休闲时装是一个大众化的口语词汇,最早起源于第二次世界大战时期的美国。它实际上包含了时装中各种不同类别的产品,最早是以衬衣、牛仔裤和牛仔衣为主,是当时工人阶层和劳动者的工作服,由于其穿着的舒适性和牢固性,逐渐受到人们的青睐,穿着的人群开始扩大,穿着的时间与场合也开始由工作时间延伸到休息、娱乐生活中。

休闲男装多指突出时尚、自由以及年轻化风格理念的大众休闲装品牌,其中包括Levi's(李维斯)、Jack Jones(杰克·琼斯)、Zara等国际品牌和美特斯邦威、七星、坚持我的等国内品牌。这些品牌的共同之处是推崇自由、个性、时尚为主导的品牌文化,产品可以满足消费者日常几乎所有时段的穿着需要。

2. 商务正装

中国众多的商务正装品牌大概常会抚今追昔,无限缅怀当年正装一统天下的繁荣年代。在商务休闲品牌来势汹汹的品牌推广面前,加上国外品牌也不甘寂寞地通过代理的方式挤进国门,中国商务正装市场已是百花齐放的景象。

雅戈尔、杉杉、劲霸、利郎这四个品牌的经营时间都在15年以上,在广告和店铺上的投入仍保持了较旺盛的势头。数据显示,在这两项指标上,四个品牌均保持前八位;从资产的角度衡量企业规模,这四个品牌也保持了前九的座次,说明这几个老品牌的发展总体来看较为健康和稳健。

作为商务正装品牌的产地，浙江派系男装是国际拓展的先行者，主要采取两种经营模式，一种是专门负责加工生产，另一种是与国外品牌合作进行国际拓展，即一边给大品牌做贴牌，学习他人的工艺和思路，一边发展自己的品牌。如杉杉集团率先提出"多品牌、国际化"的产业理念，杉杉与日本伊藤忠、三永国际贸易公司，意大利法拉奥集团、鲁比昂姆公司，法国雷诺玛以及法国高级时装公会等国际著名的时装企业与机构，建立了持久的合作关系，合作创立了马克·阿萨里（Marco Azzali）、丝宝迪夫（Le coq sportif）、品客·丹尼（Pinky&Dianne）等海外品牌，成为中国唯一以品牌运作的方式在国际上经营国产时装的企业。报喜鸟集团亦实行多品牌经营的战略，并且代理意大利高级定制品牌"卡尔博诺（Carl Bono）"。2002年，报喜鸟集团与意大利马佐托集团的面料公司联合推出时装秀，通过时装品牌与面料企业建立稳定的上下游合作关系，为报喜鸟品牌的国际化经营开辟了一条极为务实的快车道。

3. **商务休闲装**

商务休闲装产生的背景是20世纪70年代西方国家出现了一些从事信息技术的硅谷白领阶层，他们的需求催生了商务休闲装这种新的着装风格与着装方式。商务休闲男装的功能介于商务正装和休闲男装之间，如图5－2所示。

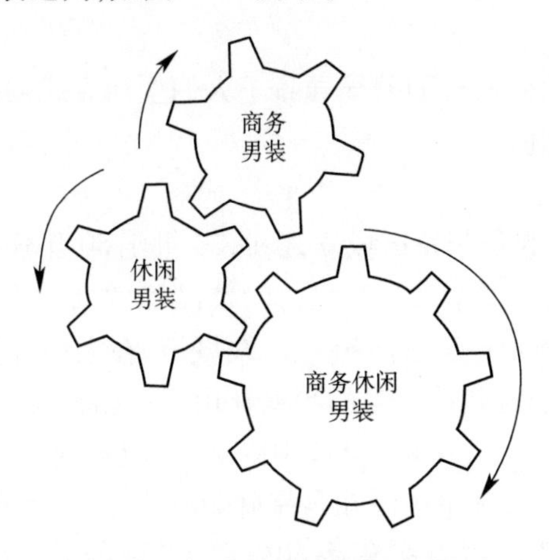

图5－2　商务休闲男装的定位

基于当代消费者的个性多变、绿色环保意识渐强、关注自身健康、生活场景复合化等特征，商务休闲男装的出现，综合了商务男装和休闲男装的优势，满足了目标消费者穿着舒适及尊重个体的多方面诉求。其产品强调功能性和现代感，注重设计细节，既具备商务正装的功能性，又带有休闲装的情调和舒适性。

4. **商务时尚装**

随着年轻消费者个性化、时尚化的需求，商务时尚装成为高档化、时尚化、国际化诉求的产物。近年来，可以预见，随着我国城市化的进一步发展，商务时尚类男装品牌将迎来新的发展期，例如，圣德西这类原本主营商务休闲风格的男装品牌纷纷转型商务时尚风格。

第三节　中国女装产业

一、中国女装产业现状

随着国内经济突飞猛进、与国际时尚文化的同步接轨，中国女性的时尚消费意识正日益抬头和成熟，包括美容服务、时装、饰品、化妆品和保健品在内的女性消费正迸发出惊人的市场潜力。资料显示，2009 年女性时装市场消费在 900 亿元人民币左右，消费者的时装购买价格承受能力提升明显。从得到的一些行业销售数据分析来看，十年前消费女装的商务、公务员人群主要购买价格段是 300 ~ 2000 元，而 2009 年，这个中高消费的主流人群购买兴趣段已经上升到 600 ~ 3000 元的水平。

20 世纪 90 年代初期，我国时装开始走上品牌化道路。中国女装经过多年的发展，形成了沪派、浙派、苏派和粤派时装，后来又有闽派、汉派、湘派、京派等。

二、中国女装产业的分类

(一) 按区域划分

与上文提及的一样，自然条件的差异导致了人们生活方式的差异。在此选取具有代表性的几个区域女装进行详述。

1. *深圳女装*

深圳的时装行业最早起步于特区成立之初，20 世纪 80 年代随着香港制衣业内迁而快速发展，经过 90 年代中期的低潮、21 世纪初时装品牌的高速发展及盘整，形成了目前的强势地位。如今走在中国的任何一个一线、二线城市，在大型百货商场里均可见深圳女装品牌，可以说其占据了商场时装销售量的半壁江山。而据相关数据统计，截至 2009 年，深圳时装业实现产值 1300 亿元人民币，出口 106 亿美元，有时装企业 3200 多家、从业人员 40 多万，自有品牌 800 多个，其中国内知名品牌 200 多个，产品畅销国内 100 多个大中城市，在大城市一类商场的市场占有率高达 60% 以上，显示了深圳女装领先全国的绝对实力。当然，深圳女装品牌的成功除了企业在发展过程中的不断提升，也离不开为他们提供展示平台的一年一度的深圳时装交易会，会展经济在深圳女装的发展过程中起到了巨大的推进作用。

2010 年第十届中国（深圳）国际品牌时装服饰交易会（SZIC）给出的材料显示，深圳女装市场占国内一线市场份额的 60% 以上。30 岁左右女性消费者有事业基础，家庭稳定，有良好的时尚鉴赏力，因此成为众多深圳女装品牌瞄准的市场，竞争激烈。玛丝菲尔、歌力思、影儿、杰西、安莉芳、梁子、例外等都是业者耳熟能详的品牌。

案　例

深圳影儿集团

作为国内唯一一家以时尚集团命名的女装企业，影儿以 LVMH 集团等国际时尚集团运作模式运作时尚女装，集投资研发、生产制造、营销、服务于一体，目前旗下已经有 Yiner、Insun、Psalter、Song of Song 等国际时尚品牌，投资开发新品牌正在进行中，搭建国际化时尚帝国的梦想越来越近。影儿时尚会所设立于百货商场内，针对的是大众消费群体，主要销售“音儿”和“诗篇”两品牌，如图 5－3 所示。

图 5－3　影儿时尚会所

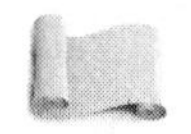

案　例

深圳女装的会展经济

随着深圳面料展持续健康的发展，其目标市场和客户越来越明确，目前已经拥有一批相对固定的参展商，正朝着更专业、定位更精准的方向发展。

多年来深圳市政府对深圳女装的扶持有目共睹，包括国际国内会展的参展补贴、专项资金的建立、对深圳女装各项活动的全方位参与等。其提出的“打造亚太女装之都”的口号则定义了深圳女装的梦想。

2. 上海女装

上海女装的市场细分十分明了，高档的女装品牌一般聚集在如外滩三号、恒隆、伊势丹、巴黎春天、美美百货、连卡佛等顶级购物中心。中档品牌则齐集在太平洋、东方商厦、百盛、新世界、富安百货等二线购物中心。低档产品则是并置在如襄阳路、七浦以及四川路和徐家汇商圈的一些购物点。

3. 杭州女装

杭州女装的兴起植根于手工业的繁荣、织造业的扎实根基，古老的丝绸文化和得天独厚的水乡风韵是杭州女装发展的产业基础和人文底蕴。纵观杭州女装的发展历程，可以看到产业承接的明显痕迹。以 1981～1990 年为第一阶段，即杭州女装的起步阶段。这一时期涌现出一批著名的丝绸女装品牌，如喜得宝、达利、万事利等，这些品牌在产品竞争时期取得了成功,并为杭州女装的后续发展打下了产业基础。第二阶段自1991～2000年,这一时期的杭州女装被称为"杭派"女装,植根于学院文化和人文情结的风格受到广泛的市场认可,伴随着业态模式的突破及产业的快速发展,新生路杭派女装市场、杭派时装商会纷纷成立。第三阶段的时间跨度从2001～2010年,即杭州女装的转型阶段。"清新婉约"的时装风格获得市场的认可,同时也导致了竞争的白热化和风格定式难以突破。面对消费者诉求差异化、品牌科技含量不断提高、现代管理模式融入、全球化带来的激烈市场竞争、产业链的竞争、数字化生活更新媒体传播方式等,促使这一时期的杭州女装不断挑战自我,从成功或失败的尝试中汲取养分。第四阶段为2010年至今,杭州女装的转型和品牌提升战略初见成效,部分杭州女装的领军品牌调整了经营模式,逐步实现了风格的差异化、传播方式的多元化、品牌价值的准确传递,成功将品牌推向全国,甚至推向世界。其改变以品牌为核心,贯穿内外,从外在的品牌名称、终端形象包装,到内在的品牌理念设定、多品牌战略实施、业态模式创新等无一不包。

杭州女装逐渐走向了个性化、时尚化、专业化、国际化的品牌发展道路。在中纺中心、杭派精品时装市场、九堡时装市场、瑞纺中心、中国轻纺城等成熟产业配置的助力下,杭州女装实现了从产品品牌到设计师品牌,从企业品牌到地域品牌再到全国品牌、甚至国际品牌,从单一品牌到多品牌的转型,走上了由大到强、多元化、多渠道的发展道路。

(二)按时装品类划分

在服装史上,外套、套装、连衣裙和衬衫类时装从女装成衣业开始出现时已经形成,休闲装和套装在20世纪30年代才成为重要的时装类别。女装主导品类如表5-3所示。

表5-3 女装主导品类

种类	时装类别
外套	大衣、雨衣、夹克
裙装	一两件时装的设计或整套协调的女装
女衬衫	时髦衬衫和合体的衬衫
套装	裙子和上衣、上衣和裤子搭配的套装
礼服和晚装	正式礼服和舞会礼服以及其他高雅华丽的时装,经常被称为"特定场合"时装
婚礼服	新娘礼服和连衣裙、伴娘礼服、新娘母亲礼服、伴郎礼服、新郎礼服
休闲装和组合套装	外出服和观看运动表演服,如裤子、短裤、上衣、运动衫、裙子、衬衫、夹克、休闲式连衣裙、连衫裤工作装等
运动服	参加运动和体育运动服装,如泳装、滑雪服、网球装、训练服等
制服和工作裙	工作裙、工作衣、家居服和各种制服
孕妇装	适应怀孕妇女特殊需要而设计的连衣裙、运动装、晚礼服、套装、衬衫、防辐射服等
内衣	文胸、短内裤、针织内衣、睡衣、形体服和其他贴身内衣
特殊需要服装	为中老年以及身体有特殊需求的女性而设计的服装

案　例

江南布衣分析

杭州江南布衣(JNBY)创立于1994年,设计的艺术感和用料的环保是其赢得消费者认同的两大因素。针对海外消费者,江南布衣以"Made in China"(中国制造)的口号强调所有的产品和设计都来自于中国,具有鲜明的中国文化特色。2009年在法国和纽约开设的专卖店使这个品牌受到了更广泛的关注。到2011年,江南布衣已成为受到消费者认可的全国性品牌,并逐步走向国际。在国内北方市场和国际市场获得的成功、多品牌战略的尝试、品牌定位的不断调整与所取得的成功使之成为一个值得人们进一步分析的时装品牌。

如图5-4所示,江南布衣携手美国国际棉花协会联袂打造的"自然创造未来"的品牌互动体验活动,请了王振飞先生特别为本次活动设计建筑主体。通过从江南布衣品牌当季"未来"主题得来灵感,王振飞先生以极简的几何体构建了一个半开放式的棉质空间,取法自然,同时具备自然有机形态与未来空间设计概念;建筑以模块组建,可多次拆装组合呈现不同效果,体现了江南布衣品牌追求意趣及品质的设计理念。同时,品牌借助具有创意的活动事件,达到提升品牌知名度、建立品牌价值、宣传新品牌的效果。江南布衣与美国国际棉花协会联袂打造的"自然创造未来"的体验活动,以品牌形象和产品风格来"面对面"地直接感染现场观众。这个品牌体验活动无论是在视觉表现行为上还是品牌价值追求上,都为观众带来更深度的互动品牌体验,通过事件把品牌价值准确地传递给目标顾客。

事实上,江南布衣经常会策划一系列活动来宣传品牌,如开音乐派对、新店开业的庆典优惠、派对活动、新品发布会、邀名模走秀、贵宾答谢晚会等。江南布衣的成功依赖于独特的品牌文化和产品理念,也依赖于不断的品牌形象塑造和品牌价值的准确传递。

女装产业经过了坎坷与艰难的过渡,终于走到了如今"品牌工程"的路标前。面对波涛汹涌、此起彼伏的市场,机遇与挑战是共存的,打造一个强势的好品牌,就如同酿造陈年美酒一样,不仅需要时间和积淀,更需要各种科学、有效的措施和资源配置以及各企业一步一个脚印、扎扎实实地实践。

图5-4　江南布衣"自然创造未来"体验活动

第四节 中国童装产业

一、童装产业的历史演变与现状

(一)童装的定义

童装,即儿童穿用的服装。它包括从婴儿、幼儿、学龄儿童至少年儿童等各阶段的未成年人的着装,是以儿童时期各年龄段的孩子为对象制成的服装的总称。与成年人"时装"意义相同,童装也是人与衣服的总和,是未成年人着装后所形成的一种状态。在这种状态组合中,穿衣不仅包括衣服,还包括与衣服搭配的服饰品,它们共同组成一种和谐的具有美感的着装状态。现代意义的童装在符合儿童生理特征的同时,也要满足儿童的心理需求。本书将童装界定为0~16岁未成年人的着装配伍方式。

(二)世界童装的历史演变

18世纪末以前,没有"童装"的称谓,未成年人着装的观念与现代童装也大相径庭。那时孩子的着装与成年人服装没有多少区别,几乎是成人服装的缩小版。直到18世纪后半期,法国启蒙思想家卢梭在《爱弥儿》一书中指出:"孩子生而为人,其价值在于,他或她自己也是一个独立的个体,而非一个不完整的小大人,应该给予重视和尊重。"卢梭的这一发现,史称"儿童的发现"或"发现儿童"。儿童的发现让人们开始重新认识他们眼中的孩子,孩子不再是小大人,也有了新的称谓——儿童(children)。儿童装在此后发生了巨大的改变,它已不再是成人服装的缩小版,开始有了符合儿童自身生理和心理特点的服装样式,并且拥有了专门的称谓——童装(children's clothing)。自此,具有现代意义的童装出现了。

从童装发展的历史看,古代儿童无论东西方均没有自己专有的服装,他们穿着的衣服几乎就是成人服装的小尺码。在西方中世纪末以前,只要儿童脱离尿布,他们马上穿得像成人一样,符合他们各自的阶级身份。在古代中国,虽然有不少儿童专用的服饰,如肚兜、虎头帽、襁褓、百家衣等,但均是两三岁以下婴幼儿穿用的服饰,稍大一些儿童的着装依旧是成人服装的缩小版。鸦片战争以后,随着西方文化的输入,中国国民的服装发生了很大改变,童装也不例外,尤其是城市孩子的穿着,甚至比成人服装西化还要快,中国儿童的着装开始改变了以往只有传统样式的单一形式,出现了中式、西式、中西结合的多种样式。现代童装和具有现代意义的童装概念逐渐被国人认识和接受,中国儿童的着装开始有了不同以往的变化。

(三)中国童装产业现状

从国内童装市场所占份额看,国外品牌童装已占50%以上。但目前不论是国际品牌还是国内品牌,童装产品仍然略显单一,"休闲+卡通"似乎成为童装的全部特征。历经二十余年的发展,国内童装市场仍然没有绝对的领军品牌。究其原因,有产品设计层面的,有企业经营层面的,也有服装质量、市场营销层面的。一直以来,童装行业都以门槛低、利润高而为许多人羡慕。如今的童装品牌经营正从粗放式经营向规模化、精细化经营转型,从产品竞争、价格竞争、营销手段竞争向产品研发竞争、品牌文化竞争、品牌服务竞争跨越。

我国16岁以下的儿童约有3亿多人,随着经济的进一步发展,童装需求已呈现多元化态势。可以预见,“十二五”期间童装产业将快速发展,与我国男装、女装产业相匹配。

二、中国童装产业分类

(一)按品牌运营模式划分

1. 国际童装品牌

这类童装品牌依托母品牌完善强大的设计、研发、物流、零售管理体系与品牌影响力占领高端童装市场,如耐克童装(Nike Kids)、阿迪达斯童装(Adidas Kids)、迪奥童装(Dior Baby)等。

2. 国内成人装品牌开发的童装品牌

这类童装品牌依托母品牌的产业链与现有渠道优势,具有先发优势与规模效应,如安踏童装、李宁童装、七匹狼童装、巴拉巴拉等。

3. 具一定规模的自主品牌

这类童装品牌多定位于某一童装区间,如丽婴房、派克兰帝、水孩儿、好孩子等。

4. 卡通品牌

这类童装品牌将动画产业与童装产业相结合,具有话题效果,因动画卡通明星效应而受到儿童群体的欢迎,如迪斯尼、狮子王、虹猫蓝兔七侠、喜洋洋等。

5. 量贩式欧洲童装品牌

这类童装品牌借助母品牌的品牌形象与现有渠道,与男装、女装相辅相成,走亲子装路线,因鲜明的品牌形象与大众化的产品价格受到消费者青睐,代表品牌有英国的Mother Care、瑞典的H&M童装、西班牙的Zara童装等。

6. 网络童装品牌

电子商务的逐步成熟,也使B2C品牌将触角延伸至童装领域。目前最火爆的两大网络品牌凡客诚品和麦考林均做起了童装生意,价格与时尚依然是他们攻城略地的法宝。越来越多的年轻妈妈喜欢网购童装,催生出如“绿盒子”等网络童装品牌。牵手迪斯尼的绿盒子童装目前成为淘宝网销售第一名的童装。

(二)按品牌层次划分

1. 第一层次

第一层次是海外品牌,此类品牌的企业很多具有强大的财力,产品设计具有国际化优势,形象设计引人注目,多拥有具有知识产权的纹样图案,销售上多采用店中店形式,并且几乎都已向婴幼儿用品领域延伸。市场上较为常见的此类品牌有:米奇妙、史努比、巴布豆、小熊维尼、丽婴房、樱桃小丸子、Adidas等,几乎充斥了我国高档童装市场。高价位是这一层次品牌的最显著特点,其单件产品价格远远高于国内同类产品,几乎与其在发达国家童装市场上的售价持平。但这些在中国童装市场上销售的产品从原材料的采购到成衣的加工生产都在国内,其高昂的价格几乎完全体现在其品牌价值上。

2. 第二层次

第二层次是一些知名度很高,面对大中型城市中档市场的拥有巨大消费群的国产品牌。这些品牌在市场销售中占有举足轻重的位置,其销售业绩的优劣也成了中国童装市场的晴雨表。还有一些地方性国产童装品牌,在一定区域内具有较高的知名度,区域市场占有率较高,但在全国其他地区市场则少有涉足。

3. 第三层次

第三层次是数量最多的国产无品牌或具微弱品牌效应的童装,这类品牌主要以批发形式出现,是我国目前童装销售市场的基础。从销售数量上看,这类产品占到全部内销产品的60%以上;但从销售金额上来看,此类批发市场销售的童装只占市场份额约1/3不到。就品牌和价格因素而言,我国童装市场两极分化现象比较严重,无品牌的低档产品供大于求。

(三)按照年龄段划分

1. 婴儿阶段(0~1岁)童装

这一阶段的童装款式应简洁宽松,易于穿脱,以方便舒适为主;造型上需要有适当的放松度,以便适应孩子的发育成长;色彩以明亮但不刺目为佳,如粉红、嫩黄、湖蓝等都很适合婴儿。面料的选择以柔软、透气、吸湿性好的纯棉针织物为佳,以减少湿疹等皮肤炎症;由于婴儿睡眠时间长,结构上应尽可能减少缉缝线,不宜设计有腰线和育克的服装,也不宜在衣裤上设计松紧带;为了防止肚脐受凉,最好是连身衣裤。在工艺上,能用绳带连接的就不用纽扣,尽量避免使用拉链。总之,舒适、方便是这时期的设计原则。另外,还考虑到婴儿颈部较短,领子的设计基本以无领和低领为主。

2. 幼儿阶段(1~3岁)童装

这一时期幼儿的服装设计仍然要以注重孩子的形体特征为主,腰部不能太紧,少用腰线,提倡宽腰式的衣裙设计。另外袖口、裤脚口尺寸要适当留出余量,以适应儿童生长需要。同时,为了便于儿童自己穿、脱衣服,最好在前面开襟,且纽扣不宜过多、过小。如果是裙子,长度不可过长,一般短至大腿。裤子立裆要略深,在运动时不致滑落。由于幼儿的颈部短,不宜设计烦琐的领口和装饰复杂的花边,领子应平坦而柔软。在面料的选择上,内衣仍以柔软、透气为主,外衣面料要易洗易干。图案上讲究构图简练,线条清晰,色块明亮,可采用夸张、抽象的手法。另外有些深受幼儿喜爱的卡通图案也可采用。

3. 小童阶段(3~6岁)童装

3~6岁儿童的腹部开始趋向平坦,腰身逐渐形成,臀围大于胸围。5~6岁的小童,是智力发展的最佳年龄期,意志力逐渐加强,个性倾向已较明显。为适应这一年龄段儿童的心理,可在服装上装饰些具有趣味性、知识性、思想性的图案,如卡通形象,以增强儿童的活泼和愉快感。这一阶段的童装以协调、美观、增强知识性为主。此外,随着年龄的增长和消费地位的不断提升,这时期的儿童影响父母购物的能力越来越强,因此童装设计应该建立在他们的消费心理和消费需求之上,取得他们的认同。

4. 中童阶段(6~12岁)童装

6~12岁的儿童处于学龄期,他们渴望模仿成人的装束和举止,活动力极强,喜欢独立的思维。中童智力开始从具体形象思维过渡到抽象逻辑思维,具体生动、直观形象的事物容易引起他们的注意,要多设计一些富有知识性和幻想性的服饰图案。

中童的服装色彩可以贴近成人时装色彩的流行趋势，风格变化也相应增多。款式上可多借鉴成人运动装中的简洁风格，连帽的运动休闲装，夹克，长裤、短裤配衬衫、马甲等类似的装束适合他们。从工艺上分析，这时期的儿童活动量很大，袖肘、双膝和臀部很容易磨破，可在这些部位加补一块布，或贴绣一块较大的纹样，以加厚这些部位，并且最好缉明线，起到加固的作用和装饰的作用。牛仔类面料由于质地比较结实，极其耐磨，所以在中童时装设计中使用较多。同时，防水、抗菌、防臭等功能性与健康性的面料也越来越多地被消费者所认可。在配饰上，可以搭配与服装配套的书包、围巾、帽子等，并在遵循质朴而不失潮流、实用而不失美观的设计原则上更强调功能性。另外，这个阶段的儿童消费影响力增强，逐渐成为服装购买的主要决策者。

5. *青少年（12~16岁）童装*

12~16岁这个年龄段的青少年无论生理上还是心理上都处在从儿童走向成人的转型期。这是一个非常独特的群体，谁愿意花费时间去迎合他们的需求，谁就会预先抢占未来的一个消费市场。因此，许多国内外品牌纷纷针对该市场区间推出少年装系列，童装成人化现象也多出现在锁定该消费者区间的童装品牌中，如GAP，A&F等。

（四）按消费群体划分

1. *没有小孩的年轻夫妇（潜在消费群体）*

没有小孩的年轻夫妇注重品牌形象，多处于对童装品牌的认知阶段；着装观念较为现代和时尚；较注重产品的包装，要求产品能够体现档次、爱心和品位。

2. *即将成为妈妈的孕妇*

孕妇较舍得为宝宝花钱置衣，易于接受并尝试时尚潮流；注重品牌文化；往往夫妻同行购物；要求产品美观舒适、系列齐全、花色品种多。

3. *刚刚有新生宝宝的夫妇*

刚刚有新生宝宝的夫妇更注重童装的内在品质，如面辅料成分安全卫生、舒适，款式设计具有一定的活动余量和可调性，服装颜色以白色为基本色，选用浅黄、浅红、浅蓝等明度较高的浅淡色彩，以方便随时观察宝宝的肤色及健康情况等；要求产品安全、卫生、舒适、方便；容易培养品牌忠诚度。

4. *孩子上幼儿园的夫妇*

孩子上幼儿园的夫妇注重产品质量、价格、服务、品牌；要求童装产品价格适中，质量上乘、服务好、花色好。这一年龄段儿童的运动机能发展明显，活动量大，服装更换频率高，面料应以耐洗涤、不褪色且结实的材料为首选。

5. *孩子上中小学的夫妇*

中小学时期是儿童向青少年转化的过渡期，其生理、心理、智力发育已十分显著，逐渐脱离幼儿时的稚气，因此，服装的款式和色彩应与在校接受教育这一特定环境相协调；服装的规格尺寸也与前几个年龄段儿童有较大差异，与成人时装接近；同时，服装的价格也与成人时装接近。因此，规格尺寸、款式、颜色和价格是这一年龄段儿童及家长关注的首要因素。需要指出的是，此年龄段的儿童中有些已有自主购买能力。

6. *有孙子孙女的中老年夫妇（潜在消费群体）*

有孙子孙女的中老年夫妇购物较为谨慎；较注重孩子的意愿；注重童装产品的价格和质

量，要求产品物美价廉。

7. 将童装作为礼品送的消费者（潜在消费群体）

将童装作为礼品送的消费者较注重品牌形象、产品包装，要求显示档次品位等。

以上童装消费群体的分类主要是以儿童的成长过程为主线划分的，可以看出，童装的主要消费对象还是以儿童的家长为主。面对多变复杂的细分市场，企业在进军童装市场时必须进行谨慎的细分市场分析与定位。

案　例

运动品牌开拓童装市场

Adidas 和 Nike 都拥有自己的童装系列，分别于 2001 年、2002 年进入中国市场。Nike 公司传媒总监朱近倩向记者确认，Nike 小童系列在总部设计开发，生产由总部协调监督，销售则与包括好孩子在内的若干家国内经销商合作。目前 90% 的 Nike 童装加盟店都是好孩子集团承担，店面共有 400 家，在北京上海等地设有直营店。其销售渠道为好孩子集团单独建设。Adidas 小童系列的运作模式与 Nike 类似，其设计和生产都由总部执行，而销售则采用经销商主导模式。Adidas 目前拥有 20 余家经销商，店面 500 家左右。国内运动品牌在童装领域的发力始自安踏。2008 年 8 月，安踏宣布进军童装系列，半年间其童装店铺已经开了 81 家，其中尤以福建、江苏、四川最多。与 Nike、Adidas 不同的是，安踏在童装领域亲力亲为，无论产品的设计生产还是销售渠道都是自己建设。

361°于 2009 年 9 月宣布推出童装系列，产品正式面世恰也集中在 2010 年第一季度。知情人士透露，匹克正在谋划推出童装系列。而安踏捷足先登。在童装细分市场上，国内外知名运动品牌正在上演一场新的对决。

李宁公司向记者确认，李宁公司已经与派克兰帝公司签订童装授权代理合作协议。2009 年 12 月 11 日，派克兰帝总裁罗建凡告诉记者，李宁童装将在 2010 年第一季度面世，预计第一年将开出 100 家李宁童装专卖店。李宁此番与派克兰帝的合作则完全采用了外包性质。李宁公司介绍，根据协议，李宁公司授权派克兰帝公司研发、生产、销售以及推广李宁品牌童装系列产品，派克兰帝公司将成立新的子公司独立运作李宁品牌童装，李宁公司对李宁童装的研发设计、生产、运营等方面享有审核权并提供必要支持。李宁公司坦言，对童装领域的关注始自 2004 年，而选择派克兰帝合作，正是看中其在童装产品设计开发、渠道资源方面的实力。派克兰帝常务副总裁吕智勇告诉记者，目前派克兰帝在全国大概有 700 家店，覆盖一、二、三线城市，店面 30% 为直营，70% 为加盟。为何李宁公司选择将童装系列外包而非自己经营？各方未有正面回应。不过，关键之道体育咨询公司总裁张庆告诉记者，进入童装领域依然存在风险，从目前现状来看，各家都在小心试探。李宁公司早在 2002 年曾经推出“Teenager”系列，但却并不成功，原因之一即在于运动类童装毕竟属于童装，在分销商选择、卖场陈列、产品定位方面都与运动服饰不同。而在产品定位上，童装系列延续了现有的运动品牌格局，Nike、Adidas 仍走高端路线，李宁、安踏则为中高端。

资料来源：韩畅，高原．童装市场争夺战[J]．中国民营科技与经济，2009(12)．

案　例

巴拉巴拉童装

森马集团用9年时间打造出一个成功的童装品牌——巴拉巴拉。随着森马服饰2011年3月在深交所成功上市，作为一个多品牌运营的成功案例，巴拉巴拉的成功再次引发业界对多品牌发展的思考。在2011年由中国服饰协会发布的中国童装企业排名中，巴拉巴拉位于榜首。根据森马服饰公开资料显示，巴拉巴拉2011年上半年营业收入7.57亿元，相比2010年同期增长57.48%。

巴拉巴拉童装凭借活泼的色彩运用、个性化的休闲主题元素、考究的环保健康面料，将时尚流行的休闲元素加以整合创新，演绎着符合不同儿童之不同追求的时尚。依托森马的母体平台，巴拉巴拉大胆采用了虚拟经营模式，在珠三角、长三角以及湖北等地整合了100多家专业生产厂家，实行订单化生产，通过时装产业链的垂直整合，建立了一套快速反应的供应链体系。在渠道方面，开展了社区店、店中店的大胆布局，提升了终端的伸缩性与自由度。

案　例

织里童装产业集群

浙江织里童装产业从家庭作坊起步，经过近30年的发展，织里已成为全国最大的童装产销基地和棉坯布集散中心。织里镇人声称“全国儿童身上穿的童装4件里就有1件是织里造”。2002年被中国纺织工业协会、中国服装协会命名为全国唯一的“中国童装名镇”，2003年被中华商标协会确定为“中国童装商标织里镇重点培育基地”。2008年生产总量达4亿件(套)，销售收入突破100亿元，95%的童装产品销往全国各地。2009年生产总量达4.5亿件(套)，销售收入突破200亿元，全国市场占有率达到30%，国内市场覆盖率98%以上，产品远销欧美、东南亚、中东等16个国家和地区。在这一镇之内，聚集着12600多家童装企业，15万台高速缝纫机，吸纳了15万人从事童装生产、加工的外来务工者，各类童装占有国内市场最大份额，集群规模国内领先，是全国最大的童装生产基地和销售市场。

浙江织里童装品类从零岁开始，到小童、中童、大童、青少年时装一应俱全。织里童装产业的高速发展，带动了童装生产原料、设备等上游相关产业的成熟，也促成了童装专业市场以及其他支持性产业的扩张。现以镇区为中心，分布着童装市场、棉布市场、辅料市场、联托运市场、劳动力市场及童装生产加工区，形成了从童装设计、生产到资讯、物流、面辅料供应、电脑绣花、印花等一整套全面细致的基础产业链，织里童装进入产业的集群化发展阶段，形成了特有的生产成本优势、价格优势和规模优势，企业间逐步开始合理的分工和协作，比国内其他童装产业集聚区的竞争优势初步显现。前些年建设的精品童装园、童装科技园区、童装创新园区，使一批实力较强的“领头燕”经营户真正走上现代企业化发展的模式。全镇已有10家童装企业拥有了自营进出口经营权，产品已出口到世界十多个国家和地区。织里童装产业集群越来越显示出对区域经济发展的促进作用，利用群体聚集效应形成的区域品牌，逐渐成为助推区域经济发展的强力“引擎”。织里童装区域品牌是企业群竞争合作博弈的结果,浓缩了众多企业品牌的精华,对提升区域产业竞争力有着不可替代的作用。它给区域内的各个企业提供了一个百花争艳、公平竞争的环境,促进了区域内各企业转变经济增长方式,使企业从重视产品数量转向重视产品质量,从仅仅关心短期的销售量、利润的增长转向打造企业品牌。

资料来源:刘月平. 织里童装的区域品牌建设[J]. 企业管理,2011(06).

小结

1. 工业革命改变了服装的生产方式,同时也不断更新着时装工业的面貌,当今时装工业中值得关注的问题有:产业链的系统化发展、新材料新技术带来消费观念与消费行为变化、绿色制造与快速反应、品牌创新与全球化趋势等。

2. 时装业是一个巨大的产业,数以百万计的从业人员在与时装相关的领域中工作。时装工业包括男装、女装和童装工业和与之相关的产品部门。

3. 国内男装的发展趋势形成了多品牌、国际化、技术创新与生活方式复合化、消费者驱动的格局。

4. 深圳、上海、杭州女装各有特点,休闲、时尚、职业女装主导当今女装市场。从发展趋势看,多品牌战略、传播模式创新、价值传递、零售业态模式创新成为女装品牌关注的焦点。

5. 随着消费观念发生变化,越来越多的父母愿意为小孩购买时尚衣物,彰显个性品位,流行时尚元素已经成为童装的主要卖点之一。但童装设计必须符合儿童的生理和心理特点。

思考题

1. 浅谈工业革命对时装工业的影响。
2. 男装产业的区域现状如何? 形成产业集群的基础是什么?
3. 如何看待童装成人化现象?
4. 阐述时装产业的发展趋势,并以某品牌为例加以说明。

第六章　配饰品及其他相关行业

本章要点

- 内衣行业的分类
- 配饰品的分类
- 化妆品与香水行业
- 家纺行业

学习目标

知识目标：

本章使学生全面地了解内衣行业、时装配饰品行业、化妆品与香水行业以及家纺行业的现状。通过相关知识的学习和品牌案例的介绍，使学生树立“大时尚”的概念，以便展开后续章节的学习。

能力目标：

本章能够使学生了解与时装行业相关的产业发展状况，培养学生立体思考和整体把握能力。

第一节　内衣行业

一、内衣业概述

内衣是指直接贴身穿着的衣物。为了保护人类柔嫩的皮肤不受到外部粗糙物的伤害，人们开始寻求可以保护皮肤的东西，内衣的发展就是这样开始的。因而，遮体、保暖及保护的实用性是内衣最原始的功能。

内衣，可英译为 lingerie，古时候西方人的内衣是由薄的亚麻布所制，而麻的法文是 linge，lingerie 即源于此。内衣包括紧身胸衣（corset）（图 6－1）、文胸（bra cup）、束腰紧身衣（waist nipper）、连胸紧身衣（all-in-one）、背心式衬裙（camisole）、短裤（short）等种类。内衣最早产生于古罗马时期，在西方日趋发展，到 16 世纪 30 年代，女性常穿吊袜带、紧身衣与裙撑，可见西方人对内衣的重视。内衣又可被译为 undercover 或 underwear，这是 1983 年以来时装行业的用语。

现代内衣，可以溯源于美国内战后华纳兄弟（Warner Brothers）在康涅狄格州布里奇波特设计的紧身胸衣。当时，这种呈“钟型”外部轮廓的紧身胸衣达到流行的顶峰，受到众多女性的青睐，并且随着束腰、收腹、提臀的趋势流行下来。

20 世纪 20 年代，内衣的流行走入了时尚的另一端，宽松式的、具有少男风格的花花少女

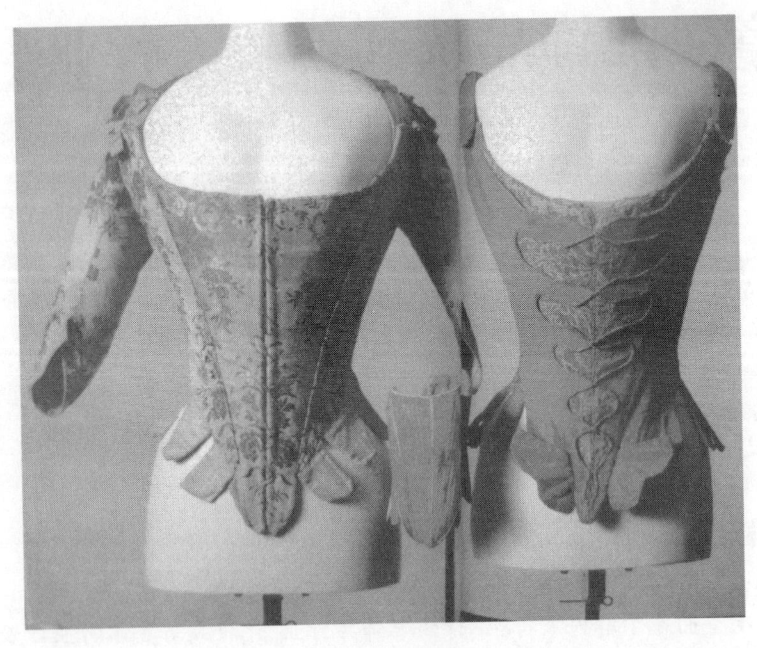

图 6 - 1　18 世纪欧洲洛可可风格的紧身胸衣　（图片来自 www. google. com）

风貌开始被人们所接纳。人们更倾向于较小的胸部和臀部，因此，多采用绷带式的胸衣来压平胸部，并用新的女式束腰衣来控制腰下明显凸出的部位。

30 年代，人们似乎又开始留恋于女性柔美的曲线美，松紧带的发明使紧身胸衣成了束腰带，并出现了带有罩杯的文胸，文胸成为贴身内衣最重要的部件。

40 年代，出现了一个重要的发展时期，即加垫型文胸的发明，通过强调外形轮廓来重塑女性性感柔美的曲线。

50 年代，合成纤维面料的应用达到高峰。材料技术的更新使得文胸更容易维护，穿着更柔软耐用。

60 年代，激进分子反对 40 年代的内衣审美观念，他们反对把女性作为性感对象来审美。

70 年代，女性以自然柔软和无缝风格的文胸来彰显成熟的魅力。

80 年代，更多整形内衣的风格被重新采用并广泛接受。

1994 年，莎拉 · 李整形内衣公司发明了“抬高非凡胸垫”（Wonderbra），从而使内衣变得更为时尚。

内衣的主要功能是舒适性，因此内衣的发展也伴随着面料的改进而发展。起初的紧身胸衣面料多为质地坚挺的棉质面料，天气寒冷时也用羊毛面料，一般不用真丝面料（一方面价格昂贵，另一方面也不利于维护）。到了 20 世纪 30 年代，黏胶纤维的引进改变了这一状况，它有真丝面料的质感，同时价格不贵而且耐洗。50 年代，重新采用合成纤维中的锦纶（尼龙），与黏胶纤维相比，它更加容易维护、耐用，而且穿着也更为柔软舒适。此后，面料方面的改革持续了 40 年之久。如涤纶、腈纶、超细纤维、天丝等面料的应用。此外，耐穿的透明薄面料和柔韧的皮革、仿麂皮也纳入了贴身内衣的行列。弹性面料的改进使得整形内衣变得越来越轻便柔软，而且经多次洗涤仍能保持原状。氨纶与锦纶或涤纶超细纤维混纺的形体服是当时最新的技术应用。1990 年，南希 · 干兹（Nancy Ganz）发明了莱卡紧身减肥衣，女性可以根据需要通过紧身减肥衣来重塑相应的部位,使曲线完美。90 年代后的内衣变得更加具有时尚感,精美的内衣甚至可以外穿,如图 6-2 所示。

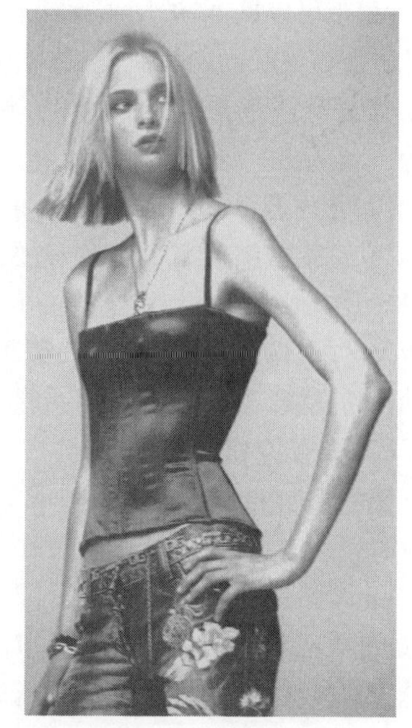

图 6-2 D&G 现代复古紧身胸衣

(图片来自 D&G 店实拍)

二、内衣和种类

(一) 女式内衣

1. 内衣的种类

女式内衣又称"内衣"、"贴身内衣"或"贴身服装",通常分为整形内衣、女式内衬衣和家居服。其中,整形内衣传统上分为胸部(文胸)和下躯干部分(整形紧身形体服)。女式内衬衣是指结构简单的贴身内衣裤和睡衣、睡裙等。家居服是为适用于居家而设计的宽松服装。

(1)文胸:文胸是胸部最重要的整形内衣,包括肩带、松紧带、罩杯、罩杯下的钢托以及2~4 组挂钩,共 20 片左右,为女性的胸部提供了加倍的保护和舒适感。其中,加高的衬垫增大了小胸女性的胸部尺寸,重塑胸部的完美曲线。罩杯可以完全或不完全遮住胸部,侧边或宽或窄,肩带放在关键部位自行调节或隐藏在外衣下。

文胸按罩杯大小,可分为以下四类。

图 6-3 适合任何胸型的 3/4 罩杯文胸 (图片来自 www. victoriassecret. com)

1/2 罩杯文胸:利于搭配时装,此种文胸通常可将肩带取下,成为无肩带内衣,适合搭配露肩的衣服。

3/4 罩杯文胸:3/4 罩杯是四款文胸中集中效果最好的款式,最能凸显乳房的曲线,适合各类胸型,如图 6-3 所示。

5/8 罩杯文胸:与 3/4 罩杯非常相似,适合胸部小巧玲珑的女性,更显丰满。

全罩杯文胸:可以将全部乳房包容于罩杯内,具有支撑与提升集中的效果,是最具功能性的文胸,更适合乳房丰满及肉质柔软的人。

除日常型文胸外,还有训练型文胸、运动型文胸、护理型文胸、派对型文胸、无痕型文胸等适合特殊需要的文胸。

训练型文胸可以很好地帮助胸部正在发育的少女;运动型文胸可以与身体一起移动,起到支撑和吸汗的作用;护理型文胸是为母亲哺乳婴儿时不用脱下内衣而设计的可解开的文胸;派对型胸罩(图 6-4)最适合在重要社交活动场合穿戴,该类文胸稍微托高胸部,收紧腰腹,使礼服裙非常合体地穿在身上,肩带可以摘下,适用于穿裸肩裙装;无痕型文胸不仅在材质上如皮肤般细腻有弹性,而且颜色也以肤色为主,是专为紧身浅色系外衣设计的,通常为全罩杯,实用而舒适。

图6-4 可外穿的复古派对型文胸
(图片来自 www. Stylesight. com)

(2)形体服:传统的形体服是束腰带、紧身胸衣和束衣(胸衣和束腰带组合在一起)。其设计使胃部、臀部、腰部、大腿等看起来十分平整,也有钩扣与长袜相连。随着材料不断改进,出现了各式束腰带、塑腹裤、连裤袜、臀部整形裤、吊袜三角裤、大腿整形裤和含氨纶的贴身紧身内衣,起到了很好的塑身作用。

(3)女式内衬衣:女式内衬衣分为日装内衬衣和晚装内衬衣。其中,日装内衬衣包括背带衬裙、短衬裙、胸衫和短内裤;晚装内衬衣包括睡衣、衬衫式睡袍、直筒连衣式睡裙、娃娃式睡衣、睡衣裤、短睡袍和长睡袍。直筒连衣式睡裙是没有腰线的睡衣,娃娃式睡衣是短款的,透明薄纱连衣衬裙有相配的短内裤,短睡袍是在前面系带的短款睡袍。晚装内衬衣的款式风格多样,有运动型、休闲型、浪漫型、性感型,并随流行不断转变,如图6-5、图6-6所示。

图6-5 性感型女式睡衣
(图片来自 www. Stylesight. com)

图6-6 优雅浪漫型睡衣
(图片来自 www. Stylesight. com)

女式短内裤一般与文胸或花边胸衣搭配成套销售,淡化内衣的细分差别,方便消费者选择。

(4)家居服:家居服指能体现家文化的一切服饰,如绗缝棉睡袍、晨衣、浴袍和宽松家常

图 6－7　春秋家居服　（图片来自 www. victoriassecret. com）

便服的总称。随着生活方式的转变，家居服的作用越来越明显，设计也更具文化内涵，体现休闲化、时尚化，适合于家居与短途外出两用，如图 6－7 所示。

（5）紧身衣裤：20 世纪 80～90 年代的健身热，使得紧身衣裤作为一种新的样式加入到时装行列。其种类繁多，包括配套的低领紧身连衣裤、紧身衣裤、弹力合身紧身衣、紧身围裹裙、紧身运动套装、紧身暖腿套、紧身短裤、紧身 T 恤和腰节以上的短上衣。厂家通常将紧身衣裤和其他服饰品搭配，以达到更大的市场占有率。

2. **内衣的品牌**

国际知名的内衣品牌有源自法国的 La perla、美国的 Victoria's Secret（维多利亚的秘密）、Calvin Klein（卡尔文·克莱恩）、日本的 Wacoal（华歌尔）、德国的 Triumph（黛安芬）等；国内知名的内衣品牌有爱慕、三枪、古今、欧迪芬、曼妮芬等。

目前，国外内衣的生产中心是菲律宾的考斯塔·瑞卡（Costa Rica）；国内内衣的生产集中在广东、福建、海南等地，其中广东的汕头是目前国内规模最大、产业最集中的内衣生产基地之一。

案　例

Victoria's Secret（维多利亚的秘密）内衣品牌

Victoria's Secret 一直被誉为美国第一内衣品牌。由创始人 Leslie Wexner 在 1977 年创办，1982 年将公司出售给 The Limited 公司，现隶属于 Limited Brands 集团，公司总部设在美国俄亥俄州首府哥伦布。性感是 Victoria's Secret 的代名词，它不仅是全美，更是全世界内衣界的龙头。该品牌优雅、热情、挑逗的风格在时尚界影响着全球30亿女性人口的“内在美学”，同时也在香水、配饰、化妆品等领域散发出让人无法抗拒的魅力。在美国，超过1000家的分店都在销售由超级名模代言的 Victoria's Secret 性感内衣。现在的 Victoria's Secret 的产品种类包括女士内衣、文胸、内裤、泳装、休闲女装、女鞋、化妆品及各种配套时装、豪华短裤、香水化妆品以及相关书籍等，是全球最著名的性感内衣品牌之一。旗下的 Pink 系列少女内衣品牌也在商业上获取了巨大的成功。一年一度圣诞节前后在好莱坞举行的 Victoria's Secret 内衣秀，超模和明星聚集，成为全球时尚界期待的一大盛事，如图6-8所示。

图6-8 Victoria's Secret 内衣秀 （图片来自 www.victoriassecret.com）

案 例

Triumph（黛安芬）内衣品牌

由高弗雷德·斯皮索夫（Gottfried Spiesshofer）和米切尔·布朗（Michael Braun）1886年在德国创立的 Triumph，跨越百年，已成功确立了内衣著名品牌地位，旗下设 Sloggi、Valisere、Triumph、Hom 四个品牌线。直至现在，Triumph 依然坚守为顾客缔造舒适、优质、创意和时尚产品的经营哲学，领导全球内衣市场，产品畅销于世界150个国家。它以流行的设计、精巧的做工、舒适的感觉、先进的面料赢得了全世界女性的青睐，主要定位于中档市场。Triumph 在产品设计上不断创新多元化产品线，不仅涉及普通型、古典型、功能型、睡衣型、生理型、运动型内衣等各领域，同时开发了魔术文胸、T恤文胸、美肤文胸、仙乐娇、Fashion Style 及 Bee Dee 少女内衣等系列。Triumph 的蝴蝶美型专业文胸产品如图6-9所示。

蝴蝶美型文胸
文胸 16-4055
尺寸：B.C.D.E./70-85,M.L.EL

图 6－9　Triumph 的蝴蝶美型专业文胸产品　（图片来自 Triumph 品牌官方网站）

案　例

古今内衣品牌

古今是国内著名女性内衣品牌，隶属于上海古今内衣有限公司，是国内集工贸为一体的女性内衣专业公司，是"中华老字号"企业。20 世纪 40 年代创立以来，专注于女性内衣生产设计，包括文胸、内衣裤、泳装、睡衣、沙滩装、调整型衣裤等，现已在全国各省市（除西藏、台湾以外）开设古今连锁企业数百家，产品已进入日本、欧洲市场。

（二）男式内衣

男式内衣没有女式内衣花哨和繁复，更注重实用性，如图 6－10、图 6－11 所示。

图 6－10　时尚的男式内衣
（图片来自 www. Stylesight. com）

图 6－11　基本的男式内衣
（图片来自 www. Stylesight. com）

1. 内衣

20世纪40年代出现了男式平角内裤以及针织风格三角裤和贴身内衣。这一时期内衣的款式局限于短袖、圆领口、无袖及V形领口罗纹内衣,颜色以白色为主,机织面料的平角短裤有色彩和图案。直到20世纪70年代,内衣的色彩和图案渐渐丰富起来,同时,时尚大胆的比基尼风格的三角裤诞生了。到了90年代,紧随潮流的时尚男性喜爱内裤松紧带上印有Calvin Klein(卡尔文·克莱恩)、Tommy Hilfiger(汤米·希尔菲)或Giorgio Armani(乔治·阿玛尼)的字母标志,如图6-12所示。同时,男式内衣呈现两种发展趋势,一种是将女性整形内衣中的交叉形体服、束腰带应用在男士内衣中,为想要保持身材的爱美男士提供了便利;另一种趋势是宽松舒适的平角短裤成为众多男性的最佳选择。90年代后,男式内衣也走上了时尚之旅。

图6-12 Calvin Klein品牌的内衣 (图片来自CK官方网站)

2. 睡衣

一般流行的男士睡衣是毛圈织物睡袍,以纯棉布制作,宽松柔软,如图6-13所示。还有一种是档次较高的传统男式真丝睡袍。

图6-13 柔软的珊瑚绒材质的男式睡袍

(三)儿童内衣

儿童内衣更注重舒适性、柔软度和实用性。

1. 内衣

儿童内衣经历了从实用到时尚的发展过程。起初色彩单一,图案单调,直到 1978 年美国时装业首次将时尚可爱的卡通图案印在儿童内衣中。时至今日,各种卡通形象被用于童装设计中,如蝙蝠侠、超人、Hello Kitty、米老鼠米妮(Minnie Mouse),深受广大儿童的喜爱,如图 6-14 所示。

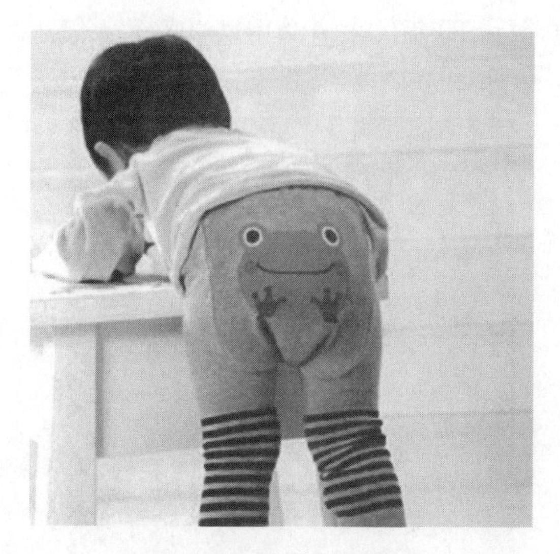

图 6-14 时尚可爱的儿童内衣 (图片来自 www.baidu.com)

2. 睡衣

儿童睡衣包括睡衣裤、睡袍和衬衣式睡袍,款式类同成人睡衣,一般采用特别柔软、舒适、安全、色彩柔和的面料,如图 6-15 所示。

图 6-15 春秋季儿童连体睡衣裤 (图片来自 www.google.com)

三、袜

1500 年,欧洲人开始穿着用单幅针织平针面料织成的袜子,两个边缝在一起形成后缝,这种技术被传承下来,保留了整个世纪。

(一) 袜的沿革

第一次世界大战之后,随着女性及地长裙裙摆逐渐抬高,性感的双腿开始裸露在外,袜子产业由此出现。起初,女人们穿着真丝、纯棉或人造丝的长袜。1938 年尼龙问世,尼龙长袜为众多女性所青睐。到了 20 世纪 50 年代,袜子的色彩和图案渐渐丰富,与时尚接轨。60 年代女性穿着带有蕾丝的吊袜,之后又追捧连裤袜。70 年代,由于裤装工作服的流行,及膝和到脚踝的袜子问世,袜子上的松紧带增加了易穿性,使得这种袜子与长裤袜一起占领了整个袜业市场。80 年代,人们对袜子的要求不但时尚,而且更注重舒适,因此罗纹针织袜、暖腿套和多种运动袜一度流行。90 年代,由于休闲风的盛行,人们喜欢及膝长袜和到脚踝的袜子,色彩多样,种类较多,如图 6 - 16 所示。

图 6 - 16　色彩丰富的时尚丝袜　(图片来自 www. Stylesight. com)

(二)短袜

青少年消费群体推动了短袜业的发展,特别是运动短袜,如图 6 - 17 所示。

短袜分为三种长度:到脚踝的、平头式的和及膝长度的。女袜时尚感强,紧随潮流,色彩和图案都很丰富,男袜的时尚感比女袜弱。无论男袜、女袜、童袜,舒适性至关重要,为了增加面料的弹性,经常用棉和羊毛与锦纶、腈纶、氨纶混纺,以达到袜子的保型性和透气性。

(三)国内袜子品牌与市场

目前,中国袜业的生产基地主要集中在浙江(义乌、诸暨、海宁)、吉林的辽源和广东南海三地。其中,浙江义乌是中国最大的袜子产销基地,浪莎、梦娜、宝娜斯三大品牌持续保持着

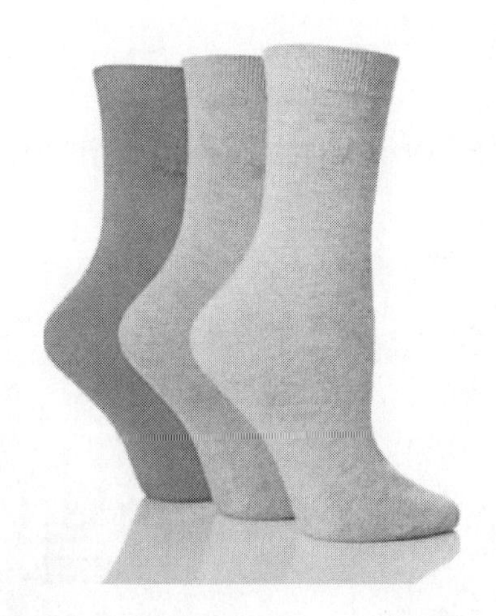

图6－17 色彩柔和舒适的女式短袜 （图片来自 www. google. com）

60%以上的国内市场占有率。以丹吉娅、情怡、安丽等为代表的诸暨袜业和义乌的宝娜斯，继续处于外贸出口的领先地位。受人民币汇率、配额政策、土地资源成本飙升、人力资源持续匮乏、劳动力和原材料成本持续上涨等因素的影响，诸暨的袜子企业，近年也开始向内销转型。

吉林的辽源在当地政府的重视与扶持下，发展迅速，逐渐成为“中国的棉袜之乡”。但在产品品质的提升、品牌建设、市场拓展方面，仍需努力。

广东南海的袜业在国内市场日趋衰弱，成为义乌袜子企业的加工厂。

案 例

浪莎袜业

浪莎是目前国内袜业第一品牌，也是首家中国名牌产品。浪莎拥有世界上最先进的数码设备近万台套，有棉袜机、丝袜机、无缝机等，是全世界最大规模的生产厂家之一，生产能力日均产量超过400万双，是目前世界上规模最大的袜子生产企业。浪莎公司凭借现代化的管理优势，实现了生产成本的最低化，创造了纺织业界效益最好的局面，一直雄居行业实力榜首，独占鳌头。浪莎产品覆盖男女老少、春夏秋冬的一百余个大类几千个品种，是行业品种最多，规格最齐全的企业。浪莎每天可以推出几十余款新品种，极大满足了世界各地消费者的需求。在经营渠道方面，浪莎主要集中在小百货、超市销售，近年也在全国中小型城市设立专卖店。

第二节 配饰品行业

配饰品即时装配饰，是指人身上除了衣服之外的所有装饰品和装饰手段，包括鞋、包、帽、首饰、珠宝、发型、化妆、眼镜、巾带、箱包、雨伞、手套、扇子、假发甚至文身等。

一、鞋

欧洲是鞋业发展的中心,每年纷纷推出让人耳目一新的时尚鞋款,如图 6－18、图 6－19 所示。

图6－18　McQueen (麦奎恩)2011 春夏鞋系列图

图 6－19　Dior 2011 春夏鞋系列

中国福建省的鞋业具有明显的产业优势,已形成了从童鞋到成人鞋,从运动鞋、拖鞋到皮鞋品种齐全的鞋类产业链,晋江市被评为“中国鞋都”。

(一)女鞋

一直以来,由于不允许女性露脚的传统习俗和及地长裙的限制,人们对女鞋更多的是关注其功能性。但随着人类文明的发展和思想的解放,裙子变短,双脚开始显露在外,女鞋也朝着时尚和多元化的方向发展。第二次世界大战以后,出现了各种材质、色彩的新式鞋子。款式丰富多样,由尖到方,鞋跟由高到低,在不经意中引领了新的流行趋势。到了 20 世纪 90 年代,好莱坞明星和模特们喜爱特别细的高跟鞋,高级时装设计师的锥型鞋系列赢得了上层女式的喜爱,如图 6－20、图 6－21 所示。

图 6－20　深受好莱坞明星和模特喜爱的女鞋　(图片来自 Christian Louboutin 官方网站)

图6－21　Sergio Rossi 2011 秋冬季系列的波浪型设计　(图片来自 Sergio Rossi 官方网站)

伦敦的设计师帕特里克·考克斯(Patrick Cox)设计了瓦那比(Wannabe)便鞋,这是一种方头且跟矮而粗的中性鞋,它的出现冲击了当时盛行的高跟鞋,带来一股热潮。从健康的角度来说,经常穿高跟鞋会使跟腱变短,经常穿鞋尖很尖的鞋子较容易形成"槌状趾"。然而,最近几年特细的高跟鞋又广泛流行,图6－22是百丽2011年品牌宣传画册上的新款产品。

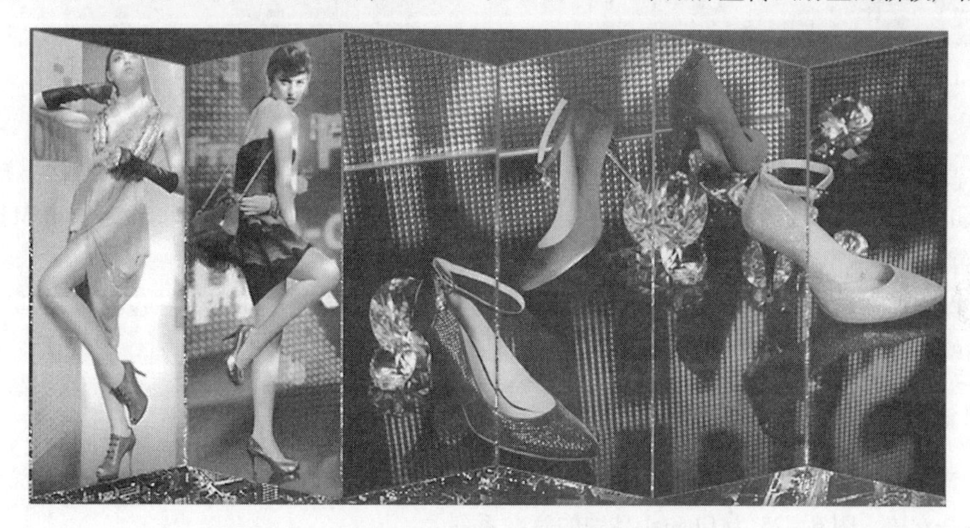

图6－22　百丽2011新款　(图片来自百丽官方网站)

案　例

达芙妮鞋业

达芙妮隶属于永恩集团,是香港达芙妮国际控股有限公司于1990年为打入内地市场而专门推出的自创品牌。达芙妮这一名字来源于希腊神话,河神的女儿达芙妮因受到阿波罗炽热的追求,无奈之下变成了一株月桂树。阿波罗带着深深的歉意和眷恋,宣布将月桂树枝编成的月桂冠作为胜利的象征,达芙妮的寓意即为:对爱的追逐。达芙妮女鞋定位于都市白领女性,以其领导潮流的设计、强大的生产阵容、卓越的品质和完善的服务在中国鞋业界独领风骚。

(二)男鞋

正如传统西装被休闲服取代一样,传统的西装鞋也被休闲鞋所代替,如图 6-23、图 6-24 所示。欧美的西装鞋和休闲鞋主要在亚洲加工生产。

图 6-23　欧式的男士西装鞋

图 6-24　欧式的男士休闲鞋

高档男鞋品牌主要集中在欧洲。包括英格兰的 Clark's(克拉克斯)、瑞士的奢侈男鞋品牌 Bally(百利)和意大利的 Salvatore Ferragamo(菲拉格慕)、Gucci(古奇)和 Brunoff Maglio(布鲁·马格里)。

国内的男鞋品牌主要集中在浙江温州,福建泉州、晋江等地。温州男鞋包括康奈、奥康、红蜻蜓、东艺、吉尔达、蜘蛛王等品牌,在全国各地设有专卖店。

(三)童鞋

童鞋的款式一般采用成年人的风格,牛津鞋适合男孩,传统的 Mary Janes(玛丽·简)样式适合女孩。图 6-25 为 Chanel 品牌的童鞋系列。

图 6-25　Chanel 品牌的童鞋系列　(图片来自 www.google.com)

国内较为知名的童鞋品牌如表 6－1 所示。温州地区的童鞋有红孩子、米奇乐、七星猫、天乐等品牌。

表 6－1　国内童鞋十大品牌

品牌	所属公司
巴布豆	广州宝派儿童用品有限公司
红蜻蜓	中国红蜻蜓集团有限公司
ABC	浙江天豪儿童用品有限公司
安徒生	上海安徒生童鞋有限公司
奥特曼·帮登	南安帮登鞋业/福建足友/万泰盛鞋服有限公司
七波辉	福建省南安市波辉鞋服有限公司
比士尼	浦京创盛鞋业有限公司
蓝猫	蓝猫(福建)鞋服有限公司
永高人	永高人体育用品有限公司
BBG	利业永胜(北京)时装鞋业有限公司

(四)运动鞋

1800 年,Charles Gocdyear(查尔斯·古德耶)发明了橡胶的硫化技术,使生产胶底帆布运动鞋成为可能。Keds(凯兹)是第一个使用橡胶底和帆布鞋面粘接技术的鞋子品牌。

现代运动鞋越来越受到时装休闲趋势的影响,分类更加细化,构造更加科学,深受欢迎,如散步鞋、慢跑鞋、登山鞋、羽毛球鞋、篮球鞋、网球鞋、骑车鞋、远足鞋、高尔夫球鞋等。大部分专业运动鞋在专业运动商店或专卖店里出售,如图 6－26 所示。

图 6－26　Nike 的专业男士足球鞋　(图片来自 Nike 官方网站)

二、包类

在很长一段历史阶段内,与口袋相当的小包只是用来装载个人物品,很少体现个人风格。而如今,各种各样的包袋在提供便利的同时,也完善了人们的时装造型,成为时尚中不可缺少的一部分,如图6-27所示。

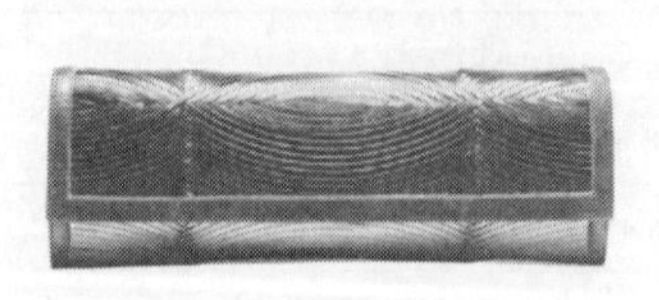

(a)Donna Karna(唐娜·卡伦)

(b)Giorgio Armani(乔治·阿玛尼)

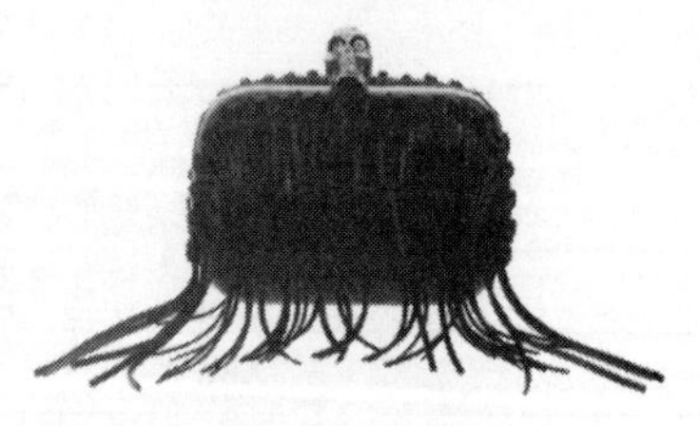

(c)McQueen(麦奎恩)

图6-27 三个品牌2011年春夏的手包系列产品 (图片分别来自其品牌官方网站)

(一)包的分类

包袋的种类很多,根据不同的要求,分类的方法也不同,例如可以按用途分、按材料分、按装饰制作方法分、按外形分等。手包、背包、小皮革制品是常用的三大包类。

1. 手包

手包的种类多种多样,有与运动装相搭配的休闲式样,有与正装礼服相搭配的正式款型。手包作为爱美女士搭配时装的重要时尚饰品正日益被重视。最著名的当属Chanel 2.55链条皮包,是由法国著名时装设计师夏奈尔于20世纪50年代末设计推出的;已故的摩纳哥格蕾丝公主钟爱Hermes(爱马仕)手包,她在怀孕期间经常拿一款Hermes手包来遮挡自己凸出的小腹,因此这款包也被称之为凯蒂包(Kelly Bag,图6-28);已故英国戴安娜王妃钟爱Salvatore Ferragamo无带手包。在手包业,Louis Vuitton(路易·威登,图6-29)、Hermes、Chanel、Salvatore Ferragamo、Gucci等品牌在市场中占有显著地位。

图6-28 Hermes的经典凯蒂包

图 6 – 29　LV(路易 · 威登)经典花纹手拎包

2. **背包**

背包可以说是对学生时代书包的一种延续和怀旧，它满足了那些用手包、公文包装不下物品的人们的需要，它的实用性和休闲性受到了人们的欢迎。背包的款式各异，有双肩、单肩、斜挎式等。帆布是其最常用的面料，此外，皮革、尼龙也是不错的选择。例如，国内威豹品牌的背包（图 6 – 30），定位于 14 ~ 45 岁的消费者，保持休闲化与时尚、经典特征，旗下拥有黑牌、绿牌、橙牌三大产品系列。黑牌以成熟高品位的设计理念提供经典品质的产品，绿牌以流行时尚的设计理念提供年轻活力的产品，橙牌以实用实惠的设计理念提供性价比优良的产品，三大产品系列满足不同人群的不同需求，给消费者带来人生旅途上更多的自信和愉悦。

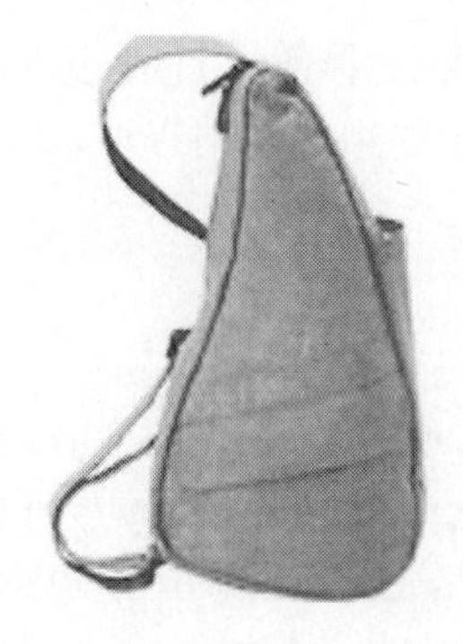

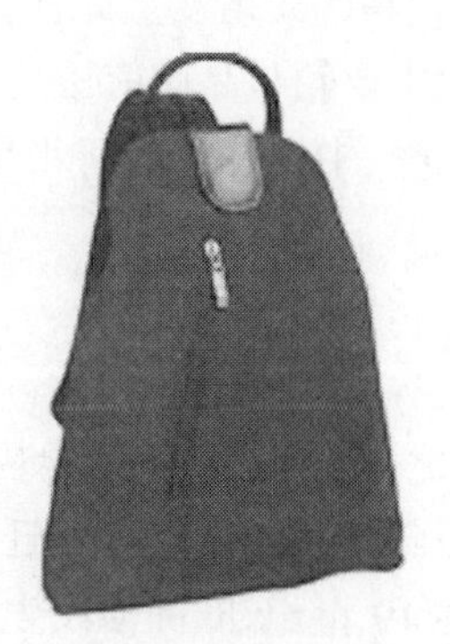

图 6 – 30　威豹品牌的休闲背包　（图片来自威豹官方网站）

3. **小皮革制品**

小皮革制品包括钱包、钥匙包、首饰盒、公文包（图 6 – 31）和手机套、电脑包等。当然，材料不只是皮革，还有锦纶、超细纤维等。

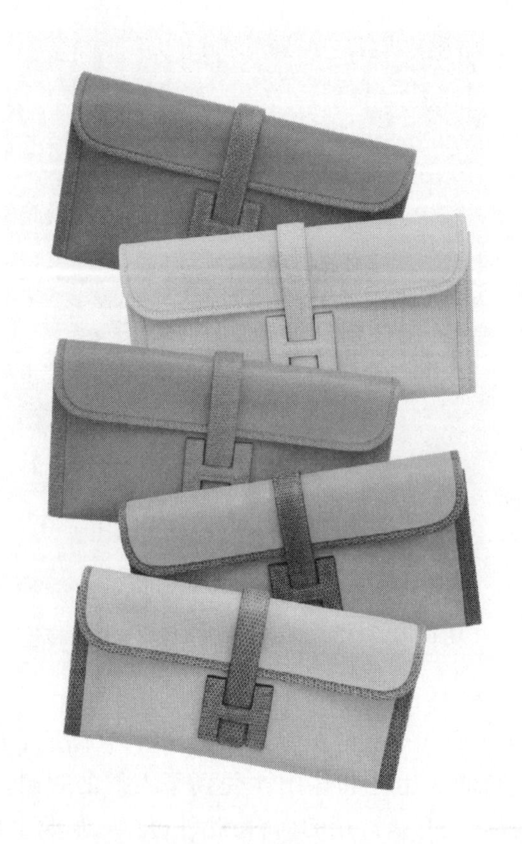

图 6 - 31　Hermes 2011 春夏公文包风格系列

(二) 箱包品牌

国外高档箱包品牌如 Louis Vuitton、Hermes、Salvatore Ferragamo、Gucci、Burberry(巴宝莉)享有较高的知名度。此外,Chanel 和 Prada(普拉达)的箱包较有特色。

国内主要箱包品牌有威豹、派度、达派等。目前,国内最大的箱包交易市场在广东,主要集中在东莞、中山、广州;河北是箱包的生产和销售地,如白沟、辛集都是皮革、皮包的主要集聚地。

三、帽子

“人之初,始于元。”作为装饰在“元”之上的帽子,当然在配饰中占有重要地位。在人类社会千百年的历史发展和变迁中,帽子的产生、演变与时装同步,如图 6 - 32 所示。

早在 19 世纪,欧洲便产生了男帽——头盔,用来保护头部。19 世纪的美国流行牛仔帽,随后高顶黑色大礼帽成了欧洲移民身份和地位的象征。“二战”期间,帽子成了功能性的配饰,用于保暖,之后,帽子在原来功能性的基础上,增加了时尚元素,使之成为闪亮的配饰品。图 6 - 33 所示为英国王室碧翠丝公主(Princess Beatrice,右)和尤珍妮公主(Princess Eugenie,左)出席威廉王子婚礼时的帽饰。

帽子的种类繁多,按材料、功能、造型、用途等分类各有不同。常用的帽类包括棒球帽、遮阳帽、网球帽、牛仔帽、渔夫帽、鸭舌帽、军帽、迷彩帽等。

图 6-32 浪漫且富有金属质感的帽饰

图 6-33 夸张的帽饰 （图片来自 www. google. com）

四、腰带及眼镜与手套

(一)腰带

顾名思义,束在腰上的带子叫腰带,俗称皮带。起初,人们为了不让衣服散开,用腰带束之。后来,随着服装款式的变化,腰带也作为一种装饰元素存在,腰带的装饰意义不断凸显。用于制作腰带的材料除了皮革外,现在也出现了很多其他材料,如金属、稻草编织、织物等。

（二）眼镜

近年来，随着消费者防紫外线意识的增强，平面镜和太阳镜的需求日益增多。太阳镜的种类繁多，款式亮点每年层出不穷，如图6－34所示。Chanel、Louis Vuitton、Dior每年都会推出自己的主题系列，开发新的款式。

图6－34　设计师汤姆·福特（Tom Ford）推出的具有设计感的新款眼镜　（图片来自www.google.com）

（三）手套

手套一般是在天气寒冷为保暖或在劳动时为避免手部受伤而戴，有时也作为饰品和时装搭配穿戴。现在的手套一般和帽子或围巾搭配出售，整体感强。

五、饰品

饰品的范围广泛，种类繁多，本节主要介绍首饰和丝巾类装饰两大类。

（一）首饰

自古以来，人们对首饰的佩戴十分讲究。在古希腊、古罗马和非洲，首饰成为贵族佩戴的重要饰品，以宝石和金链的饰品作为身份的象征。

从产品质量上来说，首饰一般分为四个等级，即贵重珠宝、次贵重珠宝、人造珠宝和民俗珠宝。

1. 贵重珠宝

贵重珠宝通常是用贵重、稀缺的金属或宝石制成。贵重金属一般包括黄金、白金和纯银制品，如图6－35、图6－36所示。

白金是最贵重的金属。Cartier（卡地亚）的白金首饰成为20世纪二三十年代装饰运动的标志。人造白金是白金的替代品，由黄金和其他金属（一般用镍）合金而制。黄金的含量是通过重量单位K来计算，纯质的黄金为24K。包金的黄金是由不昂贵的金属制成，外面包上一层较厚的黄金。镀金的银制品是在纯银制品的外面镀上黄金的合成物。纯银首饰一般包含的纯银材料在92.5%以上,剩下的7.5%是铜。

贵重宝石包括钻石、绿宝石、红宝石和蓝宝石。

优质宝石一般包括:紫翠玉、琥珀、紫水晶、海蓝宝石、金绿宝石、黄水晶、石榴石、翡翠、天青石、月长石、贵橄榄石、尖晶石、黄宝石、绿松石等。宝石的测量单位是克拉。钻石是数量有限的贵重宝石,南非的戴比尔斯是世界钻石的主要供应商。

珍珠也被当做宝石,优质的珍珠来源于软体物体内,越大、越对称的珍珠越昂贵,最稀有的珍珠是黑珍珠,一般天然珍珠呈淡黄色或淡蓝色。

Bvlgari(宝格丽)、Cartier、Tiffany&Co.(蒂凡尼)、Van Cleef & Arpels(梵克雅宝)等是以设计、生产贵重珠宝而著名的国际珠宝品牌。

图6-35　2011年春夏季Lanvin(朗万)公司推出的贵重珠宝　(图片来自www.stylesight.com)

图6-36　2011年Cartier公司推出的贵重珠宝　(图片来自Cartier官方网站)

2. 次贵重珠宝

次贵重珠宝包括银制品、包金或者镀金的纯银制品等。它的产生是由于20世纪80年代黄金和银的急剧涨价,珠宝生产商们为了满足人们对优质珠宝的渴求,生产了大量次贵重珠宝吸引消费者。其材料、款式、价格居于优质珠宝和人造珠宝之间。

3. 人造珠宝

人造珠宝又称时尚珠宝,用料广泛,可用玻璃、黏土、塑料和一般的金属制作。因为取材很广,所以制造成本较低,款式更新快,能成为流行的时装配饰。夏奈尔是开创人造珠宝时代的时装设计师,Chanel套装搭配一条长长的假珍珠链,使人造珠宝广泛流行。

Swarovski(施华洛世奇)是一家以生产水晶首饰而闻名的人造珠宝首饰公司,其有趣可爱的挂饰深受人们的喜爱,如图6-37所示。

图6-37 Swarovski首饰 (图片来自Swarovski官方网站)

4. 民俗珠宝

民俗珠宝首饰,通常用贝壳、石头、木头或者面料制成,注重产品的文化性和艺术性。有的将各个国家和地区的传统文化应用在首饰上,如用中国的玉石、翡翠和珊瑚做成吉祥图案的首饰;有的将带有宗教含义的纹饰刻在项链或耳环、戒指、胸饰上。印第安首饰、东南亚的尼泊尔首饰与我国的藏银首饰等均属于民俗珠宝。

(二)丝巾类装饰

20世纪70年代,女性颈部饰品开始增多。各种各样的围巾掀起了一轮又一轮的浪潮,90年代末,各种型号的方形和长方形围巾受到众多少女和成熟女士的宠爱。其中最著名的高档丝巾要数法国的Hermes丝巾。

对于男性来说,领带、领结成为男士最有特色的颈部饰品,大多为真丝、涤纶面料,图案因场合而异,以条纹、圆点、方格为主,如图6-38所示,也有一些卡通图案或有趣的形状,为白领办公、商务场合带来一些轻松的休闲气息。

六、其他配饰品

此外,还有一些其他的配饰品,如手表、发饰、手帕和雨伞等,丰富了时装的内涵。国内

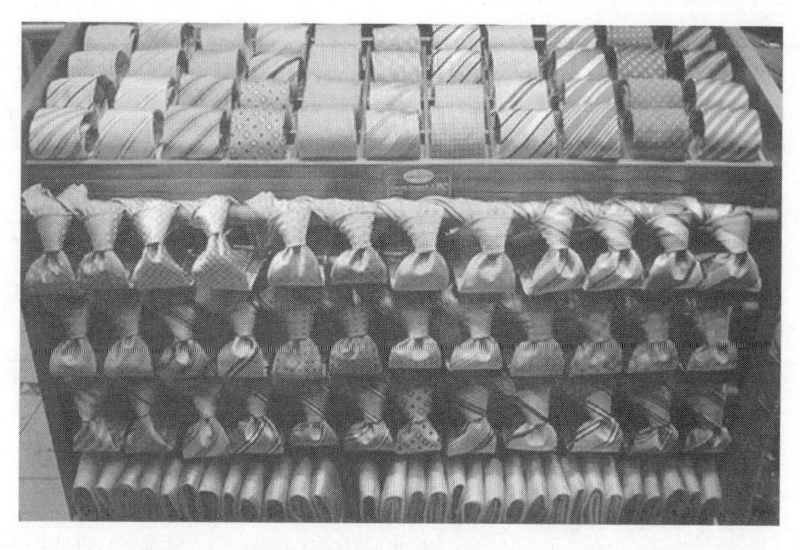

图 6-38 各色男士领带 (图片来自 www. google. com)

的配饰品产业多集中在浙江义乌,义乌的国际小商品商贸城吸引了全球各地的零售商和买手前来采购。

第三节 化妆品及香水行业

欧洲拥有全球最庞大的化妆品及香水工业。到 20 世纪 90 年代,世界前 15 名化妆品及香水公司便有 7 个在欧洲(表 6-2)。进入 21 世纪,大型化妆品及香水公司通过并购、合作、联盟等,造就了实力更加雄厚的垄断型化妆品及香水王国。

表 6-2 世界 15 大化妆品和香水公司

序号	公司/国家	子公司、分公司及品牌
1	L' Oreal(欧莱雅),法国	Lanvin(朗万)、Marie Clarie(玛丽·克莱尔)、Maybelline(美宝莲)、Laura Ashley Perfumes(劳拉·阿斯雷香水)、Redken(瑞德肯)、Lancome(兰蔻)、Helena Rubinstein(海伦那·鲁本斯坦)、Parfums Ralph Lauren(拉尔夫·劳伦香水)、Parfums Paloma Picasso(帕洛玛·毕加索)、Parfums Giorgio Armani(乔治·阿玛尼)
2	Procter& Gamble(宝洁),美国	Max factor&Co(密丝·佛陀公司)、Giorgio Beverly Hills(乔治·贝维丽·希尔斯)、Procter & Gamble Cosmetic and Fragrance Products(宝洁化妆品和香水)、Cover Girl(封面女孩)
3	Unilever(安妮莱尔),荷兰、英格兰	Elizabeth Arden(伊丽莎白·雅顿)、Calvin Klein(卡尔文·克莱恩化妆品)、Faberge(法伯格)、Chesebrough-Ponds(查斯布劳斯-旁氏)、Helene Curtis(海伦·可提斯)、Elizabeth Taylor(伊丽莎白·泰勒)、Karl Lagerfeld(卡尔·拉格菲尔德)
4	Shiseido(资生堂),日本	Shiseido(资生堂)、Carita(卡瑞塔)

续表

序号	公司/国家	子公司、分公司及品牌
5	Estee Lauder(雅诗兰黛),美国	Estee Lauder(雅诗兰黛)、Clinique(倩碧)、Prescriptives(普瑞斯·克普锐斯提吾斯)、Aramis(阿拉米斯)、Bobbi Brown(鲍比·布朗)、M. A. C、Donna Karan(唐娜·卡伦)
6	Avon Products(雅芳),美国	Avon(雅芳)
7	Johnson & Johnson(强生),美国	Johnson & Johnson(强生)、Neutrogena(露德清)
8	Wella Group(威娜宝集团),德国	Parfums Rochas(罗查斯香水)、Rene Garraud(瑞尼·加劳德)、Gucci(古奇)
9	Sanofi(莎诺菲),美国	Nina Ricci(尼娜·里奇)、YSL(伊夫·圣·洛朗)、Oscar de la Renta Fragrances(奥斯卡·德拉伦塔香水)、Fendi Profumi(芬迪香水)
10	Beiersdorf(贝尔斯多夫),德国	Cosmed division(考斯迈德)、Nivea(妮维雅)、La Prairie(拉普拉瑞)
11	KAO,日本	Jergens(詹肯斯)、Goldwell(古德维尔)、Guhl Ikebana(古夫·艾克巴那)
12	Revlon(露华浓),美国	Revlon(露华浓)
13	Boots(布茨),英格兰	Boots the Chemist(布茨·凯米斯特)
14	LVMH(路易铭轩),法国	Parfums Christian Dior(克里斯汀·迪奥香水)、Poison(毒药)、Parfums Givency(纪梵希香水)、Parfums Shalimar(莎丽玛香水)、Parfums Kenzo(高田贤三香水)、Guerlain(娇兰)
15	Kanebo,Ltd.(嘉娜宝公司),日本	Kanebo(嘉娜宝)

一、香水

香水包括香精(perfume)、香水(eau de parfum)、淡香水(toilet water)和古龙水(cologne)。

一般市面上有喷雾香水、剃须后擦的润肤水和家用香水。其他美容产品也加入香味,如肥皂、洗发水、泡沫剂、洗手液及浴液。

香水的香味是由香精油混合而成,经常是从植物中提取,包括各种树木、花果、芳草、香料和可食用的植物以及其他在香水研究室中调配而成的香味。每种香味叫做基本香型,香水调制师就是把各种香味按一定比例调制在一起,酒精也是其中之一,它可以使香水在人体上保持得更持久,酒精越多,香味越浓。

一般认为香水有以下三个主要散味阶段。

(1)前调/味:一般是柑橘果或者绿茶香味,可在皮肤上持续大约15分钟。

(2)中调/味:经常是花香或者木香,可以持续3~4小时。

(3)后调/味:一般是麝香或者香草香,可以持续4~5小时。

香水主要是25~44岁的女性使用,这是具有时尚意识并且富裕的消费群体。国际上一线的时装品牌一般都会推出下属的香水品牌,或者和著名的香水公司合作开发香水产品,大型香水公司会生产上百个品种的香水,如图6-39~图6-41所示。

图 6－39　雅诗兰黛香水系列

图 6－40　Lavin 玫瑰主题香水
（图片来自 Lavin 官方网站）

图 6－41　Chanel 经典 5 号香水（图片来自 Chanel 官方网站）

二、彩妆及护肤品与防晒品

彩妆通常是指用于脸部的化妆用品。Estee Lauder(雅诗兰黛)、Lancome(兰蔻)和 Clinique(倩碧)是国际彩妆市场的三大品牌,如图 6-42 所示。

图 6-42 Lancome 的彩妆广告 (图片来自 Lancome 官方网站)

皮肤护理产品主要包括沐浴液、肥皂、洗手液、面膜、护肤霜等(图 6-43),国内市场上有影响力的品牌有 Oil of Olay(玉兰油)、Nivea(妮维雅)、Johnson & Johnson(强生)等。

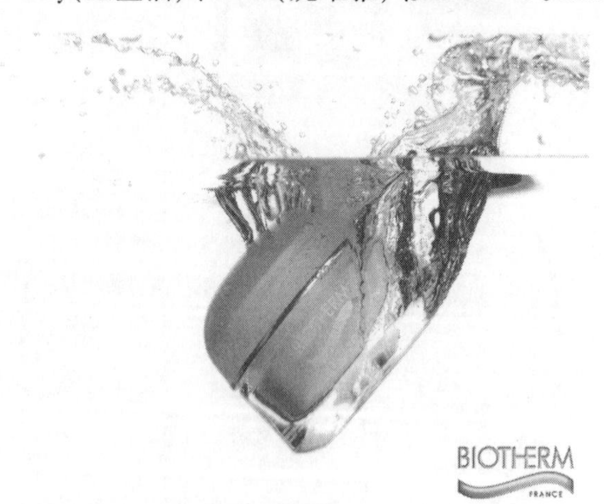

图 6-43 法国 Biotherm(碧欧泉)基础皮肤护理产品广告 (图片来自 Biotherm 官方网站)

主要的皮肤护理产品可分为皂类(soap)、水、乳液(lotion)、霜类(cream)、精华液(essence)、面膜(mask)、保湿水(moisturizer)、清洁用(clean/purify)和祛痘用品(acne)。

除了常规的皮肤护理处,防晒护理近年来更受到人们的关注,也许是受空气污染和地球变暖的影响,消费者对防晒指数(SPF)要求更高,以防止紫外线对人体的侵害。

三、护甲及护发产品

(一)护甲产品

从大约19世纪开始,指甲护理产品逐渐兴起。

随着化学工业的发展,指甲油的颜色更加丰富多彩。果冻透明色、戏剧化浓艳色彩、雅致粉灰色、金属质感、荧光色等为消费者提供多样的选择,如图6-44所示。

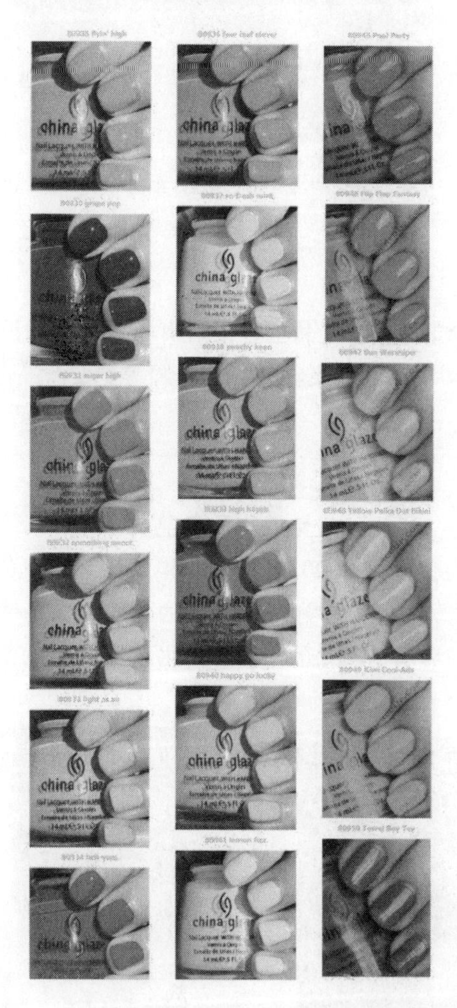

图6-44 缤纷的指甲油色彩 (图片来自 www. baidu. com)

与此同时,充满装饰风格的人造指甲产品,有各种不同风格、长度、形状和色彩,如图6-45所示。

全球著名的指甲产品品牌当属美国OPI,其创立于1982年,公司总部位于洛杉矶。OPI公司生产的甲油已经超过400种颜色,销往50多个国家及地区,其产品涉及指甲油、消毒系列、手足美容护理系列、强甲剂系列、功能油系列以及水晶、光疗、丝绸等专业美甲产品。其美甲产品深受时尚明星和爱美人士的信赖和喜爱,多次被*Cosmopolian*、*Allure*、*Instyle*等时尚杂志评为最佳美甲品牌。

图 6－45　人造指甲产品　（图片来自 www. baidu. com）

(二)护发产品

各地迅速出现的美发沙龙和护发产品也有很大市场。目前的护发产品更注重绿色环保和原生态化。在中国,宝洁公司旗下的海飞丝、飘柔、潘婷等护发产品占据了大部分中端市场。

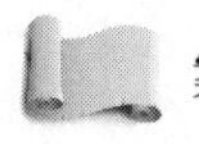

案　例

毛戈平化妆品品牌

毛戈平化妆品有限公司创立于 2000 年 10 月,其化妆品品牌的创建,源自于毛戈平先生二十多年化妆艺术的实践与总结,在目前品目繁多的化妆品市场中脱颖而出,打造了一条以专业化妆技术为指导的推广销售方式,开创了国内化妆品市场的新领域,如图 6－46、图 6－47 所示。

图 6－46　毛戈平先生
（图片来自毛戈平官方网站）

图 6－47　毛戈平的化妆品粉底产品
（图片来自毛戈平官方网站）

第四节 家纺行业

一、中国家纺市场现状

与欧美国家相比，目前中国家纺市场处于起步阶段，发展潜力巨大，吸引了众多国外厂商的关注。但由于国外品牌价格定位较高，产品在款式、花型上与国人审美观存有较大差异，市场导入较难。

家纺业的巨大发展空间也吸引了国内投资商的关注，他们通过各种合作渠道进入家纺业，主要分布在长江三角洲一带。很多企业没有自己的生产车间，产品缺乏质量保障；另有一些企业，有生产车间，但产品研发、设计能力不强，更缺乏专业的营销队伍，存在产品开发和销售滞后的现象，往往是产品刚上市，便面临购买已饱和或已过销售旺季的情况，从而错过最佳的销售时机。也有几家颇具规模的企业，既拥有现代化工业园区，又拥有自主研发设计中心和覆盖全国的销售网络，但在海外设置独立研发设计分部的企业则不多。目前家纺行业仍然处于粗放型、同质化、低效益阶段，相比需求巨大的家纺市场，尚有很大的发展空间。

二、家纺用品的分类

凡是用来装饰墙面、地板、窗户的家用纺织品都可归类为家纺用品。

家纺用品可分为家居软装饰品（soft aoods，图 6－48）和家居桌面产品（tabletop categories）。前者包括床单、枕套、被套、餐布、窗帘、装饰布、地毯等（表 6－3）；后者包括家用工艺品等。

表 6－3 七种主要的软装饰品

种类	产品
床上用品	被单、枕套、床罩、毛毯、枕头
洗浴产品	毛巾、浴巾、地面覆盖物
餐桌用布	桌布、餐巾、席位餐具垫
窗饰品	窗帘、遮阳窗帘、百叶窗、扁平机织花边
家具覆盖面料	家具套、靠枕罩
各种小件用品	薄毯、厨房毛巾、器具罩等
块毯	小地毯、长条地毯

三、家纺品牌

随着生活水平的提高和家纺市场的兴起，国际众多时装设计大师和一线的时装品牌近年来不断推出家居品牌线。比较成功的有 Ralph Lauren（拉尔夫·劳伦）和 Giorgio Armani（乔治·阿玛尼）。

国内家纺市场起步较晚，品牌不多，较为知名的有罗莱、富安娜、水星、博洋、梦洁等。

图 6-48　喜来登家居软装饰品　（图片来自喜来登官方网站）

罗莱家纺创立于 1999 年，总部设在上海，是一家专业经营床上用品、家用纺织品，集研发、设计、生产、销售于一体的纺织品企业，是国内最早涉足家用纺织品行业并已形成自己独特的产品风格的家纺企业。罗莱家纺定位于国内的中高端市场，产品设计以欧化风格为主，充分体现浪漫与优雅，为有较高品位，崇尚舒适、温馨、豪华生活方式的消费者喜爱(图 6-49)。

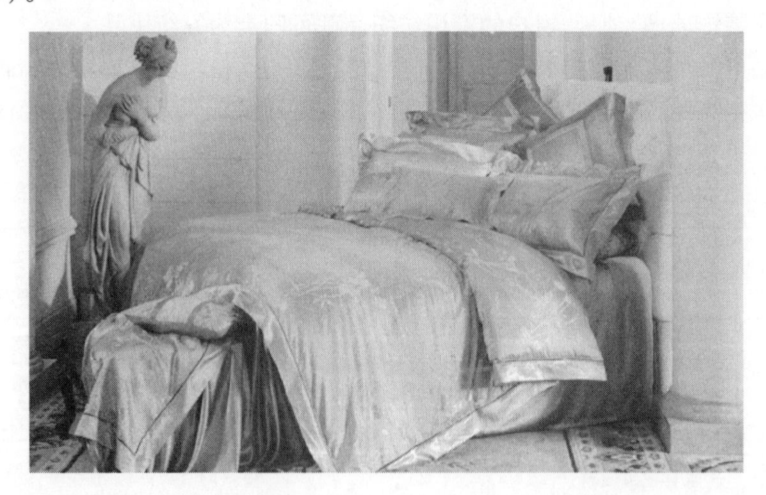

图 6-49　罗莱家纺的经典系列产品——柏拉图之梦　（图片来自罗莱家纺官方网站）

小结

1. 内衣行业涵盖了内衣裤、紧身衣裤和袜类品。内衣通常可分为整形内衣、女式内衬衣和家居服。

2. 时装所展示的静态美和动态美，与服饰品息息相关。

3. 首饰在时尚生活中的作用越来越大，它是流行的风向标之一。

4. 随着数字电视的发展和网络的便捷,人们居家的时间越来越长,更加关注家居装饰,所以说家纺市场需求巨大,尚有很大的提升空间。

思考题

1. 查找相关资料,阐述国内晋江鞋业与温州鞋业的特点。
2. 化妆品与香水行业的销售特征是什么？它们与时装的销售有什么不同?
3. 分析当前市场结构下中国家纺行业的优势与劣势。

第三部分

时装营销

第七章　全球时装市场

本章要点

- 市场的结构
- 中国时装市场的演变
- 中国时装市场的未来走向
- 国外时装中心
- 全球时装市场的发展趋势

学习目标

知识目标：

本章使学生能系统地了解中国时装市场的发展历程和布局、国外时装中心的发展和全球时装市场的发展趋势，通过对"时装市场"的解构，使学生确立整体意识，最大限度地发挥团队的协作能力。

能力目标：

本章使学生能够运用市场结构的特点来分析完全竞争、完全垄断、垄断性竞争和寡头垄断的市场行为。通过对实例和案例的剖析，让学生以例说理，培养学生分析问题和解决问题的能力。

21 世纪，人类社会迈入了全球化时代，时装产业与市场更是表现出明显的全球化特点。中国时装产业的成本优势、意大利时装设计的艺术风格、美国时装营销的现代理念、西班牙和瑞典时装设计的快速反应等，在国际时装市场上扮演着不同角色，使全球时装市场呈现出纷纭复杂的竞争格局。

第一节　市场和市场结构

一、市场

"市场"一词，源于古代人类对于固定时段或地点进行交易的场所的称呼。"市"是交易，"场"是空间。现代经济学的市场概念是对古代概念的拓展和深化，更多地是在广义的含义上使用，指具有特定需求和欲望、而且愿意并能够通过交换来满足这种需求和欲望的全部潜在顾客及其交换关系的总称。市场的大小不只是取决于交易场所空间及规模的大小，更多取决于有交易需求和欲望的潜在顾客的多少以及交易产生的价值和利润的多少。当市场变得庞大而且开放时，经济活力相应增长，乃至突破区域的界限甚至国家的界限，形成全球市场。

二、市场结构

市场结构是指买卖双方在市场内的竞争模式。买卖双方竞争的模式会影响双方在消费及生产上的决策,从而影响货品的市场价格及成交量。研究市场结构其实是研究不同市场的特点。划分市场结构主要有以下四个准则。

(1)市场上的购买者及售卖者数量。

(2)产品的特性(同质或异质)。

(3)厂商进出市场的难度。

(4)市场资讯的流通性(是否有完全信息)。

三、市场结构的类型

市场可依据不同的标准进行分类,根据竞争的市场环境和程度,按照经典的分类法,可以将市场划分为完全竞争市场、完全垄断市场、垄断性竞争市场和寡头垄断市场。

(一)完全竞争市场

完全竞争市场又称纯粹竞争市场,是指竞争充分而不受任何阻碍和干扰的一种市场结构。其特点是产品完全同质,买卖人数众多,买者和卖者是价格的被动接受者,资源可以自由流动,买卖双方拥有完全的信息。在这种市场类型中,市场完全由“看不见的手”调节,不受政府或其他任何非市场力量的干预,政府只起维护社会安定和抵御外来侵略的作用,承担的只是“守夜人”的角色。这种纯粹意义上的完全竞争市场,在当今社会是很少见的。

完全竞争者的市场行为特征如下。

1. 受价行为

在完全竞争的市场结构下,供给者只能扮演受价者的角色。物品的价格是由市场的需求及供给共同决定的。若某供给者自行提高价格,购买者自然会转向与其他供给者进行交易。

2. 不进行非价格竞争

由于物品是同质物品,而买卖双方所掌握的市场信息又完全相同,所以供给者不用进行非价格竞争,如用广告或改良包装等来争取更多顾客只会浪费金钱,没有实际效用。

(二)完全垄断市场

完全垄断市场是一种与完全竞争市场相对立的市场类型,即基本不存在竞争的市场。当一个行业只有一家企业,或一种产品只有一个销售者或生产者时,这种市场即为完全垄断市场。现实生活中这种市场也并不多见。但由于经济体制的原因或是国家出于某种政治、军事和民族利益的需要,会形成某些完全垄断市场。例如由于计划经济体制的延续,城市用水、电力供应等都还保持着完全垄断市场的特征。

完全垄断者的市场行为特征如下。

1. 寻价行为

在完全垄断市场内,厂商是唯一的供给者,它有绝对的权力决定自己货品的价格,所以他属于寻价者。然而,这并不表示完全垄断者会随意将货价提高,它通常只会将价格定于某一水平，以能获取最大的利润。

2. 进行非价格竞争

虽然完全垄断者在市场上没有直接的代替品，但有近似的代替品存在。所以完全垄断者仍然要面对某种程度的竞争。因此，它会通过宣传及改善服务等非价格竞争的方法，与其他供应近似代替品的供给者竞争，从而争取更多的顾客。

(三)垄断性竞争市场

垄断性竞争是指在市场上有众多销售者而他们各自都拥有一定垄断能力的一种市场结构。它是一种介于完全竞争和完全垄断之间的市场组织形式，在这种市场中，既存在着激烈的竞争，又具有垄断的因素。

垄断性竞争者的市场行为特征如下。

1. 寻价行为

垄断性竞争者都是寻价者。由于物品属异质产品，各供给者在某种程度上垄断了市场的一定比例，而消费者对市场的了解又不完全，因此个别供给者在定价时，可以不理会其他供给者所定的价格，只要寻找一个能赚取最高利润的价格便可。即使是同一类物品，供给者也可以因不同的包装、服务及销售对象而定出不同的价格。

2. 进行非价格竞争

垄断性竞争者会以非价格的方法去争取顾客的支持。他们会在包装、品质或服务等方面建立自己的形象，使消费者产生好感，从而增加垄断性竞争者的竞争能力。这样，即使物品的价格稍高于其他近似的代替品，消费者仍乐意购买该物品。

(四)寡头垄断市场

寡头垄断是指少数几个企业控制整个市场的生产和销售的市场结构，这几个企业则被称为寡头企业。它是介于垄断性竞争与完全垄断之间的一种比较现实的混合市场。

寡头垄断者的市场行为特征如下。

1. 寻价行为

寡头垄断者都是寻价者，即供给者寻找一个适当的价格，以获取最大的利润。

2. 进行非价格竞争

寡头垄断者除了以减价来吸引顾客外，还会使用非价格竞争的方法来维持、甚至扩大市场占有率。常见的方法有广告、赠送礼物、销售服务或举行幸运大抽奖等。

3. 供给者互相牵制

由于产品相似，供给者为了争取顾客，必须密切留意其他供给者的动态，并考虑竞争对手的反应才决定经营策略。当个别供给者进行减价，其他供给者便会马上跟随，以免流失顾客，因此供给者之间容易触发减价战。

4. 价格僵化

由于价格战会造成整体上的损失，所以寡头垄断者甚少改变货品的价格。因此，货品的价格经常不变，称为价格僵化。

5. 价格领导

在寡头垄断下，最具影响力的供给者自然成为领导者。如有需要，他们便会率先改变定价，其他供给者则会紧接追随。

6. **同业联盟及价格协议**

寡头垄断者为保障收入，可能会组织同业联盟，以防止新厂商加入市场竞争。通过联合行动，限制物品的生产量，从而提高物品的价格。例如因生产成本的上升而调整价格，各寡头垄断者会一起协商新的价格。

第二节 中国时装市场的形成与发展

一、中国时装市场的演变

改革开放以前，中国尚未形成真正意义上的时装市场，因为在传统的计划经济体制下，新中国实行了长达30多年的面料凭票供应制度。市场处于单一的生产导向，国家计划什么，厂家就生产什么，市场就销售什么，人们就接受什么。人们穿衣服以买布缝制为主，较少见成衣进入服装市场。

中国开始改革开放以后，1983年取消布票配给制，纺织品和服装开始由市场供应，服装市场渐趋活跃。服装的色彩从过去的蓝、黑、灰三原色主调变得绚丽多彩；服装的样式也从过去的中山服、人民服、国防服，变得千姿百态，人们的衣着发生了明显的变化。1986年以后，随着改革开放的深入，沿海地区特别是经济特区充分发挥政策灵活、交通便利、信息灵通的优势，积极吸引外商投资，促进了中国时装市场的形成。

1992年后，中国经济体制改革进入了一个新阶段，新的开发区纷纷崛起，外资踊跃进入，因时装产业技术含量、进入门槛低等特点，时装企业迅速得到发展，时装市场日趋繁荣。1991～1995年期间，由于市场需求容量的扩张，大量中小时装企业的进入，使得时装生产能力也随之迅速膨胀，造成1996～2000年出现了产能严重过剩局面，伤及时装产业的健康发展，市场面临着重新洗牌的竞争格局。当然，也涌现出一批全国知名品牌，如美特斯邦威、以纯等国内品牌异军突起，在市场上极具影响力。

诞生于20世纪80年代的有着港资背景的真维斯、班尼路、佐丹奴、堡狮龙等香港品牌，首先在中国内地市场中引领风骚，巨大的市场潜力吸引着越来越多竞争者的加入。紧随其后，越来越多的国际品牌开始将目光投向中国市场，如Dunhill（登喜路）、YSL、LV、Chanel、Prada、Fendi（芬迪）、Cartier、Montblanc（万宝龙）等一批奢侈品牌也来中国掘金。进入21世纪，在中国时装市场上，国内外品牌同台竞争更为激烈。近几年，以"快速时尚"和"平价奢华"著称的西班牙的Zara、Mango（芒果）、瑞典的H&M、美国的Gap和日本的Uniqlo、无印良品等国外品牌试水中国，毫不示弱、咄咄逼人。他们拥有成熟的品牌运作经验，产品设计保持全球同步，资金实力雄厚，对中国时装市场的格局产生深远影响。

二、中国时装市场的业态变革

新中国成立初期，经济不发达，市场商品供应严重不足，人们的日常生活必需品都凭票购买。20世纪50～70年代，要穿衣服，需先买布，再找裁缝店做，能到国营商场的服装销售柜台买衣服成为很多人羡慕的事情。那时的业态是裁缝铺和国营商场并存，成衣的销售渠道单一,数量规模微乎其微,几乎没有形成真正意义上的时装市场。

20 世纪 80 年代以后,伴随着改革开放的历史进程,中国时装市场在具体形式上经历了地摊式、大棚式、初级批发市场、时装商城、专卖店、时装超市、旗舰式和网络式等不同业态的变革过程。

(一)地摊式

20 世纪 80 年代初,服装企业处于传统加工业的一个分支,隶属于零售业,出现了以沿街三轮车、行军床为货场甚至画地为圈叫卖等地摊形式为特征的时装市场,如北京的西单、王府井,上海的南京路等。

(二)大棚式

80 年代末,时装市场走过"地摊"阶段,进入"大棚"经营。此时的时装市场以棚架为特征,或沿街设置棚架或就地搭棚,很多城市出现了"时装一条街",如北京的秀水街、武汉的汉正街等。

(三)初级批发市场

20 世纪 80 年代末 90 年代初,全国各地兴起了第一波专业批发市场热潮,时装批发市场步入加速发展期,如北京的大红门时装城、广州的白马时装市场等。受当时条件的局限,这些批发市场大多建立在传统集贸市场的基础上,存在着单体规模小、设施落伍、经营管理不善、市场辐射力不强等诸多弊端。

(四)时装商城

20 世纪 90 年代,受国际时尚和品牌文化的影响,大中城市的时装消费观念发生了变化,传统时装市场已经不能满足人们日新月异的消费需求,一座座新兴的规模化、现代化的时装城应运而生,还出现了一些分类很细的专业时装城,且出现了一些时装初级品牌。

(五)专卖店

随着人们生活水平的提高,时装消费的重心开始从原有的实用性转到对产品品牌、个性和文化内涵的关注上来。与之相适应,服饰品牌专卖店得到快速发展。一些商家通过在百货商场设立专柜或店中店等形式建立自己的渠道,这种形式相比于时装超市,规模相对较小,但针对性比较强,经营起来比较灵活。产品风格比较统一,用料讲究、做工精细、款式新颖时尚,突出档次、个性、品牌文化和格调。

(六)时装超市

时装超市作为一种独立完善、配套齐全的时装销售体系,集时装、面辅料、服饰配件、产品开发、市场营销等于一身,使时装企业从整体上把握时尚流行趋势,使生产安排与市场需求预测同步。在经营管理上,既保持自主个性,又不乏整体上的宏观管理,生产、流通有序进行。时装超市在现代化的技术、科学管理、规模和实力上的优势,对中国时装产业整体实力的提高和品牌化战略起着积极的作用。

(七)旗舰式

这种新兴的时装市场形式具有高端化、个性化、品牌化的特点,展示更精巧,硬件更完善,服务更到位。通过吸纳国际和国内知名企业及生产厂家加盟,特别是引进国内外有较高知名度的品牌企业,树立品牌形象,形成品牌效应。旗舰式营销把主要精力放在功能配套和效果上,使其成为时装集中交易和展示发布的中心,配备有设计师工作室、平面设计公司及化妆室、造型空间、摄影师天地、模特公司、媒介机构等品牌服务机构,让服务更全面、更专业。其专业化服务还表现在,引进宽带网络,运用电子商务和现代物流管理理念,配有大型仓储配送中心,方便商户进行商品交易和资金结算。

(八)网络式

基于互联网、电子商务和快速物流等信息技术的发展,网络商店发展迅速,时装交易量连年上升,网购已成为年轻人购买时装的一种选择方式。

三、中国时装市场的特点

中国时装市场经历了跨越式的发展,用短短30多年时间,走过了一些发达国家近百年才能走完的历程。中国时装的生产总量及出口总量都已位于世界首位。

中国时装市场有如下特点。

(一)产业区域集中度高

时装产业集群主要分布在东南部沿海的广东、福建、浙江、江苏、山东等地,五省拥有先进的技术设备和较强的生产能力,生产总量占全国的比重超过70%。近年来,在产业转型升级中,部分产业向内地转移扩散。

(二)中小企业占主体

时装企业数量众多,但拥有一定市场影响力的大企业少。众多中小企业在企业管理、品牌文化、生产模式、运输物流等方面都相对落后,短期化利益驱动严重,低价竞争激烈,抗击市场风险能力较弱。

(三)传统出口优势在消减

受到原材料成本上涨、人民币逐步升值和贸易保护主义等诸多因素影响,劳动力成本和资源成本的传统优势正在消减。如何从数量出口型转向高质量高附加值出口型、如何从出口时装产品向出口时装品牌转变,这是中国时装产业必须解决的根本问题。

(四)销售渠道多元化

百货商场、购物中心、批发市场、超市卖场、专卖店、会员店、专业店、折扣店、网购、电视购、厂家直销等形式,逐渐形成了我国时装销售的多元化渠道。

（五）内销市场活跃

随着人们消费观念的转变和品牌意识的增强，时装产品消费取向已向品牌消费过渡，时装消费市场得到了升级，加上时装行业的资源整合、商业创新等积极因素的直接带动和引导，内销市场表现较为活跃。

（六）多元化消费观念已经形成

随着改革开放的深化以及中国的本土文化和外来文化的交汇，时装消费文化的多元性趋势正在加强，个性化、时尚化、休闲化等元素在中国消费者服饰价值诉求体系中的地位得以显现，功能性、普适性为重的传统服饰价值观正在发生变化。

第三节　中国时装市场布局及贸易展会

一、中国时装市场区域格局

中国时装市场以上海、广州、北京、武汉、成都等城市为中心，可分为东、西、南、北、中五大板块。

（一）东部

东部地区是中国经济最为繁荣的区域，区域内江、浙、沪等地不仅地理位置优越，而且历来是中国纺织时装业的重要基地。东部时装市场现代化程度高，硬件设施先进，商业街井然，配套设施齐全，贸易额首屈一指，至今依然勃发着惊人的活力。

上海的纺织时装专业市场呈现出一种“高端”形态，其中沪上最大的七浦路纺织时装专业市场，已由初级迈向成熟。离上海不远的杭州四季青服装市场以“品种多、款式新、质量好、价格廉”为特色，一派繁荣，突出的性价比增强了市场的吸引力和辐射力，成为大江南北时装交流的重要集散地和全国著名的大型时装专业批发市场。此外，东部地区专业市场中还有一些佼佼者，比如常熟的招商城、高邮的中国纺织时装城，无锡的新世界、苏州的中国时装城等。东部地区经济发达，基础设施完善，产业密集，都为专业市场的成功提供了有力保障。

（二）南部

珠江三角洲毗邻港澳地区，享有地理环境、自然资源及政策的优势，使得南部地区的纺织时装市场的地位令其他区域难望其项背。国家致力推进中国最重要的两大纺织时装基地——珠三角与长三角地区实现无缝对接，以尽快融入国际产业链和采购链中，实现资源互补，这无疑会增强南部地区战略性经济地位的重要性。

广东和福建的时装市场依托当地时装生产加工业的发展，已形成规模，是非常典型的产地型市场。广东的时装制造业有明显的地区性专业分工，比如深圳东莞的女装、中山的休闲装、盐步的内衣、普宁的衬衫、潮州的婚纱晚装、佛山的童装、汕头的西服及东莞的毛织品等，都有各自的侧重。而福建的时装市场主要集中在石狮、泉州和晋江等地，涌现出不少国内知名品牌。浓厚的商业氛围和市场基础使得南部时装市场充满勃勃生机。

（三）北部

北方地区具有独特的文化气息与深厚的历史底蕴，为商业的繁荣注入了独特的内涵。北京这座文化古城，更是将文化与商业相结合，演绎出一道无可替代的市场风景。

北京的纺织时装专业市场早已形成商圈规模，客户相对集中，市场规模大、成交额高，在全国具有相当高的知名度。例如木樨园时装集散市场，以强大的能量辐射整个华北、东北、西北乃至全国；沈阳五爱市场时装城是目前全国超大时装专业市场之一；素有"大纺织、小时装"之称的山东，纺织时装是其传统支柱产业，在全国的纺织工业中占有重要的一席之地，其中即墨时装批发市场的各类商品均以款式新颖、花色齐全、价格低廉而畅销全国。

（四）中部

中部地区位于中国腹地，在 20 世纪 80 年代凭借其优越的地理优势，发挥着引南接北、承东启西的流通功能，曾经创造出辉煌的商业历史。

昔日的商战发源地郑州，拥有传统商业优势和现时崛起机遇。郑州银基商贸城是郑州纺织时装专业市场的旗帜，以规模大、品种全、质量高、价格低而受到中原地区广大消费者的欢迎。享有"中国第一街"、"城市 500 年商业之根"等盛名的武汉汉正街，由于同类产品过度集中，品牌缺乏鲜明的个性风格和独具的文化理念，盲目折价竞销，最终使这个曾占据武汉 70% 份额的"汉派"时装市场逐步被外地品牌所替代。如今的汉正街正进行"二次创业"，立志打造成"华中首席时装品牌港"。

（五）西部

西部地区由于自然历史地理等诸多因素，造成基础设施不完善、整体经济落后、工业欠发达、商业不活跃的状况，产业以劳动密集型为主，消费市场疲软，生产能力也显得落后。但是，以成都和重庆为枢纽的西南地区纺织时装市场连接云南、贵州甚至西藏的分销商道，作用非同小可。特别是"十二五"期间，产业结构调整，东部沿海生产企业大量西迁，无疑给西南地区的纺织时装产业带来了新的机遇，消费市场也有了新的活力。

二、中国地区时装商贸中心

（一）中国四季青服装市场

中国四季青服装市场位于"时装之都"杭州的杭海路上，是中国最具影响力的时装一级批发与流通市场之一，创办于 1989 年 10 月。市场建筑面积 5 万平方米，拥有营业房 3000 间，配套有物流中心、大型电子屏幕信息发布中心、银行等商务机构以及餐厅、医疗站等服务机构。"四季青"市场专业从事时装成衣销售达 20 年之久，以批发为主（占 80% 以上），汇聚了 1100 余家时装生产企业、900 多个品牌的时装，种类涵盖成衣的各个类型。经过多年努力，市场形成了“品种多、款式新、质量好、价格廉”的特色，成为大江南北时装交流的重要集散地，全国各地的客商纷纷慕名前来批发、交易。

(二)北京大红门服装市场

大红门服装市场位于北京南中轴路上，北起南三环木樨园，南至凉水河北岸，经过多年的建设，形成了以批发流通为主、带动产销的商品流通市场体系，构建了较大规模的大红门时装商业圈。整个商业区域内共有服饰、纺织品、鞋帽等综合市场 24 家，各类商户 7000 多个，从业人员 4 万人，总营业面积 24 万平方米，累计投资 5.1 亿元人民币，年总交易额 300 亿元人民币，是中国长江以北地区最大的服装集散市场。

大红门服装市场以南中轴路特色商业为核心，向东南两侧辐射，重点建设了一批规模较大的商业及配套设施，提升了整体档次，形成面向全国的时装、面料交易中心和功能配套的特色商业街。

(三)广州白马服装市场

广州白马服装市场是广州地区规模最大、装修最好、配套最完善、管理最规范、交易量最大的中高档时装市场，现有建筑面积约 60000 平方米，共 10 层(4 层商场、5 层写字楼、1 层地下停车场)。经营商户约 2000 多户，既有珠江三角洲地区、浙江、福建乃至全国各地的时装生产、销售企业，也有来自中国香港、台湾及韩国等地的商家。商场附设时装表演广场、银行、商务中心、托运站、停车场、餐饮等配套服务设施。白马服装市场既是中、高档时装的现货批发、零售中心，也是时装品牌连锁加盟中心，是一个融信息交流、贸易洽谈、流行趋势发布于一体的时装品牌汇集的综合平台。

(四)上海新七浦服装市场

上海新七浦服装市场位于时尚之都大上海的传统时装批发名街——七浦路东端，于 2001 年 9 月由上海新七浦投资发展有限公司斥资 3 亿元精心打造，占地面积 7200 平方米，建筑面积 30000 平方米。上海新七浦服装市场始终坚持品牌化、专业化的经营思路，以独特的视角审视时装市场，坚信优质的品牌产品才是市场经营管理的核心。品牌时装、市场、代理商三者的组合成就了新七浦专业品牌时装批发市场。新七浦在短短几年时间就成为上海声誉最高、人气最旺、交易量最大、辐射区域最广的时装批发市场，奠定了在业界中的领先地位。

(五)常熟国际服装城

常熟国际服装城位于江苏省常熟市，占地 3.71 平方公里，目前拥有包括中国男装中心、中国裤业中心、中国女装中心、中国童装中心、中国鞋业中心、中国服饰辅料中心等共计 35 家专业市场，2.8 万个商铺，8 万多名经营人员，日均客流量 30 万人，资金流量超 8 亿元，年交易额达 450 亿元，先后开通了 241 条辐射全国 1000 多个城市的客货运专线。据不完全统计，商城内有 200 多个省级以上知名商标、5000 多个知名品牌，总代理公司、总经销公司和专卖店有 1000 多家，一些世界著名品牌也纷纷入驻其中，大大提升了商城档次。

（六）柯桥中国轻纺城

柯桥中国轻纺城坐落于绍兴县城柯桥，始建于20世纪80年代，总占地面积77.8万平方米，总建筑面积达326万平方米，商行1.6万余家，营业用房1.9万间。市场内经营人员5万余人，经营面料3万余种，日客流量10万人次，日成交额1.8亿元。市场交易持续兴旺，连续17年居全国纺织专业批发市场首位，产品销往170多个国家和地区，常驻境外代表机构273家，常驻境外采购商2000余人，是目前全国规模最大、设施齐备、经营品种最多的纺织品集散中心，也是亚洲最大的轻纺专业市场。

（七）海宁中国皮革城

海宁中国皮革城位于浙江省海宁市，于1994年建成开业，2005年10月实施整体搬迁。现有经营面积15.6万平方米，经营企业2000多家，经营产品为皮革时装、裘皮时装、毛皮和毛皮制品、箱包、鞋帽、手套、皮带、票夹、皮革工艺品等各类皮革制品，款式引领着中国皮革的流行趋势，市场成交额居全国同类市场首位，其皮革时装、毛皮和毛皮制品等商品交易在全国皮革业中占有举足轻重的地位。

三、中国时装贸易展会

改革开放以来，中国会展业应时而生、发展迅速，北京、上海、广州、大连、成都五大城市最为活跃，形成了“环渤海、长三角、珠三角、东北、中西部”五个会展经济产业带。以北京为中心，以天津、廊坊等城市为重点的环渤海会展经济带，发展早、规模大、数量多，专业化、国际化程度高，门类齐全，知名品牌展会集中，辐射广。以上海为中心，以南京、杭州、宁波、苏州等城市为依托的长三角会展经济带，起点高、政府支持力度大、规划布局合理、贸易色彩浓厚，发展潜力巨大。以广州为中心，以广交会为助推器，依托深圳、珠海、厦门、东莞等城市群的珠三角会展经济带，其国际化和现代化程度高、产业结构特色突出、产业分布密集。以大连为中心，以沈阳、长春等城市为重点的东北会展经济带，依托东北工业基地的产业优势及区位优势，形成了大连时装展等品牌展会。以成都为中心，以重庆、西安等城市为重点的中西部会展经济带，通过不断发展，现已形成了成都的西部国际博览会、重庆的高交会、西安的东西部洽谈会等品牌展会。

中国时装行业最具代表性的展会如下：

中国国际服装服饰博览会；

中国国际裘皮革皮制品交易会；

深圳国际品牌内衣展览会；

中国（深圳）国际品牌服装服饰交易会；

宁波服博会；

大连时装节；

香港时装节；

品牌时装与时尚配饰展览会；

香港国际春季成衣及时装材料展；

中国·上海时尚内衣及泳装博览会；

上海时装文化节；

上海·中国毛衫博览会；

上海国际时尚服饰展览会；

中国纺织品服装贸易展览会；

中国·上海国际纺织品面辅料博览会。

(一)中国国际服装服饰博览会

中国国际服装服饰博览会(CHIC)创办于1993年,由中国服装协会、中国国际贸易中心股份有限公司和中国国际贸易促进委员会纺织行业分会共同主办,每年一届在北京举办。展会展出面积达10万平方米,汇聚来自20多个国家和地区的参展商及千余个品牌,专业观众超过10万人。CHIC伴随着中国时装产业的发展而不断壮大,已成为亚洲地区最具规模与影响力的时装专业展会之一。

展会时间:每年三月

展会地址:北京

展品范围:男装、女装、休闲装、童装、羊绒制品、内衣、孕妇装、针织时装、羽绒时装、皮革/皮草时装、服饰品、时尚饰品、时尚资讯等。

(二)中国(深圳)国际品牌服装服饰交易会

深圳服交会自2001年首度举办,由最初的1.5万平方米展览面积、190个参展商、4万人次专业观众,发展到第十届的近8万平方米展览面积、近千家参展商及11万余人次的专业观众,规模迅速扩大,影响力不断提升,成为亚太地区最具影响力、专业化程度最高的时装展会之一。

展会时间:每年七月

展会地址:深圳会展中心

参展范围:各类品牌时装、时装配饰以及与时装相关的服务和产品,包括女装、男装、孕/婴/童装、运动时装、内衣、晚礼服等。

(三)上海国际时尚服饰展览会

作为每年上海国际时装文化节最重要的活动之一,上海国际时尚服饰展览会是通过整合会展各项服务和功能,集流行趋势、品牌发布、高峰论坛和研讨会等形式于一体的活动,汇聚国内外时尚品牌服饰,是亚洲最具代表性和影响力的专业贸易平台。

展会时间:每年三月

展会地址:世博主题馆

参展范围:时尚男装、女装、配件。

(四)中国·上海国际纺织品面辅料博览会

展会时间:每年六月

展出地址:上海浦东新国际博览中心

参展范围:纺织面料、辅料、家纺、原料。

第四节 中国时装市场的未来走向

一、大型专卖店崛起

相比其他时装销售渠道，大型专卖店的商品品类齐全，囊括各类时装及配饰等；商品定位时尚，更新速度快；在陈列上时装搭配成型，带动销售的快速增长。近年来，国内很多品牌如波司登、李宁、七匹狼等，都大力发展专卖店，通过对整条产业链的掌控来提升企业效益。外资时装零售企业也加速了在中国的扩张速度，全球四大时装零售企业——H&M、Zara、C&A 和 Gap 分别进驻中国。另外，日本的 Uniqlo、无印良品等品牌也加速了在中国市场的扩张。

二、网络销售规模不断扩大

互联网的发展正以难以想象的方式改变着世界，也改变着全球以及中国时装市场的运营模式。30 年前，中国时装界对互联网还一无所知。2005 年 10 月，一名不见经传的年轻小伙子李亮创立了全新运营模式的时装品牌 PPG，让人大开眼界，使时装界意识到时装运营可以以“轻资产”模式出现。作为第一家衬衫网络直销企业，它通过邮购和网络直销衬衫，将面料生产、成衣加工、物流等环节完全外包出去。PPG 建立一个庞大的信息数据后台，将客户信息通过这个后台保存下来，通过这些信息，PPG 可以比较准确地分析出哪些产品将会成为销售热点，并合理分配其营销资源。尽管 PPG 最终失败了，然而，它对中国时装产业网络化发展所起的作用意义重大。自它开始，基于网络平台的网络直销模式走进了中国时装从业者的视线。正是汲取了 PPG 的种种经验和失败的教训，一批时装电子商务企业才更加快速地成长起来。

网购日益普及，迎合了消费者的口味，很多人转战网络享受淘宝的乐趣，以满足个性化需求。足不出户，林林总总的商品尽收眼底；敲敲键盘，心仪的物品便能送货上门；不善言辞，同样可以成功竞价……这便是网上购物的魅力。新一代消费者的“宅”消费特点明显，刺激和带动了网络时装销售的增长。

从几年前的 PPG，到如今的 Bono、凡客诚品等一系列直销品牌，时装 B2C 行业直销市场进入树立品牌形象、品质为王、消费者至上阶段。电子商务在中国迅速兴起并呈高速发展状态，但与法国、美国、日本等国家相比，中国内地电子商务所占比例不到 50%，表明中国时装网络销售的发展和品牌的电子商务转型还存在巨大空间。

三、超市销售规模会有增长

超市以食品、日用品为主，消费者在超市购物主要集中在这两类商品上，而时装在超市的出现，则是为了满足消费者捎带消费的需求。超市销售的时装主要以睡衣，内衣等选择性较低的商品为主。另外，为了提升销售，超市也开始注重对时装商品的陈列，并且时装的销售区域一般都位于超市的入口处。从品牌销售情况看，超市内销售的时装品牌多为二线、三线品牌，一线品牌很少，这很大程度上与企业的定位有关，而对于超市中销售的一些选择性较低的商品，百货商场的进店条件相对苛刻，所以多数二线、三线品牌以超市销售的形式出现。随着消费者的进一步细分和多样化，超市有可能成为时装销售渠道的一个重要且稳定的组成部分。

四、差异化销售渠道各显特色

2008年全球金融风暴带动的全球经济压力对传统时装行业造成较大影响，在这种情况下，众多传统时装企业开始寻找新的经营模式，纷纷进军电子商务领域。另一方面，时装直销企业在过去几年呈现出井喷式发展，众多中小型网站涌现，垂直B2C网站新的商业模式和商品种类不断涌现，这都为传统时装企业提供了新的营销渠道。新一代消费群体多样化发展特点明显，其消费观念、消费方式以及消费需求与父辈间有着很大的差异。随着新一代消费群体的不断发展壮大，时装零售市场将进一步细分，时装销售渠道竞争愈加强烈。因此，面对新一代消费群体更加注重体验和专业化消费的情况，零售企业打造差异化企业品牌，明确企业定位和目标消费群体，引领消费者进入符合其消费方式并能满足其消费需求的销售场所将成为发展趋势。

五、新技术的运用加快产业升级

时装行业对科技创新比较敏感，新技术不断运用，正在逐渐改变着时装这个传统的行业。信息化在国内时装行业的应用越来越普遍，专业程度越来越高，加速了时装行业创新发展。智能化设备在时装生产过程中有效提高了劳动生产率，机械、电子行业对时装产业的技术支撑，将进一步增强中国时装加工的国际竞争力。中国时装行业在新的发展阶段，已明确了以增强自主创新能力和吸收再创新能力为核心，加大科技创新投入力度，提高时装行业整体研发水平，营造科技创新氛围，提高科技成果转化速度，提高科技应用普及率的方向。

六、产业链进一步细分和优化

时装产业内涵极为丰富，是一个繁杂的产业体系。时装业作为纺织服装产业的终端制造业，带动着纺织业、纺织原料业、纺织机械业、纺织印染业、服装整理业、服装辅料业和庞大的时装装饰等工业。它是以时装设计领衔，集时装加工、商业和贸易为一体的都市型产业。它是一个以服饰商贸为产业主体，以面料、辅料、时装加工等为产业支持，以饰品、化妆品、形象设计等为产业配套，以展览业、时装报刊及新闻传播、信息咨询等为产业媒介，以时装教育为产业的人才资源基础的综合产业链。这种产业链在企业中内化和外化的程度、在企业间市场化和供应链管理的程度标志着时装产业体系的发达水平。中国时装产业正在从传统的小而全、低级分工，向专业化、市场化发展，产业链条走向细分和优化，以某个企业为核心的几个产业链条间的供应链管理已见端倪，时装产业链进一步演进将成为趋势。

第五节　国外时装时尚中心

时装的本质内涵是文化，时装的历史中贯穿着政治、经济、科学技术、文学艺术、哲学、宗教以及风俗习惯等人类文化。各国各民族的文化传统、城市环境和艺术氛围是时装业发展的肥沃土壤,世界时尚中心多是文化艺术中心。时尚是永恒的,时尚的形式是流动的。纽约、巴黎、米兰、伦敦、东京五个城市被公认为世界最著名的时装时尚中心,这五大国际时尚之都各有特色。巴黎是高级时装的发源地及世界时尚设计和信息发布中心;米兰是高级成衣发源地及世界一流的面料制造基地;伦敦具有悠久的纺织业传统,是经典男装的制作中心;纽约的高级成衣、休闲装、运动装品牌居全球领导地位;东京拥有自己一流的设计和品牌,同时发展高品质的时装加工业。世界五大时尚之都塑造了各具特色的时尚文化与时尚经济,成为举世公认的世界级时尚中心,时装产业是贯穿始终的核心。

美国纽约、英国伦敦、意大利米兰和法国巴黎的四大国际时装周,分别在每年的春夏(9月、10月上旬)和秋冬(2月、3月)举行。每个时装周都有各自独特的风格。纽约时装周主推休闲运动,伦敦时装周主推先锋前卫,米兰时装周主推时髦,巴黎时装周主推高级定制。时装周起初只对客户与厂商开放,现在已演变成为一场迷人的时装表演与媒体的盛会,令世界各国的时装粉丝们大饱眼福,很多娱乐界、传媒界和企业界的名人也被吸引到了T台前。

每个时装周几乎不少于100项活动,包括时装秀、慈善活动、庆祝宴以及配件陈列。大牌设计师的作品会在时装周的主要活动日展示,而大量的尚未成名的设计师则在这段时间前后举行品牌时装发布会。四大时装周的时装发布秀都是提前发布下一季的时装,这样他们的客户就可以提前预订,并且在这些时装开始公开销售之前就可以拥有它。这样做也给时尚杂志留下时间,以便时尚编辑为下一季必备单品准备宣传活动。

时装周不仅对当季的服装流行趋势具有指导作用,同时也指导着配件部分——鞋子、各式提包、配饰、帽子以及妆容的流行趋势。

一、纽约

纽约作为一个重要的时装名城,兴起于20世纪40年代,第二次世界大战使美国设计师有机会脱颖而出,70年代以后,纽约时装已经形成典型的美国风格。它以20世纪日益加快的生活方式为背景,重视个性,强调质量,更多地考虑功能性并且兼具舒适的特点。纽约时装趋向平民大众,经久耐穿,价格多元,这些特点使纽约时装大量生产,行销世界各地,遍及各个阶层,开辟了成衣生产新纪元。尤其在便装生产上,纽约更领先各时装中心,产品讲究机能,极具活力。如果说纽约的设计师是促使时装大众化的"实践家",那么"纽约"则是将大众时装普及并发扬光大的"工厂"。

1. 代表品牌:Calvin Klein(CK)

CK是美国第一大设计师品牌,旗下的高级时装与运动系列的设计灵感来源于美国人喜爱的运动与摇滚音乐。像运动型的牛仔服、前卫风格的短外套、紧身低腰牛仔裤等,都是CK的特色款式。不仅如此,CK的内衣也成为世界知名的品牌,它采用舒适的纯棉面料,提供了极高的穿着舒适度,拥有实穿性的优势。

2. 都市文化

(1)从制衣业起步。

(2)多元文化标新立异、兼收并蓄。

(3)快速的生活节奏,不羁的生活方式。

(4)新闻传媒广告高度集中。

3. 时装特色

(1)现代、极简、休闲又不失优雅。

(2)设计师更强调张扬个性。

(3)宣传、营销策略、价位多元。

(4)商业化,出口量大,销往世界各地。

二、巴黎

巴黎是世界高级女装中心。在巴黎,时装从来就是一门可以与绘画、雕塑和建筑相提并论的艺术。云集于巴黎的各国艺术家与时装设计师过从甚密,他们互相给对方以灵感。纵观巴黎近代时装史,无数杰出设计师的奋斗开创了前所未有的辉煌。这些无与伦比的荣耀来自于得天独厚的悠久历史与文化传统,另外,当地人的艺术素养以及政府的大力支持与鼓励,是促使巴黎成为世界流行时装领导中心的最大因素。

有人将巴黎比喻成为时装界的实验室,巴黎的设计师则以其独有的冒险精神、丰富的创造力,领导着世界时装的潮流。

1. 代表品牌:**Chanel**

Chanel 是一个拥有近百年历史的法国品牌,以高雅而精美的时装风格闻名。Chanel 从一开始就善于突破传统,在 20 世纪 40 年代成功地向女性推荐简单舒适的现代休闲服。Chanel 时装集合了法国时装的两大特色,首先是用料华丽,擅长用质地上好的粗花呢;其次是其淑女装的剪裁非常贴合身体的曲线,因此成为欧美许多贵族名媛的最爱。

2. 都市文化

(1)巴黎是艺术之都。

(2)巴黎是时装潮流的发源地。

(3)巴黎是世界时尚经济的发源地。

(4)有老牌欧洲文化的代表和西方资本主义经济的支撑。

(5)拥有世界上最多的顶级名牌。

(6)巴黎是世界高级女装中心。

3. 时装特色

(1)有实力雄厚的法国时装工业做后盾。

(2)作为法国经济的支柱产业,政府大力支持。

(3)以花样、速度、美感、优雅等优势领导着世界流行潮流。

(4)特色鲜明,例如以 1922 年的"谢尼尔针织套装"和迪奥的几何线条展示人体美为标志。

(5)巴黎时装以多样化和实用便捷为先锋。

三、米兰

米兰时装如今独占鳌头,对巴黎的霸主地位构成了最大威胁。米兰设计师所做出的努力和取得的成功使世人惊叹。

米兰时装主业是高级成衣,它与巴黎高级女装竞争的武器是更为持久的商业化实践和更强的对不断变化的消费需求的适应能力。它们吸收并延续了巴黎高级时装的精华,并且融合了自己特有的文化气质，创造出高雅、精致的风貌，充分反映民族性的艺术风格及简洁利落的实用功能，成为深受时装界瞩目的焦点。米兰时装在营利性与创造性上互相配合得恰到好处。意大利的建筑颇为迷人，米兰时装则带有极强的建筑风格，多运用立体构成的原理进行裁剪，这也是以裁剪、做工著称的意大利时装高品质的保障。

1. **代表品牌：Prada**

Prada 的设计师缪西亚为皮具起家的 Prada 注入了许多时装内容。如今，每一季的 Prada 总能给人带来惊喜。Prada 时装擅长运用大量色彩，并充满想象力地采用各种材料，让艺术感极强的意大利时装变得有些前卫起来。特别是 Prada 推出的趣怪机器人手袋，让人感到了老品牌的童心。

2. **都市文化**

(1)米兰是世界时尚设计之都和时尚界最有影响力的城市。

(2)艺术品、艺术家繁多。

(3)米兰是世界历史文化名城。

(4)古迹、古典建筑群众多。

(5)有古罗马文明传统。

3. **时装特色**

(1)艺术欣赏价值高。

(2)有一批艺术追求较高的设计师。

(3)米兰时装带有极强的建筑风格。

(4)其高级成衣高雅、精致、简洁利落。

四、伦敦

18 世纪末期的工业革命大大推动了英国的经济，伦敦的纺织业和时尚业随之迅速发展，雄厚的经济实力是国际时尚中心形成和发展的物质基础。英国是世界男装中心，还是西装与军装的演变之都，源自伦敦的猎装曾长期风靡全世界，20 世纪 60 年代又率先出现了超短裙。无论在哪个时代，伦敦都走在时尚的最前沿，伦敦的时尚界以创意和前卫著称。时至今日，伦敦之所以能保持其时尚之都的地位，这和其拥有最时尚的设计艺术学院是分不开的。世界各地才华横溢的设计师或艺术家来到伦敦深造，一批批的新锐设计师源源不断地补充了伦敦的时尚血液。

1. **代表品牌：Burberry**

Burberry(巴宝莉)是英国老资历的时装品牌。1835 年托马斯·巴宝莉设计了一种防水大衣，把它称为“轧别丁”，因为爱德华七世的习惯性命令“给我巴宝莉”而得名“巴宝莉”。早期的猎装和钓鱼装必须要有理想的防风雨效果，能承受相当大的风雨，同时又要有良好的透气性。Burberry 时装满足了这一要求，提供优异的服用性能。如今，Burberry 这个典型传统英国风格品牌已在世界上家喻户晓。

2. **都市文化**

(1)国际化程度非常高。

(2)具有很明显的多元文化特点。

(3)鼓励创新，追求个性。

3. 时装特色

(1)色彩浪漫丰富。

(2)造型夸张震撼。

(3)图案迷离,富于幻想。

(4)街头文化前卫、大胆、青涩。

五、东京

东京是日本第一大都市,近年来正以一个不断吸收、发布新信息的时装中心的姿态在飞速发展,各种时装发布会的召开极为频繁。东京服饰的主要特征是以全新概念诠释穿着,将人体视为一个特定物品,将面料视为包装材料,在人体上创造出美好的包装视觉效果。东京的设计师认为时装是"文化的工具",他们擅长挖掘日本及东方传统中的精华。在结构及形式上,他们吸取并熟练掌握和服和东方服饰中的扭结、缠绕、悬垂手法;对微妙色彩系统中的茶色和灰色运用自如,缔造了新的东方时尚。

1. 代表品牌:Kenzo(高田贤三)

Kenzo 是由日本知名设计师高田贤三一手创办的品牌,如今已经归由世界知名的奢侈品集团 LVMH 公司管理。即使如此,Kenzo 身上仍带有与众不同的东方情调。高田贤三擅长运用各种亮丽的色彩,对花卉的诠释非常到位,让不同的花卉图案盛开在每一件时装上是高田贤三的拿手好戏,其设计的服装有妖娆却又颇含蓄的东瀛风格。

2. 都市文化

(1)学习模仿、综合创新。

(2)街头文化繁荣。

(3)民族特色鲜明。

3. 时装特色

(1)拥有传统优雅的风格。

(2)追求个性、夸张、潮流。

(3)端庄、合体、精致。

第六节　全球时装市场的发展趋势

一、快速时尚

"快速时尚"发展趋势举足轻重,它是未来时尚产业的一大特点。在欧洲,称为"快速时尚";在美国,叫"快速进入市场"。无论怎么称呼,它代表着时尚产业的未来,其主要包含三个方面,即上货时间快、平价和紧跟时尚潮流。"快速时尚"服饰新品到店速度快,橱窗陈列变换一周两次,体现"求速"特点。"快速时尚"的基本策略有多品种、小批量、网络化和信息化等,快速更新产品,时刻紧随流行时尚,甚至与流行同步。"快速时尚"也限量生产,只将产品投放到几家主要的店铺内,从而激起部分消费者的好奇和兴趣,或者用于市场测试。

二、网络销售

互联网已成为时尚产业的新战场。美国、英国等国家和地区，网上零售消费连年攀升，增速惊人。互联网正在给予消费者更多的权利，每个人都可以在网上进行店铺比较：消费者可以通过浏览购物比较网站，可以确认企业所声称的折扣是否真是优惠。调查研究表明，在美国和欧洲，大约90%的零售店购物都基于事前的网络调查。

网络对于企业最大的价值就是，它极大地降低了品牌建设的进入成本。传统情况下，企业要打造一个品牌，资金投入非常大，可能投入1000万元、2000万元，却见不到什么效果。但是在互联网时代，可以根据自身实力，5万元、10万元地投入，逐渐地加大品牌打造的力度，没有渠道的包袱，不存在渠道的冲突，所以越来越多企业开展网络销售业务。许多时装企业以不同的形式开了网上商城、网上专卖店等网络商店。

三、绿色理念

企业根据经济社会可持续发展的要求，把生态环境保护观念和有益于消费者、公众身心健康的理念融入现代企业的生产经营之中，从企业经营的各个环节着手来控制污染与节约资源，以实现企业的可持续成长，达到企业经济效益、社会效益、环境保护效益的有机统一。

四、名人效应

名人效应是指名人的出现所达到的引人注意、强化事物、扩大影响的效应。名人代言广告能够刺激消费，几乎大部分的广告都在利用名人效应，因为受众对名人的喜欢、信任甚至模仿会转嫁到对产品的喜欢、信任和模仿。事实证明，名人的影响力正在逐渐扩大。我们会看到更多有着显赫名字的时装品牌和时尚公司采用名人作为宣传工具，这意味着名人的穿着打扮会越来越影响潮流走向。

五、服务至上

服务至关重要，也将是未来时尚业竞争的关键。

当品牌观念深入人心时，提供场地、销售产品已不再是企业的最终目的。从早期的“无理由退换货”、“绿色环保”、“同一品牌同一价格”等理念成为行业服务规范后，如何切实解决顾客的“衣着之忧”显得尤其重要。在为顾客提供优质产品的同时，要使顾客在售前、售中、售后全程感到舒适的服务，让消费者来卖场感受到如家般的温暖。

六、体验为主

新竞争格局下的时装企业，迎来了新的发展机遇。商品、渠道、销售服务等的多个环节都将围绕主力消费群的消费特征而改变，随着新一代消费群体的兴起，时装零售市场将进一步分化。时装零售企业将改变以往单纯以销售为策略转而打造更加专业化、个性化和针对目标消费群体的销售形式，更加注重店铺的环境和服务质量，包括店铺的装修、商品的结构陈设、服务人员的形象、气质、态度等。近年来，旗舰店模式由于突破时装店“销售”的单一功能，已为国内外颇具实力的品牌企业所热衷。Zara、Uniqlo、H&M都以大规模的体验馆模式设店，时装行业将从纯粹以销售为策略的阶段过渡到以体验为主的时期。

七、品牌消费符号化

当个性化消费被社会认同并发展成为当今社会主流消费文化的时候，消费者越来越注重的是“品牌符号”的选择，时装“品牌符号化”成为趋势。“品牌符号化”的价值体现在品牌内涵、文化带给客户的“品牌价值体验”。品牌传播对品牌符号形成的赋值作用将成为品牌战略的重点领域。“定制”将在一定范围内盛行，“量体裁衣”，“手工缝制”又轮回过来。不同的是，而今的“量体裁衣”属于现代化柔性生产范畴。当都市白领个性化消费需求膨胀，“定制”几乎成了身份和品位的另一种载体。“定制”已经在一些男装品牌专卖店和高级写字楼、高级酒店中悄然兴起，并向女装等领域蔓延。尽管“定制”短期内尚不能成为一个占绝对销售份额的主流消费模式，但必然成为以后时装消费市场的一颗耀眼明星。

八、国际品牌流动加剧

随着经济全球化和人类文化不断交融，不同国度的人们穿同样品牌、同样款式的时装已不足为奇，资本的趋利性加快了国际的品牌流动。中国时装市场的巨大潜力吸引着越来越多的海外品牌加入，在中国时装市场上，将会出现更多的国际品牌专卖店。与此同时，中国时装企业在国际市场的开拓之路将会有新的突破，“中国时装”和“中国企业”将会实现从“中国制造”的“世界工厂”走上“中国创造”、“中国设计”的国际品牌之路。

小结

1. 市场是指买家及卖家进行货品及服务交易的地方。只要有交易进行，市场便存在。因此，市场不仅仅指特定的地方和空间，还包括任何达成交易的环境、方法及途径。

2. 市场结构是指买卖双方在市场内的竞争模式。根据市场结构准则，可将市场结构分为完全竞争、完全垄断、垄断性竞争和寡头垄断市场。

3. 在完全竞争市场结构中，各厂商的商品是同质产品；而在垄断性竞争市场结构中，各厂商的商品是异质产品。因此，在现实世界中，要找完全竞争市场结构的例子很难，但垄断性竞争市场结构的例子举目皆是。

4. 所谓异质产品，其中“产品”包含的意思不仅仅是指实物，还包括商店的销售方式和导购的服务态度等。例如店铺的装修风格不同，有些讲求平实简洁，有些讲求奢华大气，这都会使消费者产生不同的心理感受。

5. 了解全球时装市场的现状及布局，对时装生产者及零售商来说至关重要。

6. 中国时装市场的未来走向和全球时装市场的发展趋势有着明显的差别。我们除了强调本土化以外，还要注重全球化，才能提高中国时装行业的产品附加值，树立起能在世界范围内被广泛认可的时装品牌。

思考题

1. 时装产业属于哪种市场结构？为什么？

2. 垄断性竞争市场结构中的商品属异质产品，时装市场的商品算是异质产品吗？

3. 请列举世界时装名城和中国时装名城（各选取三个），说明它们各自的特点与其都市文化的联系。

4. 中国时装业如何应对知识经济发展的趋势？

5. 你认为未来全球时装市场将呈现怎样的竞争态势？

第八章　时尚买手

本章要点

- 时尚买手的基本职责
- 时尚买手应具备的条件与素质
- 时尚买手的工作环境

学习目标

知识目标：

本章可使学生了解传统与新型零售业态的特点和主要形式、买手的基本职责以及成为买手应具备的资格和条件，并了解买手的工作内容及工作环境，同时学习基本的买手采购策略。

能力目标：

通过模拟和实战演练，让学生知道产品该如何符合目标客户的需求，怎样用科学的方法和手段来进行操作和评估。

第一节　时尚买手及其职责

时尚买手（buyer，以下简称买手）起源于20世纪60年代的欧美，在时装企业运营中发挥着联系企业与市场、供应商与零售商、时尚创造者与消费者之间的桥梁作用。在时装产业供销全球化的今天，企业投入大量资金和技术搭建适合的产品生产和销售网络。买手就是以获取利润和满足消费者需求为目的的时装专业买家，负责从时装生产商或时装批发商等供应商手中挑选时装货品，然后由时装零售商销售。为了帮助这些零售从业者获得最大的商业利益，买手应充分利用各种专业的市场信息，这些信息来自当地的采购行业机构、时装流行预测专家以及零售行业资讯机构，它们都能够为买手控制采购提供不同类型的帮助。

从品牌运营角度而言，买手最重要的功能就是把时装产业链前期的一些过程缩短，比如产品的开发、设计、打样等，即买手利用手上资源综合其他企业的设计，下单给厂家完成制作。这种操作既简单灵活，又降低了运营风险。

一、时尚买手分类

（一）按职业形态划分

1. 零售型买手

零售型买手包括品牌买手与非品牌买手。品牌买手工作职能类似组货，面对的供货商大部分是批发商或生产企业，采购各类品牌时装，组成品牌性的买手店。非品牌买手就是采购没有品牌的时装，组成买手店。此外，还有一种自主型买手，即拥有自己品牌，买入其他品牌时装，贴上自己的品牌商标发到自己的网络销售。这类买手拥有广阔的市场和网络资源，眼光独到。

2. 生产型买手

生产型买手是指通过采购的形式来缩短产品开发的时间与周期，提高工作效率，类似于贴牌组合加工。国内70%时装企业是自主研发设计的，30%是通过买手的方式将买来的时装与自主设计的时装组合一起卖。

通常，零售型买手不需要了解产品设计和开发的过程，但要了解市场的需求和零售管理。相反，生产型买手需要了解产品设计和开发的过程，了解顾客的需求，同时拥有良好的沟通和协调能力。

（二）按品牌档次划分

1. 高端时尚买手

高端时尚买手通常都是自主型买手，他们穿梭在时尚圈中，左右时尚，甚至能捧红一些不知名的设计师。这需要他们有独特的眼光和宽广的人际脉络。

2. 大众时尚买手

大众时尚买手多数开独立时尚精品店，穿梭在各地的时装批发市场。

（三）按工作地点划分

1. 百货公司买手

目前，百货公司依然是零售市场的主要业态。百货公司买手的工作是与各类品牌制造商或拥有者进行沟通，决定引进什么样的品牌、进哪些品类、存货多少、采用哪种经销模式等。美国高档百货公司，例如尼曼·马克斯（Neiman Marcus）和诺德斯特姆（Nordstrom），其买手的工作是选购设计师品牌、经常参加各地时装周、出席各顶尖设计师的时装秀、选择新款、决定订货数量、跟踪订单细节等。

大部分中档百货公司推出了自有品牌，主要针对数量较大的中档时装市场。这些百货公司内部同时也具备这样一个买手部门，其工作职能和在品牌零售企业中的买手职能基本相同，也需要进行产品的开发，只是公司或集团的组织结构因行政关系的不同而不同。美国最大的梅西（Macy's）百货公司拥有 Alfani、Charter Club 和 I. N. C 等多个自有品牌，其自有品牌的营业额最高可以占到百货公司总营业额的1/3，如图8－1所示。

2. 多品牌时尚店买手

国际时尚潮流多元化的发展，使得多品牌零售店对于买手的需求也越来越大。买手的工作职能在中国行业内称为“组货”，所面对的供货商大部分是批发商或生产厂家，买来的均是已经设计好的产品。国外较少有多品牌零售的连锁店，一般是销售中高档品牌或设计师品牌的小型独立店的店主自己担任买手的职责。即使这类店雇佣买手，买手的工作也同时涵盖销售和市场推广，他们不需要了解产品设计和开发的过程，但要掌握零售管理方面的知识。

这类时尚买手店在国内发展很快，上海、北京、广州和杭州等地出现了很多这样的商店。这些店铺的时尚买手将国内外最新的具有特色的产品搜罗到店里，用其独特的装饰风格和

图 8－1 美国最大的百货公司——梅西百货公司

时尚品味吸引当地的一批个性消费群。图 8－2 所示是一家位于上海恒隆广场的 O'blu 牛仔时尚买手店，它主要销售一些国内不常见的欧美高端时尚牛仔品牌，由于概念新、品牌组合好，受到了市场的欢迎，并在杭州等城市陆续开设了分店。

(a)

(b)

图 8－2 上海恒隆广场 O'blu 牛仔时尚买手店

3. 无店铺经营时尚买手

随着邮购、电视订购、网购等虚拟终端销售和无店铺(non-shop)零售模式的快速发展,无店铺时尚买手进入人们的视野。这类买手的工作性质与实体终端零售买手的最大不同在于他们没有实体店铺,销售场所是虚拟的。这种无须直接面对消费者,主要通过产品宣传册或网站网页向消费者展示产品的方法,增加了买手判断市场趋势和消费需求的难度。更需要买手通过充满吸引力的产品展示和宣传、相对低廉的销售价格、较好的产品质量以及完善的售后服务来吸引消费者,这对无店铺经营者至关重要。

二、买手的职责

买手只是销售团队中的一员,就像戏剧中的主角不能独自承担演出成功的责任一样,只有通过团队的共同努力,才能实现最终的目标。在零售活动中,对各个环节的管理,如顾客服务、广告、促销以及公关活动,都对实现销售目标起着重要的作用,单靠买手不能完全实现零售商所追求的目标。

买手要从大量可供选择的商品中做出自己的决定,不像消费者在购买商品时选择的是个人的决定,即自己是否对该商品满意。买手在做出最终购买决定时,其个人满意度并非最重要,顾客的满意程度以及公司的盈利程度是判断购买与否的关键指标。因此,从某种意义上说,公司的命运很大程度上掌握在买手的手中。

总体上看,买手的职责包括以下几个方面。

(一)挑选品牌和商品

无论规模大小,挑选供消费者选择的商品是所有零售企业最为主要的工作。商品应在价格、质量以及档次等方面迎合消费者的需要。买手不但要从所有可供选择的商品中挑选出最具有销售潜力和获利潜力的商品,而且必须仔细制订采购计划。这种采购计划包括所采购商品的种类、每种商品的购买数量、选择供货商、确定到货时间等。买手通常通过参加各类专业时装展会、品牌订货会、时装发布会等途径完成这一任务。图 8 - 3 所示是全球最大的牛仔、街头类的时装展会。寻找牛仔、街头时装品牌的时尚买手每年都会聚集在此,了解行业新动向,挑选合适品牌和产品。

(二)商品定价

买手采购到商品后,接下来必须确定其销售价格。虽然销售价格通常由高层管理部门确定,并由管理买手的商品主管具体实施,但买手却经常要按照公司利润最大化的原则对商品进行定价。对一些涉及价格竞争的特殊商品、滞销商品等,公司会赋予买手部分定价的权力。

(三)辅助产品开发

在竞争激烈的时装零售业中,品牌类同、产品同质情况越来越严重。为消除这些类同,许多商家开始提供一些仅供自主经营的自有商品,由该商场对其进行独立开发。例如,在梅西百货内,艾凡尼(Alfani)、詹姆斯·摩尔(Jennifer Moor)和查特俱乐部(Charter's Club)之类的公司都有其专门开发的特色商品。一些品牌做得更到位,例如 Gap 按照这种理念建立"商

图8－3　时装专业展会是时装买手聚集的地方

店即品牌”零售哲学。在此类案例中,商场的名称与经营的商品品牌名称相同。

随着这种经营理念被广泛接受,开发新产品成为买手的职责之一。尽管他们不是设计师,但是他们最贴近市场,了解市场的变化,能够为商场开发专卖的产品提出宝贵意见。

(四)广告、促销、视觉营销和公共宣传

大型零售商都有自己的广告宣传和策划人员,他们通过报纸、电视、杂志等媒体和商品目录设计各种广告促销以及策划主题活动,并布置吸引消费者注意力的橱窗陈列。虽然策划人员在策划项目上经验丰富,但是买手了解商业运作,他们知道什么商品会热卖,宣传中应突出的卖点是什么,他们知道公司的利润增长点在哪里。因此,在这些活动中,买手发挥着重要的作用。

(五)辅助销售

辅助销售是买手工作的重要环节,是买手前期工作的延伸。因为买货的最终目的还是销售,而买手是对货品最了解的人,所以买手指导和辅助销售,对提高销售业绩较为有效。另外,买手在销售过程中通过与其他员工以及顾客的交流,可获取更多的市场信息,为公司的决策和客户提供更好的服务。

(六)寻找货源和供应商

市场在不断变化,新的货源与供应商为买手提供质好价优的产品。不断寻找好的品牌、适销对路的产品门类和性价比高的产品是买手的基本职责。找到货源后,买手还要与供应商进行产品沟通,根据市场反应做适当修改。此外,交期、付款方式、定金比例、尾款时间等

都要明确,尽量降低自身的风险。

三、时尚买手应具备的素质

买手这个职位需要创造性人才,要将个人品位、文化修养和时尚资讯转化为对市场的判断能力。当趋势来临时,买手要懂得如何判断时尚、如何跟进时尚、如何将时尚的信息转化为具体的商品信息,还要懂得如何应对流行趋势及时尚媒体。优秀的买手是一个感性和理性兼备的“双面人”,具体来讲,一名称职的买手应具备以下素质。

(一)具有一定的商业头脑

买手需要准确地判定商品的种类与数量,与供应商建立长期有效的联系,让其提供充足的货品,使双方达到双赢的目的。同时,买手还需具备快速决策的能力,当供应商提供的货品不能适应需求时,买手要快速决策,能够对供应商勇敢地说:“我们现在不需要这些货品了!”

(二)具有清晰的表达能力和沟通能力

买手要不断地与人交流,良好的人际沟通、商务谈判、创新思维和勇于探究真相的能力很重要。当与卖方会面考察新产品时,买手必须能够清晰地表达自己的意愿。当然沟通的技巧也很重要,买手必须能够语重心长地与自己的助手交流,使其明白责任,并帮助他们学会如何为实现销售而妥善解决消费者所提出的问题。

买手的交流技巧不仅在口头上,还包括书面表达能力。由于买手经常要向销售地点的总部汇报,或者到外地大量采购,信函交流十分重要。通过发传真或电子邮件,买手能迅速获得特定而有用的信息。

(三)具有时装方面的专业知识

如果对纺织品、面辅料不了解,买手不能做出商品采购的决定。新技术、新面料、新产品层出不穷,只有接受过专业训练的人,才能做出快速反应。一名优秀的买手必须了解生产方面的知识,掌握面料、板型、工艺和贸易等相关信息,这对正确地采购至关重要。

(四)具有敏锐的洞察力、准确的判断力及对流行的预测能力

流行是时装产品更新换代的推动力,也是不断吸引消费者消费的原动力,更是时装产业利润生成的源泉。流行元素包含的颜色、廓型、面料、细节在每一季新产品中都起着重要的作用,新流行色的加入和局部细节的改变会令上一季的旧款焕然一新;廓型及身长比例的变化同样能让产品产生新意。时尚买手应深谙其中之道,根据流行变化,选择符合流行趋势的产品和门类。

流行信息获取的途径多种,可以是发布会、时尚杂志、报纸和网站等。一些权威的流行资讯机构提供的有偿服务会为产品开发人员提供更有针对性的帮助,因此买手要不断地学习和掌握最新的流行资讯,培养出很好的流行预判能力,才能比竞争对手更早更快地把握市场先机,这也是成为一名称职时尚买手的必要条件。

此外,优秀的时尚买手应具有团队合作精神和献身精神,能胜任频繁的出差以及经常的

加班。

一个优秀的买手,要做到:在正确的时间、正确的地点,选择正确的商品、正确的价格、正确的数量,这就是购买的艺术。

买手欧洲之旅乐趣不再

《纽约杂志》网站报道,到欧洲参加时装发布会,同时为老板挑选好卖的衣服,似乎是最有意思的商务旅行了。不过本季的情况大不相同。买手们面对着经济衰退带来的一系列挑战。

今季对于买手们来说不但旅行预算削减,时间也变短了。他们不但要花更少的钱,而且还要跟设计师讨价还价。他们的压力很大,因为他们必须用女性们愿意支付全价的东西塞满店铺。

米切尔是尼曼·马克斯的买手,她的压力特别大,该公司刚刚宣布损失5.09亿美元。在米兰的时候,她的旅程比以往都要短,也要便宜,没有时间参加任何一场发布会,而是直接到展厅赴约。从早上八点半到晚上七点都在开会,然后回到酒店和自己的团队开会。她要花很多时间和设计师还价,说服他们改变设计,以迎合消费者的口味。她说服一家公司去掉针织衫上的手绘花卉,从而降价10%,而且能干洗。有些时装公司接受了她的还价。

在针织品牌Missoni(米索尼)的展厅,听说发布会上连衣裙用的施华洛世奇水晶可以用塑料制品代替时,米切尔非常高兴。替代品不会影响衣服的外观,但是零售价会低一多半,重量也会轻很多。

资料来源:华尔街周刊,2009

第二节　时尚买手的工作环境

零售采购不是某一个部门能独立完成的,它需要同企划、销售、设计等团队协同合作,各个部门要在决策者统一协调下执行各自的计划方案,只有这样,新产品开发工作才能有序的展开。零售企业的销售团队,尤其是买手,担负着选择商品以满足消费者需求的重任。由于消费者会重复购买满意的商品,因此,了解消费者对商品的喜好以及能够接受的价格,将会帮助买手稳步扩大商品的销售量,提升企业获利的可能性。

一、时尚买手在企业中的位置

在实际操作中,买手往往同时兼顾设计师和采购的双重工作职能,内部需要协调企业,包括销售、市场推广、物流各部门同步进行工作,外部需要协调各加工厂或贸易商同步进行工作。买手在这种经营模式下,不仅要具备产品开发的功能,而且需要对客户的需求了如指掌,同时还要有对内对外很强的沟通能力。

买手在公司会与不同层次、不同部门的管理人员接触,无论其职务高低。除了销售部门的管理人员外，买手还需要与广告部、视觉营销部、公关策划部、商场管理部及人力资源部等部门的人员保持联系，如图8－4所示。

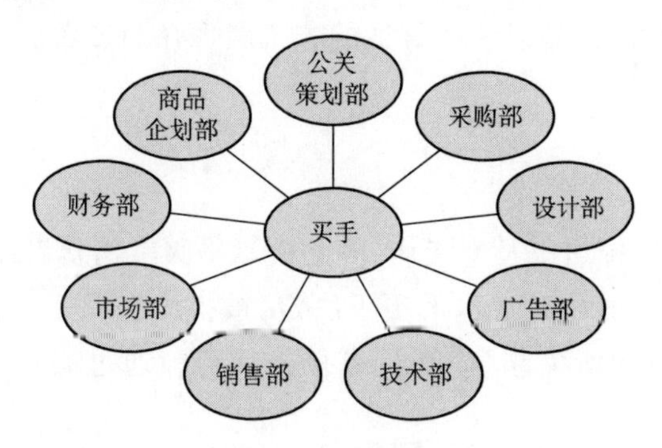

图8－4　企业中和时尚买手产生关系的部门

（一）产品部

在连锁店和大型百货商场中，买手的上级是产品部经理。产品部经理担负着分配商品预算、设立部门目标以及在经营时尚产品的商场中确立流行款式等方面的职责。由于产品部经理经验丰富、采购能力强，因此买手经常可以从他们那里获得指导和帮助。时尚买手也有不同的级别，高级时尚买手在企业中可以提拔为产品部门（product department）的副总。不同级别的时尚买手在企业中所处位置如图8－5所示。

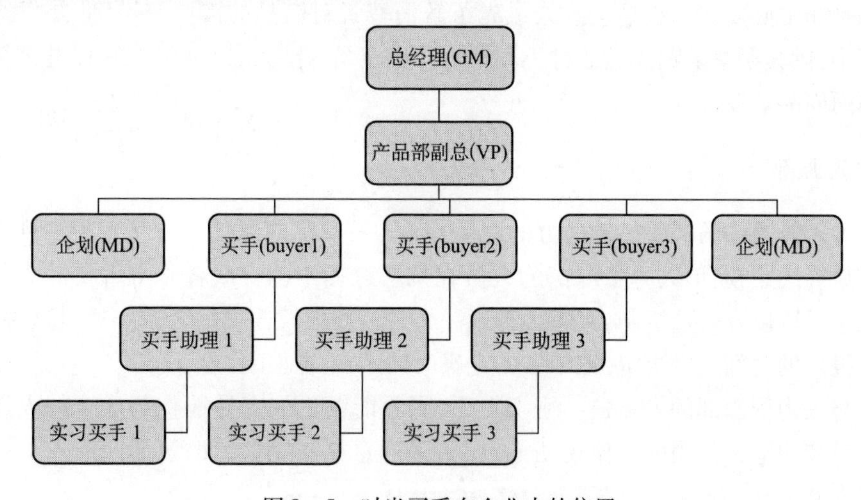

图8－5　时尚买手在企业中的位置

在买手职位下面，是给予买手多方面帮助的买手助理。与买手助理建立良好的关系，能够促使助理非常明确地了解买手的需要，进而使助理为自己提供更好的服务，如时装助理能够帮助买手设计未来的采购计划、帮助买手解决部分预测流行款式等。

（二）广告部

无论在专卖店还是大型零售组织中，买手通常承担广告策划的任务。尽管买手可能对信息传播与平面广告所知甚少，但他们却总是广告的定夺者。事实上，又有谁比买手更了解需要什么样的促销方案呢？

通过与广告人员定期交流并建立良好的工作关系，买手很有可能在广告宣传中占据一席之地，这能够使其选购的商品以一种合适的方式展现在消费者面前。广告是零售商赢得顾客的最好方式。

（三）视觉营销部

在很多大型商场、连锁店以及专卖店，商品展示是吸引消费者眼球的手段之一。如同广告宣传一样，所展示的商品通常也由买手决定，被挑出供展示的商品或者比较时尚、或者正为主流消费杂志封面所关注、或者具有价格优势。通过展示，将会促进这些商品的销售。

通过正确的商品挑选以及适当的商品陈列，那些表现优秀的买手就可能获得成功。

（四）公关策划部

无论是时装展示、店庆或者其他的一些以销售产品为目的的特殊活动，买手都是活动促销产品的人员之一。与广告和陈列一样，在活动中选择合适的商品，能够成功促销。

（五）商场管理部

尽管买手通常不属于分店或者基层部门，但与商场和部门管理人员建立一种良好而稳定的关系是非常必要的。正是这些人最先了解消费者对商品的需要与不满，并将这些信息传递给买手，供其调整采购商品的种类和计划。也正是这些人，以一种能够促进销售的方式在卖场陈列商品。

（六）人力资源部

为每天工作繁忙的买手挑选适合的助手是人力资源部的责任。尽管买手在挑选买手助理时拥有最终决定权，但人力资源部的人员在挑选过程中也扮演着非常重要的角色。经过适当的录用手段以及遴选机制，买手会得到一个最具潜力候选人的名单。通过这种方式，买手只需花很短的时间去做决定，把节省的宝贵时间用在其他工作上。

通过与人力资源部的人员建立密切关系，买手能够更加容易地找到适合的人选。尽管录用程序最初建立在公司的职位说明上，但买手的意见却经常帮助该部门的人员更明确地挑选候选人。

二、时尚买手业绩评估

采购是零售企业的补给线。如果没有适当的商品，零售商不可能获得所需的利润以完成销售任务和最终的扩展。时装买手对购物中心、百货商场等零售商而言十分重要，因为他们要负责不同种类的商品采购、定价、陈列甚至销售策略等各个环节，也正因为如此，大多数买手的收入都非常可观，有的甚至比一些部门主管收入还要高。

同时，为了检查买手是否履行了应承担的职责，买手的监督者，即商品总管和商品部经理要对买手进行评估。

(一)销售业绩

零售商希望销售能够按照商品部经理确立的合理目标不断增长,这种增长不仅有总销售金额,还有单位面积的销售效率等。多数大型零售商通过"每平方英尺(0.093平方米)的销售量"这一指标判断销售效率,也就是说,商场以所分配的经营场地大小为依据制订年度销售收入。

(二)库存控制

对库存周转率、销售季节结束后成为存货的商品数量以及转到下一季节销售的商品数量等数据进行仔细检查,能够使买手的监督者了解其效率。

(三)最终利润

可以通过商品的毛利润/率、净利润/率、投资回报率等对买手进行评估。因为买手的工作核心是通过货品的进出为企业带来利润(货品的差价),这也是公司维持正常运行和发展的前提,所以对买手最终利润的考核至关重要。

那些能够顺利实现各项考核指标的买手,通常就具有了提升至部门经理的机会。有时,甚至能获得商品团队中的最高职位——商品部的副总经理。

第三节　时尚买手采购策略

与以往相比,如今的商品令人眼花缭乱。对任何商品,无论是时装、家居品还是食品,都可从遍布全球的供货商那里采购,而且供应量似乎是无限的。在这种情况下,买手必须能够从中挑选出最具潜力的商品,并且能够顺利地将其购入。只有如此,买手才能真正完成自己的使命。

买手会通过多种渠道收集信息来实现公司赋予他们的任务。依据与公司的关系,这些渠道可划分为公司内与公司外两大部分。其中,公司内信息包括以往销售记录、销售管理人员提供的信息、与销售人员和商场管理者的交流、消费者调查以及商品需求系统等,它们对确定采购何种商品发挥着至关重要的作用,是买手工作的重点。公司外信息则主要来自采购代理机构、产业报告、时尚预测师以及商业协会等。

尽管买手在商品采购过程中被赋予了很大的自由度,但他们绝不可以随心所欲。每个公司都制订了商品采购的政策,买手必须在这些政策框架内制订采购计划并实施采购。

一、时尚买手进货制度

无论是小型独立店,还是零售业巨头,企业能否取得成功,都必须依赖买手对公司政策的了解与执行程度。公司制订商品政策的根本目的,是为了使本公司商品的价位、质量、独立特征、供货等处在一个合理稳定的状态。这些商品策略确定下来了,买手必须严格遵循,并以此为依据来采购最适合的商品。

建立买手进货制度,可使零售商业的功能得到淋漓尽致的发挥。零售商企业内部的业务流程是创造企业经营效益的主要平台,其中采购业务流程则是重中之重。在现实操作中,商场经营的产品种类成千上万,更有成千上万的顾客需要得到满足;每天无数条信息在动态中变化,传统的采购业务流程将落后于时代,采用IT新技术实现采购网络信息共享,是买手进货制度改进的基础。在采购部门中,按大类商品建立买手进货系统,才能为零售企业组织更多适销对路的货源。

(一)定价

供零售商选择的定价政策有多种具体形式。例如,商场可选择以正常价格销售所有商品,即对商品标出产业公认的基准价;也可实行折扣定价政策,即以较低的价格销售商品;也可将经营的重点集中在偏低的定价策略。

有些公司单纯执行某种定价策略,也有一些公司由于自身需要执行多种定价策略。无论公司选择何种定价策略,买手都必须不折不扣地执行,并在采购过程中体现出政策意图。

(二)商品质量

对大多数商品而言,如时装、配饰、家居饰品等,买手总会面临商品在质量方面的差异。两件外观几乎相同、材质迥然的成衣,价格也会有天壤之别。在这种情况下,零售商就要明确最适合目标消费群的产品质量。

(三)商品独特性

一些商家经常以独有的专卖商品来凸显自己。尼曼·马克斯和萨克斯(Saks)等公司就坚持为需求的客户提供专卖商品,其利润也高于其他商品。

专有商标商品是与独特商品相关的另一经营理念。在这种理念下,公司必须告知买手此类商品占总商品的比重。由于专有商标商品不涉及价格比较问题,因此,商家可对其进行加价。

虽然一些零售商将注意力集中在独特产品方面,但仍然有很多零售商倾向于实行其他的经营策略,如大量购进多种在全国进行广告宣传的商品等。就买手而言,无论零售商采用哪种策略,他们必须在公司所定策略的框架下采购。

(四)商品门类

商场经营商品的丰富程度取决于管理层的决议。例如,一座商场是经营时装还是经营其他商品,由零售商来决定。商品门类一旦被确定,消费者就能知晓该商场是否经营自身所需的商品。

(五)采购时机

能够率先推出新产品的零售商总会在竞争中抢得先机,时装销售更是如此。这些零售商会逐渐成为时尚的引导者,让赶时髦的消费者购买正在大热的商品,使他们成为第一批追赶时尚的人。其他零售商出于安全考虑,会等到货品需求量大时才采购。这虽然避免了抢先带来的高风险，但同时也错过了成为“弄潮儿”的机会。

二、确定采购数量

买手应十分清楚买多少商品以满足未来经营的需要。采购数量过多可能导致库存积压或降价处理；而采购过少会导致销售损失，两者都会影响公司的营利水平。这个问题在制订采购计划时非常重要，买手必须加倍小心，以确保对每种商品做出正确的估算。

虽然多数专业买手都知道，即使最慎重的采购计划也不能保证万无一失。但买手通过与销售部经理的有效沟通而制订出的计划草案，却有可能行之有效。

如同企划商品的种类一样，买手在确定采购数量过程中，也必须依靠大量与以往销售有关的信息报告以及外部的信息支持。通过仔细审查这些报告、咨询市场专业人士以及浏览商业期刊与其他商业杂志，买手制订计划就有了坚实的前提保障。

三、时尚买手如何采购

买手在采购之前应制订恰当的采购计划，为了制订有效的采购计划，买手必须仔细评价来自公司内部的大量信息，如以往的销售记录、高层的指导意见、商场管理人员与销售人员的建议以及消费者调查等，这是买手做出采购决定前必须认真对待的。

(一)分析商品门类

买手购买数量超过或低于消费者的实际需求，都可能给公司造成巨大的影响，因此，买手必须在未来采购中仔细评估这种变化。如果某种商品以前没有出售过，买手就必须借鉴其他相关商品的销售记录，并以此为参考制订此类商品的采购计划。现实采购中有多种变化因素，采购决策并不完全由买手单独制订，很多时候是由销售团队共同做出的。

(二)根据销售数据来精选款式

款式与流行式样意义不同。前者表示商品的轮廓或外观，后者是指目前被消费者所接受的“款式”。款式一词不单纯用于时装和配饰，其他一些商品如家具、器具、餐具、床上用品等也涉及款式问题。

“老”商品的销售记录不能反映出新商品的销售，那么，买手该如何判断是否购进新商品呢？现实中，买手可考察公司有关新商品方面的记录。例如，以往的销售情况显示出顾客有尝试新商品的意愿，那么，消费者接受其他新商品的机会就会显著增大。一名在迷你裙刚开始流行时就实施采购的买手，第二年采购的长裙也同样能获得成功。如果销售记录显示顾客的购买意愿仍维持在基本款层面上，那么，此时购进新款商品就可能不明智。

(三)商品颜色的选择

商品的颜色是所有买手实施采购时都要考虑的一个因素。无论是时装、家居装饰品还是旅行包等，都有多种颜色供买手选择。但受库存与预算的限制，买手不能购进所有颜色的商品，而只能从中挑选出最可能迎合消费者需求的少数几种。此时，买手就需要考虑，是普通的黑色鞋子销路好，还是鲜亮的红色能获得更多的关注？采购基本的打底衫，还是采购有复杂设计的连衣裙？消费者喜欢有花色的礼服还是倾向纯色的礼服？

同样，买手会认真考察有关商品颜色方面的销售情况。如果仅考虑某种商品的款式或外观而忽略了消费者关注的颜色因素，并以此为依据做出采购决定，其结果很可能是灾难性的。不可否认，在一个销售季节里，某一商品确实存在特定的流行色，但同样需要关注的是，消费者的喜好才是决定商品销售的最终决定因素。即使是同一公司，不同的分店对商品颜色的要求也可能不尽相同，以此，单纯以流行色为依据进行采购未必明智。

（四）商品尺码的选择

过去的消费者在购买时装时，会发现可供选择的尺码范围有限。他们虽然也会根据喜好挑选商品，但当该商品尺码不能满足自己要求时，他们只得被迫选购其他合身的商品。当时的买手不用像今天的买手一样要考虑每个尺码商品的采购量。如今，商场经营的时装色彩多样，尺码齐全。例如，男装可能包括基本码、长款、短款、加肥、加长等多种尺码；而衬衫的颈围和袖长也有不同尺码选择。女装也面临同样的尺码问题。买手必须考虑由于尺码而产生的库存问题，连锁公司的分店与小型商场更是如此。因为尺码多，库存量大，造成积压的风险也就提高了。

（五）商品材料的选择

如今时装买手面临的材料选择比以往任何时期都要多。市场上，各种新面料、传统面料以及无数的混合材料制成的商品随处可见。鞋靴饰品、箱包、礼服、家居用品等多种商品的买手与时装类买手一样，都会面临商品的材料问题，要面对多种材料制成的商品做出自己的选择。

通过对材料信息的销售记录进行适当分析，买手能了解到消费者的购买意愿。与款式和颜色因素一样，材料的选择也应以顾客的需要为决定因素，销售记录只能反映当时的需求。通过仔细审查退货记录，买手也能了解到什么材料制成的商品最容易形成退货，在未来采购过程中应减少此类商品的购进数量。

最后，买手还必须认识到，市场上没有任何一种产品能够满足所有消费者的需要。因此，买手在决定采购商品种类时，必须同时考虑供货商极力推荐的新产品，以此满足不同消费者的不同需求。

案　例

纽约和伦敦新锐设计师都到巴黎见买手

2009年，许多欧洲零售商的买手为了缩减成本，都没有飞去纽约和巴黎参加时装周。因此，纽约和伦敦的新锐设计师都不约而同选择飞去巴黎毛遂自荐自己的新品系列。巴黎的里兹(Ritz)饭店成为纽约设计师的非官方展示厅。为了节省费用，设计师们也一起租用房间，布莱恩·瑞恩(Brian Reyes)、亚历山大·王(Alexander Wang)和维多利亚·巴莱特(Victoria Bartlett)共用一个展示厅。另外，艾利斯·欧兰(Elise Qverland)以及吴季刚(Jason Wu)

也到了巴黎，如图 8-6 所示。

图 8-6 纽约和伦敦新锐设计师到巴黎见买手

伦敦设计师得到了英国时尚协会的资助，在巴黎租了一个展示厅，参加的设计师有阿顿·莫拉古(Erdem Moralioglu)、亨利·赫兰(Henry Holland)、托德·林(Todd Lynn)等。

资料来源：纽约时报，2009

小结

1. 时尚买手是个充满激情的职业，他们主宰着每座城市的时尚风向。从表面上看，买手往返于世界各地、时时关注各种信息、手中掌握着大量订单、不停地与供应商联系、组织数以亿计乃至更多商品进入市场，满足消费者需求的同时创造出惊人的销售业绩，从更深的层面观察，其行为的背后就是基于一种现代化的商业模式——买手模式。

2. 时尚买手的操作模式不止一种。对于品牌买手而言，他们拥有自己的品牌，将采购的货品贴上自己的品牌，再发到自己的销售网络中去。这类买手没有固定的生产厂家，所有的时装厂都可以成为他们的厂家，他们拥有最为广泛的市场网络资源。

3. 随着时尚产业的发展，买手的作用和功能也发生着新的变化，这种变化体现在它所适用的范围越来越广。西班牙品牌 Zara 在短时间内能迅速成长，最大的原因就是它在全球各地拥有众多极富时尚嗅觉的时尚买手，这些买手帮助 Zara 收集全球各地的流行时尚。他们采购样衣而不是成衣，同时按照每家店铺的不同需求采用买手方式订货，这种以买手为核心的新产品开发模式，能够最大限度地避免因产品设计问题而产生的市场需求失误，同时可以很好地保持产品的时尚性。这种新模式将时尚买手在时尚产业中发挥的作用扩大到了更广阔的领域，为时尚买手职业注入了新的生机。

思考题

1. 举例说明商品的价格、颜色、尺码以及款式等信息对买手采购的影响。
2. 计算机技术如何有效地帮助买手做出正确的采购决策？
3. 描述一下能为买手提供有助于制订采购决策的调研手段。
4. 销售人员与商场管理者如何有效地帮助买手评估消费者需求？

第九章　时装零售

本章要点

- 时装零售业态及相应特点
- 时装零售商的战略性思考
- 虚拟零售经营的选择
- 时装零售店铺选址和布局
- 时装店铺日常营运管理
- 时装零售管理相关职业

学习目标

知识目标:

本章使学生了解时装零售的相关知识和概念,熟悉时装零售的各种业态及特点、组织结构,了解不同时装零售商的基本战略制订和运营管理手段。

能力目标:

通过本章学习,学生能够就时装零售商的自身条件和能力做战略性思考,结合市场环境的相关要素进行战略分析,思考究竟施行什么样的零售策略才能实现目标;同时结合客户群体消费行为特征进行店铺设计、货品组织和采购、货品陈列及展示等一系列活动;掌握时装零售店铺的日常管理,包括货品管理、人员管理、物料管理、客户管理及财务管理。此外,学生还应该了解各板块知识结构并加以综合运用。

进入流通世界的时装,终究不是用来独自欣赏的艺术品,它需要被展示、被购买。从生产环节,到终端消费者,这个过程也许很直接,也许很曲折,但无论如何,产品到达消费者的那一刻,一定是令人激动的,这意味着产品受到了消费者的认同,它有了市场价值。

对每个人而言,购买时装就是日常生活中普通得不能再普通的一件事。城市街道的转角经常有时装店或者是商场。对时装零售商而言,市场是个没有硝烟的战场。在这个战场,零售商必须了解目标消费者,恰当选址,做好货品组织和管理,并要学会客户开发和维护,同时也少不了各种促销活动的创意和执行。

第一节　时装零售概述

通常,许多人对“零售”的阐释会基于自己的体验及与“批发”两字的参照。即便如今许多消费者足不出户,零售与每个人的现实生活仍是如此贴近。零售是一种交易形式,它将产品或服务传递到消费者手中,换取对等价值的货币,实现制造商、生产商、中间商的多方利益，从而满足消费者的需求。

一、零售的定义

“零售”一词源自法语动词“retailer”，意为“切碎（cut up）”，是指一种基本的零售活动，即大批量买进并小批量卖出。美国迈克尔·利维和巴顿·韦茨在《零售管理》一书中写道：“零售是一系列的商业活动，它通过向消费者出售供个人及家庭使用的产品和服务来创造价值。”

通常，人们对零售的认识局限于商店出售商品的现象。事实上，零售不只发生在现实的商店，它通常可以通过网络、目录邮购、电话订购、自动贩卖机甚至没有任何媒介参与的人员推销等形式进行。零售的对象也不只是产品，同时包括服务，如美容美甲、旅馆住宿、婚纱出租等。

现代营销学者菲利普·科特勒认为：“所谓零售，是指将货物和服务直接出售给最终消费者的所有活动，这些最终消费者为了个人生活消费而不是商业用途消费。任何从事这种销售的组织，无论是生产者、批发者和零售商，都是在开展零售业务。”从这个定义不难看出，零售主体不只是零售商，制造商、批发商、进口商、代理商或其他营利性公司在把商品或服务销售给最终消费者时，即充当了零售商的角色（图 9－1）。

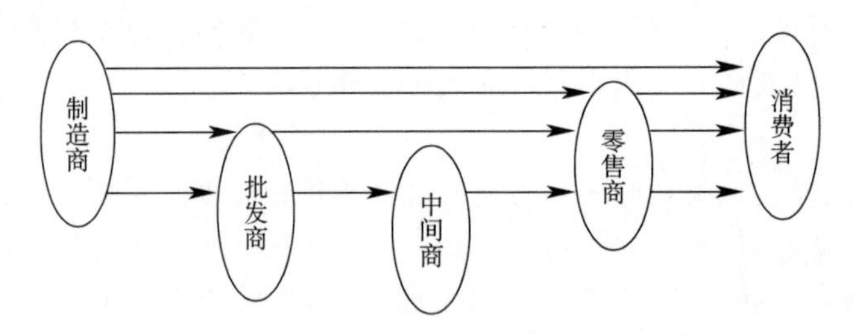

图 9－1　产品到达消费者的通常途径

因此，我们可以将零售定义为：是销售主体在店铺或其他场所，以一定的经营组织形式向最终消费者或社会团体直接提供非生产性消费品及服务并创造相应价值的一系列商业活动。

二、时装零售的起源与发展

零售源于人们不能制造自己所需产品，唯有通过交换才能获得。很多个世纪以来，人们习惯于用自己的智慧和双手将天然材料通过纺织、印染、缝制等多道人工完成时装的加工，以满足自己和家人的需要。直到 18 世纪中叶，工业革命在英国率先爆发，使棉纺织业从工场手工生产飞跃进入机器大生产阶段。纺纱织布机的发明和革新，加快了面料的生产加工过程，从而缩短了时装的生产周期。

19 世纪中后期，整个时装产业的发展随着欧美资本主义强国相继完成工业革命而渐入佳境。工业革命带动了人口和经济的迅猛增长，也促进了时装零售业的发展。大众审美意识被唤醒，人们对时装消费需求日益高涨，使得时装零售业发展并壮大起来。

伴随着现代纺织工业的发展和零售组织形式的丰富，时装零售从邮购目录、百货商店、大卖场、时装专卖店等传统零售经营形式，逐渐转向服饰精品店、折扣店（outlets，又称为奥特莱斯）、销品茂（shopping mall）、网络店铺和商城等多元化的经营方式。在全球时装零售市场,可以发现实体零售与虚拟零售两大阵营的分化,虽然实体零售仍是当之无愧的主角,但是虚拟零售市场的日渐庞大正验证其在现代经济发展结构中的巨大潜力。

三、时装零售业的特点

(一)产品的季变性和流行性

时装零售业最突出的特点之一,便是产品的季变性明显。随着春夏秋冬四个季节的自然轮换,时装零售过程中对各季节的产品销售及过渡季的销售活动展开,都需要进行充分的计划、组织和控制。

时装产品因具流行性特点,许多过季仍未销售出去的货品需要进行促销,这个环节也要缜密地安排,不然会造成库存积压和现金流问题,严重的还会影响正常的零售活动。

(二)顾客的广泛性

现代社会中,几乎任何个人都需要购买时装,都是时装零售服务的对象。只是不同顾客因经济实力、消费习惯和偏好等不同,消费的场所、产品等也有所差异。

(三)营业时间较长

顾客的购物时间通常安排在其空闲时间,这就意味着,顾客最空的时候正是时装零售从业人员最忙的时候。"五一"、"十一"、春节等大小节日和双休日成为顾客休闲购物最好的时间,也是时装零售行业的黄金时间。通常情况下,时装零售店每天营业的时间要在10~12个小时,节假日或促销活动期间的营业时间会更长。

(四)打折促销形式盛行

目前,各商场、商店在节假日都有打折促销活动,各商场打折的主要产品便是时装。打折成为各大商场的首选,层出不穷的促销让人眼花缭乱。

四、时装零售业的发展趋势

在未来几十年里,全球时装零售业将朝着渠道多样化、服务全面化的方向发展。时装零售业总体发展将会出现如下趋势。

(一)时装零售业态更加丰富

无论是实体零售,还是虚拟零售,消费环境的变化和消费需求的出现必然萌生新的时装业态。例如国外的时装咖啡吧,就是充分结合都市男女休闲放松和轻松购物需求的新型零售业态。

(二)个性化的时装零售服务与日俱增

时装产品的个性化直接影响到时装零售服务的个性化,例如消费者亲自参与时装设计、计算机三维量身定制等服务。此外,发达国家高端商场的私人导购等服务模式,也将日渐被认同和推广。

(三)时装产品向个性化方向发展

现代消费者着装讲究个性化,追求自我风格、张扬个性,敢于在公众面前显现和表达自我。无疑,时装成为众多消费者个性表达的媒介。穿着自己喜欢的时装款式和色彩,可以恰当地表达自己的心情和个性。因此,时装的款式和色彩成为时下许多年轻消费者时装消费中的两大影响因素。

五、时装零售业对经济的贡献

据中华全国商业信息中心近几年的数据统计,时装零售所占比重和贡献率呈现下滑。尽管如此,时装在整个消费品市场中的主体地位没有动摇,它仍是我国消费者消费的重点。另外,时装销售数量增幅远远超过了时装销售金额,这也体现了时装零售业发展对消费者的好处。

时装零售业是劳动密集型产业,对解决国内剩余劳动力、降低失业率,维持社会稳定具有非常重要的现实意义。

此外,时装零售企业或场所在人们的个人及社会生活中扮演着极为重要的角色。人们被异彩纷呈的商业环境吸引,把一些商业场所当做消磨时光的地方,休闲、购物、娱乐为一体的口号真真切切地为许多市民所感受。人们将高级时装店和百货商店当做了解外面世界的窗口。因此,时装零售企业不仅仅扮演着经济生活中的重要角色,同时也影响着个体对世界的认知。

第二节　时装零售业态及其特点

消费者不断变化的生活方式和不同的需求,决定了时装零售模式的多样性,促进了各种类型时装零售业态的产生。所谓时装零售业态,就是指时装零售企业为满足不同消费者的需求而形成的不同的经营形态。时装零售业态的分类主要是根据零售业的选址、规模、目标顾客、商品结构、店堂设施、经营方式、服务内容等要素来确定。

通常,人们将时装零售业态按实体和虚拟进行划分,实体零售业态可分为名品(奢侈品)商场、销品茂(shopping mall)、百货商店、专卖店、大卖场、大型超市、专卖店、折扣店、时装街、商贸中心、时装批零市场等;虚拟零售业态分为网上商城、网络店铺、邮购目录零售、电视购物等。

一、实体零售业态特点

(一)名品商场

名品商场是指定位于高端消费群体的国际一二线品牌的销售场所,产品种类以时装为主,包括包、鞋等其他服饰品。名品商场通常归属于高档百货商场,但由于其经营方式和顾客群体消费有显著特点,在此将其列为一种业态进行分析。

目前，国内较具代表性的名品商场有连卡佛（Lane Crawford），其专营名牌时装、配饰及时尚精品。该类商场最大的特征是国际名品荟萃，价格昂贵。与百货商店相比，名品商场的品类更集中，目标顾客为金字塔尖人群，顾客单笔消费金额高，且忠诚度强，如图9－2所示。

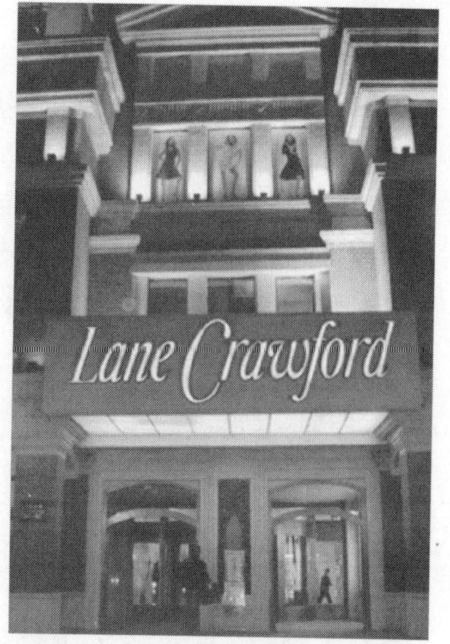

图9－2 位于香港中环皇后大道的连卡佛

（二）百货商店

百货商店是指经营包括时装、家电、日用品等众多种类商品的大型零售商店。它是在一个大建筑物内根据不同商品部门设立销售区、满足顾客对时尚商品多样化选择需求的零售业态。

百货商店为消费者提供了一站式购物场所，满足顾客同时购买多种商品的需求，包括个人选购、礼物包装、多种付款方式、用餐服务、送货服务等。

如今，美国、欧洲、日本成为时装零售最发达的三个地区，显现出时装零售活跃度高、时装零售业态丰富、高端零售百货商场多等特点。美国的伯道夫·古德曼（Bergdorf Goodman，图9－3）、巴尼斯（Barneys）、尼曼·马克斯、萨克斯·第五大道（Saks Fifth Avenue）、布鲁明戴尔（Bloomingdales），英国的哈罗兹（Harrods）、自由百货（Liberty）、哈维·尼库斯（Harvey Nichols），法国的老佛爷（Galeries Lafayette）、巴黎春天，意大利的拉瑞那斯堪特（La Rinascente）百货公司，日本的西武百货、伊势丹等都是全球知名的高端百货公司。此外，中高档、中端和中低端直至低端百货公司，在全球各地也充满着生机，充分说明了百货业态旺盛的生命力及合理定位的重要性。

图9－3 位于纽约中央公园南侧的伯道夫·古德曼百货商店

(三)时装专卖店

根据经营种类和品牌,时装专卖店可以分为两类,一类是时装品牌专卖店,通常只经营一个品牌或同时兼售附属品牌的产品,如 H&M、Zara、Mango 专卖店(图 9-4)。另一类是多个品牌同属一个种类的时装专卖店,如牛仔裤、针织衫专卖店等。第一种类型的专卖店以品牌为主导,产品结构丰富;第二种类型的专卖店以产品种类为主导,种类少,但每个种类的产品色系、款式等齐全,能有效地满足细分市场不同顾客的要求,可称其为品类专卖店。

图 9-4 位于伦敦市中心的 Mango 专卖店

旗舰店是专卖店的代表,是时装品牌形象最集中展现的场所。旗舰店通常称为品牌概念店,最具规模地通过店面装潢设计、标志、商标、包装等强化品牌形象,让顾客全身心地感受品牌的魅力,耐克公司的耐克城(Nike Town)就是明证。20 世纪 90 年代,耐克公司在芝加哥城北密歇根街区开设了第一家"耐克城"体验商店,它是 Nike 品牌的超级体验馆,在品牌创建中发挥了重要作用。

(四)品牌集成店

随着消费市场的日趋成熟、竞争的加剧以及消费的多元化,单品牌店"聚客力"逐渐减弱,而经营成本却日渐增加。把不同品牌集合在一起,通过对不同类型品牌的区分,可拓宽消费者的选择面。

近年来,全球各地涌现出越来越多的品牌集成店。所谓品牌集成店,即同一店铺内拥有多个在售时装品牌,但其拥有统一的店铺名称。集成品牌店不仅在产品方面具有一定的关联度,而且在品牌与品牌之间也有文化联结点。将各品牌的不同风格通过统一而完整的卖场集中表现,既不会形成相互之间的竞争,又能够实现最大限度的产品款量更新,例如 i. t 店(图 9-5)。对于集成品牌而言,其管理与经营难度较单一品牌繁杂,但更具挑战性。

(五)时装大卖场

时装大卖场(hypermarket)通常指营业面积在 2500 平方米以上、品种繁多的时装经营场

图9-5 香港i.t店

所。近几年,时装大卖场已成为中国快速成长的经营业态,不但深受消费者的喜爱,而且与超市、百货公司等其他零售业态相比,利润更加丰厚。

时装大卖场作为市场终端,由于产品种类丰富,价格与百货商店相比更具竞争优势,款式与仓储货品相比更具时尚感,因此,大卖场的发展潜力巨大。当然,也有一些卖场经营不力,老产品销不动,新产品跟进来,整个卖场新老混杂,超级卖场变成超级仓库,最后只能关门大吉。这不是时装大卖场发展存在的弊端,而是某些时装企业或代理商经营不善造成的。

(六)销品茂

销品茂(shopping mall)是指在毗邻的建筑群中或一个大型建筑物中,由许多商店、娱乐设施和餐馆组成的大型零售综合体。它最早出现在欧美发达国家。其中mall的原意是"林荫道",在此处指步行街。在步行街上购物和漫步,犹如在林荫道上闲逛一样舒适惬意。

案 例

加拿大著名的西艾德蒙顿(West Edmonton)mall

加拿大的西艾德蒙顿mall建筑面积超过50万平方米,商场的出入门达50个之多、停车位达2万个,有800多个国家品牌进入、商场内有100多家餐馆。经营的主要项目是各类生活用品专卖店、各种餐馆、娱乐设施。有人造海滩冲浪、蹦高、游戏机、游乐园、高级溜冰场、迷你高尔夫球场、8个电影院、1个赌场、1个三星级宾馆等,还有一些免费娱乐性服务项目,如海豚表演、哥伦布发现新大陆使用的复制船、水生动物展、乐队表演等,消费者在此可以购物、娱乐、运动、就餐。由于这类大型商城独成一体、不受外界干扰,功能齐全,能满足消费者各种不同需要,因此很受消费者青睐。在地广人稀的加拿大,商场内消费者熙熙攘攘,与室外见不到人的情景形成了极大的反差。大型mall表现出高度专业化与高度综合化并存的成熟性结构特征。见图9-6。

图9-6 加拿大著名的西艾德蒙顿mall （图片来自:www. keyjoint. com. cn）

(七)时装折扣商场/商店

时装折扣商场或商店是指以较低的折扣价格对过季、断码、下架等时装货品进行销售的商场或商店。在国外,折扣店通常被称为奥特莱斯。该业态最早出现在美国,当时一些美国的时装厂把自家的库存、下架时装放在门口的零售店销售,久而久之各品牌的折扣产品集中在一起销售,使爱品牌又图便宜的消费者趋之若鹜。从此,专门经销品牌过季商品、下架商品、断码商品以及出口"甩单"商品的商店被称为奥特莱斯。outlets 直译为"下水道",它的出现能够为厂家的库房解压,成为过时商品快速流向市场的通道。它吸引消费者的主要原因是定位准确,即名牌集中、价格低廉,很多驰名世界的一线品牌在名品折扣店以一折起卖,所有商品全年都不高于5 折。据业内人士分析,这种瞄准特定群体的销售定位是新业态出现的客观基础,也是现代商业发展的趋势。见图9-7。

时装折扣店最大的优势便是价格低廉。其实,折扣店"低价"的秘密是抛弃渠道商。很多折扣店都有自己的买手专门赴国外采购,由于不用通过代理商,采购成本比原来低了很多,其中的差价让利给消费者。例如,Fendi(芬迪)的包袋,商店向香港代理商进货要 5000元,但意大利厂商开价只有 2000 元。折扣店"低价"的真正原因是直接向生产厂商订购,得到商品的价格可能不到市面价格的一半。

(八)大型超市的时装销售部门

现在的超市实行"一站式"消费服务,时装走进超市是必然趋势。在很多超市,人们可以

图 9-7 北京燕莎奥特莱斯

看到休闲装、毛衣、家居服、童装等琳琅满目的商品(图 9-8)。超市因为人流量大,造成了一个消费充裕的假象,似乎所有的消费者都能成为潜在的消费者。其实,超市消费者与时装消费者还是有较大的差异。

图 9-8 国内一超市的时装销售区

目前超市时装规模虽然不小,但时装经营面积与销量不能成正比,这种低回报率的现状让很多经营者无所适从,只好一味从降低成本上考虑,导致恶性循环。很多超市的时装区在日渐萎缩,有些将销售时装的专区分租出去。从长远发展来看,超市的时装经营必须寻求新的途径。

综上所述,时装实体零售业态由于目标市场定位不同,经营的品牌、品类、服务水平和价格都有较大差异(图 9-9)。

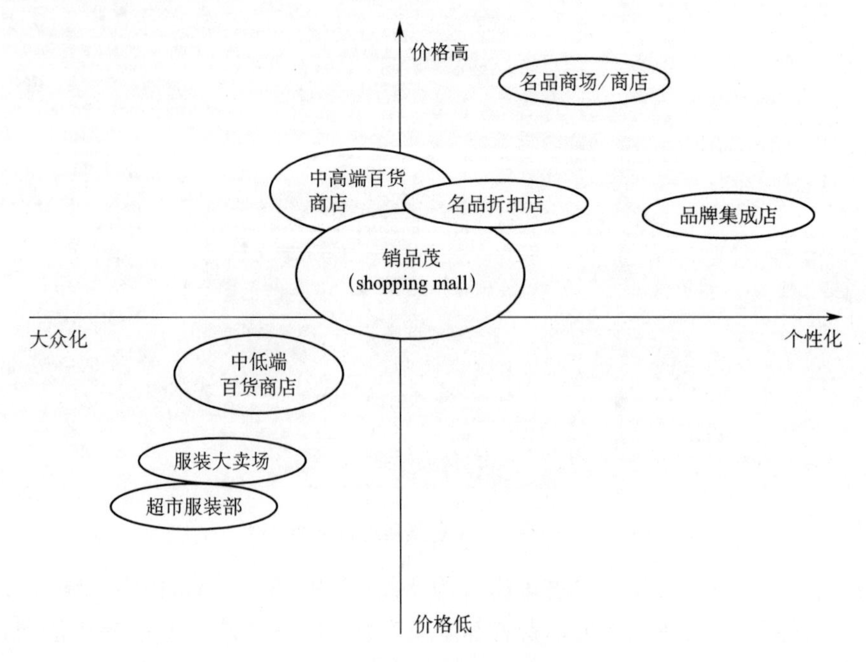

图 9-9　时装实体零售业态及其定位

二、虚拟零售业态特点

(一)网上商城

所谓网上商城即通过在线系统运作经营的商城,具有功能完善的在线购物系统,方便顾客在线购物。网上商城与实体商城的经营结构、品类相似,由于没有实体店铺,部分服务功能如看货试穿、支付等发生改变。目前,越来越多的公司开始了网上商城的运营。

(二)网络时装专卖店

由于实体零售店铺的选址、装修、租赁等成本高,网络零售店铺成为许多时装品牌商和零售商的首选。通常情况下,拥有实体店铺的品牌商和零售商不会直接开设自己独立域名注册运营,而是将店铺投放到公共网络平台,如淘宝等,形成了类似店中店的局面。这种做法较自己独立运作的风险要小得多,亦能有效拓展销售渠道。

当然亦有部分品牌用平台网店的试水经验,帮助自己建立独立域名的网店,如李宁等,通过店铺间的链接,有效形成品牌的最大化传播和销售。

与实体店相似,网络专卖店也分为两类,即品牌专卖店和品类专卖店,前者如 Uniqlo,后者如内衣专卖店。

(三)网络时装精品店

网络时装精品店除了在线销售外,市场定位、产品采购、定价等与实体精品店并无太大差异。主要优势是顾客群的精准细分和产品采购的执行到位,这要求管理者有较强的市场意识,同时有可靠的货品来源,这是网络精品店的生存之道。

(四)普通时装网店

普通时装网店数量庞大,年销售量惊人。其特点是价格低、产品特点不明显,主要依据价格或者部分广告手段获取相对优势。

第三节　时装零售管理

随着时装产业的急剧膨胀,同质化竞争迅速升级,从产品开发、设计源头到生产加工环节中的各种矛盾,最后都演化为零售环节的搏击,终端卖场成为利益博弈的战场。终端卖场是指时装从零售商到消费者手中的交易场所,它可以是现实存在的有形卖场,也包括网络等无形卖场。

零售管理是指零售主体针对自己各种资源进行计划、组织、领导与控制以达到目标的一系列动态过程。时装零售管理由于零售主体的多样性、时装产品的丰富性和多变性、顾客消费特征的复杂性以及时装零售竞争的激烈性导致管理难度递增。

一、时装零售商的战略性思考

通常,时装零售商的战略性选择源于自身实力和市场环境的结合。零售商自身实力主要从经济、品牌、人才等方面进行考量,其经济实力决定零售经营的费用,人才是零售商战略发展的基础。

市场环境瞬息万变,时装零售商必须紧跟市场步伐,及时了解目标顾客群的需求变化、市场竞争者的动向以及市场发展趋势,方能运筹帷幄,决胜千里。

因此,时装零售商必须就自身条件和能力做战略性思考,结合市场环境的相关要素进行战略分析,具体步骤如下:

第一步,定义追求目标和提供产品服务的形态;

第二步,通过对环境的检视,定义策略性机会;

第三步,制订长短期销售方式、利润、市场占有率、形象等目标;

第四步,决定目标消费者、市场;

第五步,细分长期、整体的计划且给予一致性的方向;

第六步,执行整体零售策略;

第七步,评估策略执行的绩效。

不同的时装零售策略如图 9－10 所示。

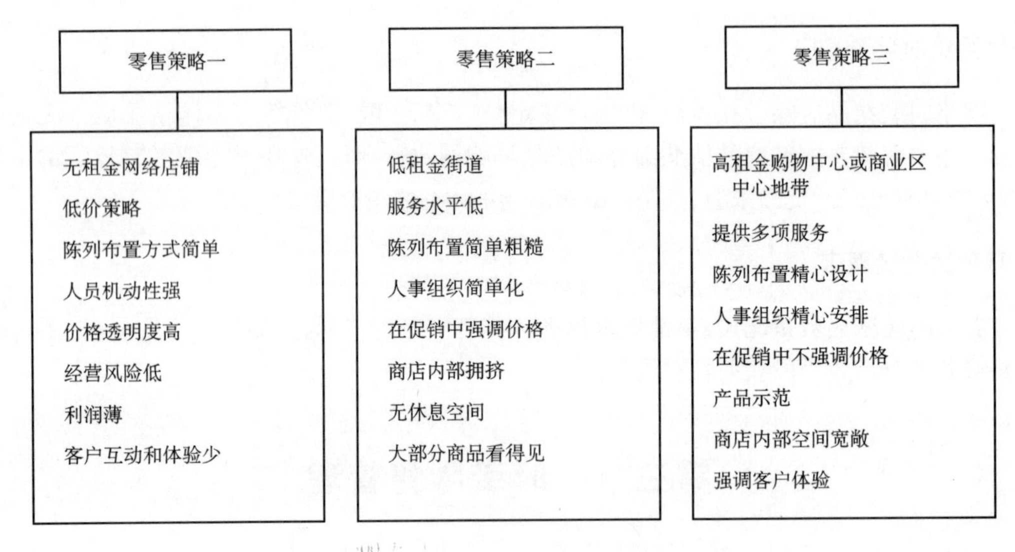

图 9－10　不同的时装零售策略

二、虚拟零售经营的选择

实体经营是指有实际店铺从事零售活动，相对虚拟店铺（click store）而言，实体店铺被形象地冠名以“brick store”，即其拥有固定建筑物用于经营。在网络零售兴起之前，零售商都会绞尽脑汁物色实体店铺开展零售经营活动。与传统物业租赁费用持续走高相比，网络零售的优势日益明显，主要体现在以下几方面。

（一）投入成本少

实体店在经营成本方面投入巨大。首先是合意的商圈未必有合意的商铺，合意的商铺未必是合意的租金，即使这三者条件都符合，可能还要付出一笔相当可观的铺面转让金。一旦合同签下来，零售商还得花上不菲的装修费用，除非承受得起两三年后的涨租，否则就得撤离店铺，这种风险在全球任何地方随处可见。

与实体店对比，网店零售经营费用要少得多。首先免去了寻找合意店铺位置的许多麻烦，也不必为了租赁期满撤出和续租问题烦恼。同时，税收、水电等相关费用也明显少于实体店。

（二）淡季不淡

时装实体店经营在很大程度上靠四季气候变化转换和节假日来带动消费，所以时装的淡旺季之分非常明显。其实黄金旺季就在转季前后时段，这个季节和气候差异因地域而异，差异明显的区域，其时装实体店的零售活动相对活跃。

网店经营与实体店不同，虽然也存在季节转换，但四通八达的网络却不受地域的限制。网络店铺零售经营也不受时间限制，可以 24 小时浏览商品并进行交易。免去了交通堵塞、排队等候付账的诸多烦恼，网络卖场正日渐受到越来越多零售商的关注。

(三)经营灵活

由于时装零售的准入门槛较低,尤其是低价定位的零售店铺,其货品差异化小,经营模式复制容易,因而,无论是实体店铺,还是虚拟店铺,零售店之间的竞争日趋激烈。在面临巨大竞争压力的情况下,网店经营的灵活性比实体店高,无论是货品风格转换还是资本积压以及库存货品处理,都具备较明显优势。

但时装网络零售最大的缺陷是消费者不能试穿,不能对面料、工艺、质量等有明确把握,色彩也常有失真状况发生。因而,时装网络零售虽被许多年轻人接受,但仍然有痼疾存在。对时装消费者而言,他们习惯试穿后购买,除了合体性要求外,他们还需要感知时装的质量等多重要素,才能实施购买行为。鉴于实体店铺和网络店铺的上述特点,两者的组合模式日渐被许多零售商接受并应用。例如,李宁、Uniqlo、麦考林等都同时展开实体和网络零售经营。

案 例

李宁淘宝战略合作升级 多品牌旗舰店开张

2010年3月1日,李宁公司全新打造的"红双喜"品牌与"乐途"品牌官方旗舰店在淘宝商城上线。这也标志着李宁与淘宝网的合作进一步升级。

李宁公司与淘宝网的合作起始于2008年4月,李宁淘宝商城官方旗舰店随即取得了良好的销售业绩并被评选为淘宝十佳网商和首批重点合作伙伴,同年,李宁公司荣获阿里巴巴全球十大网商的殊荣。在两年的通力合作过程中,双方目标一致、携手共赢,在市场、运营、广告、数据共享等方面展开了深入的拓展。本次李宁旗下红双喜品牌和乐途品牌的加入,标志着李宁公司多品牌战略与淘宝网的全面接轨,双方的合作进入了深度绑定的新阶段。

李宁公司电子商务部总监林砺女士对于淘宝商城新旗舰店的开张充满期待:"李宁公司旗下品牌与淘宝商城的合作是具有里程碑意义的,公司旗下品牌官方网购渠道的全面运营是对于公司整体运营体系的有效支撑,与淘宝网的合作,最能够体现出公司整体面向消费者、面向市场的服务态度,势必将进一步巩固公司多元化品牌服务消费者的运营模式。"

淘宝商城负责人张勇对于与李宁公司的进一步合作同样充满信心:"李宁公司是淘宝商城的首批重点合作伙伴,可以说双方是携手共同发展起来的。在合作过程中,李宁公司表现出了国内行业领先者的姿态,也在淘宝商城中取得了骄人的业绩。基于李宁公司在电子商务领域取得的宝贵经验以及与淘宝商城之间一贯的良好合作,我对于新投入运营的红双喜品牌与乐途品牌的官方旗舰店的前景充满信心。"

随着李宁旗下品牌陆续登陆淘宝商城,标志李宁公司已成为同行业全面接轨网络运营的龙头企业。李宁与淘宝商城的合作模式也势必成为两者行业中的运营典范。

资料来源:eNet硅谷动力,2010年3月

三、时装零售店铺选址策略

“选址，选址，还是选址”，已经成为零售业的经典语录，这充分说明了店铺选址对零售经营成败的关键作用。时装零售商在选址过程中，通常要展开包括确定适合的商圈、适合店铺、对已选择的店址进行调查和比较以及销售额预测等一系列活动。

通常，按辐射范围分，商圈可以分为核心商圈、次级商圈和生活商圈。核心商圈又被称为广域商圈，零售店一般地处市政中心，周围有大型百货店、购物中心和大型超市。该商圈涵盖的经营品种齐全，高级商品、高价耐用消费品、名牌商品众多，交通便利。次级商圈是由相对独立的街区构成的混合型商圈，常见业态有便利店、百货店、小型超市、商业街等，多是地理区隔造成的自然商圈。而生活商圈则为弥补性商圈，主要是由住宅区或开发区构成的商圈，以便利店、杂货店经营便利性商品为主，专门店很少。

对时装零售商而言，核心商圈是其首选。由于商圈的选择受多种因素制约，时装零售商也通常会选择后两类。

但无论选择哪种商圈，零售商都需要对商圈进行具体的选址调查。内容包括：商圈基本情况、人口特征、购买力、竞争者情况、交通便利性、客流情况、配套设施、政策环境及发展潜力等，如图 9－11 所示。

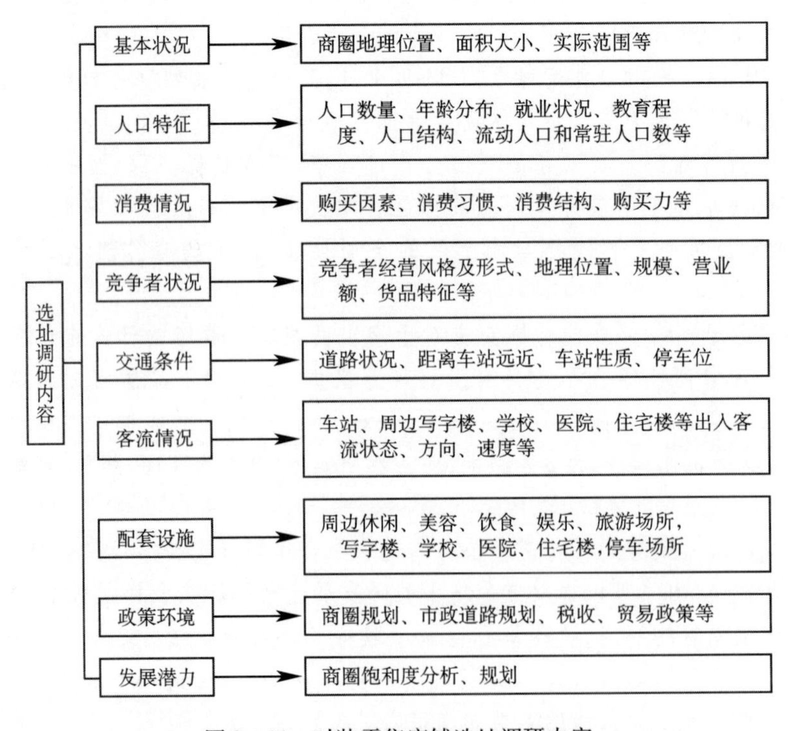

图 9－11　时装零售店铺选址调研内容

在调研基础上对可选择店铺进行重点考察，包括店铺具体位置和毗邻店铺情况、店铺结构以及物业租赁条件等相关情况。通常，两个零售店之间的店铺位置较好，毗邻店的经营品种若与自己相互匹配则更佳，这种匹配意即经营同类商品，这样可以产生集聚效应，容易吸引顾客进店。此外，与知名度高的品牌店毗邻也是非常好的选择，这些品牌店的广告和人气效应也会使自己从中受益。就经营者而言,店铺位置面临两条街更好,门面宽而纵深较理想,意味着展示空间多。新建的店铺结构比老旧店铺相对规范,消防安全可靠度高,因此,在实际调查过程中,这些要素都需要考虑。最好能估算出商铺的长宽,在接下来的物业租赁谈判中作为依据。租赁合同时间不适宜太短,因为除了装修的固定投入之外,物业租赁费用通常看涨,因此至少需要签3~5年。

总之,时装零售店铺需具备转运、陈列、销售三大功能。首先,就转运功能而言,时装零售商必须将生产者的产品转运到消费者手中,因此店铺必须与交通要道或运输系统接驳,所需的区位因素为交通动线与可及性。其次,是陈列功能,时装零售需有一定量的展示空间以供陈列,故要求对店铺可见性、结构特征和固定成本三方面进行考虑。最后,就销售的特性而言,时装零售商必须将货品销售给消费者,故对于商圈内的人口特质,商圈内的同质、异质零售店铺之竞合关系要注意。时装零售店铺选址要素如表9-1所示。

表9-1 时装零售店铺选址要素

零售活动特性	考虑因素
转运功能	交通动线
	可及性
陈列功能	可见性
	店铺特征
	固定成本
销售功能	竞合关系
	人口特质
	经营管理因素

在对上述要素进行评估的基础上,最后便是对店铺的未来效益进行评估。根据人流量、周边店铺销售情况以及自身优势等预估销售额,测算出成本费用,估测盈亏平衡点,以此为据,最后决定是否开店。

四、店铺布局和设计

店铺是供顾客选购商品的营业场所。店铺布局最终应达到两个效果:第一,店铺动线明确而流畅,能引导顾客按设计的自然走向触及展示的所有商品并容易选择,使卖场空间得到最有效的利用;第二,创造舒适的购物环境,合理的通道设置,良好的店铺功能区块安排,既方便顾客浏览、购买商品,同时也有店铺的整体美感,让置身其中的顾客和店员身心愉悦。

通常,时装零售店铺可划分为销售和非销售功能区块。销售区主要用于陈列商品,是顾客挑选商品与店员推销商品的工作区;非销售区用于非销售功能,如橱窗、试衣间、收银、库房、休息室等。

销售区域的划分通常分为最佳区域、重点区域和一般区域。最佳区域指在店铺中最佳展示和销售区域,包括橱窗,一般是店铺入口附近最显眼、最直观的位置。该位置适合陈列最新款式或视觉组合效果好的畅销款式,以吸引客人,增强引流作用。陈列展示效果尚佳、仅次于最佳区域位置的被称为重点区域,一般顾客停留时间较长,该区域陈列的货品多为较新的货品。一般区域即顾客很少关注的货品陈列区域。该区域陈列的货品一般以销售的老款或者滞销款或者折扣商品为主。

非销售区域通常包括试衣间、仓库、收银台、洗手间及顾客休息区等辅助销售的区域。一般情况下，店铺面积大、品牌形象要求高的时装零售店铺非常重视非销售区域的设置。图9－12所示是一间位于十字街口较方正的店铺，西南两面朝街，因此在店铺规划时，首先考虑动线的设置，西南弧形入口的设置中规中矩，然后面街的两侧都采用了橱窗，进门处设置了圆形展台，适合主题货品组合的陈列和展示。入口圆台正对面的货架和货柜位置属于重点区域位置，这个直接而人性化的货品展示空间科学地结合了顾客消费行为学，大大地促进了顾客和货品的接触。收银台和试衣间分别位于店铺的东南和西北角，正确地处理了空间使用的合理性问题。收银台的位置有统观视角，试衣间的区位则较安静，有一定私密性。不难发现，该图中并未设置仓库和洗手间等，除了店铺实际面积小的原因外，还与零售品牌形象、货品陈列、地段租金及销售目标有很大关系。

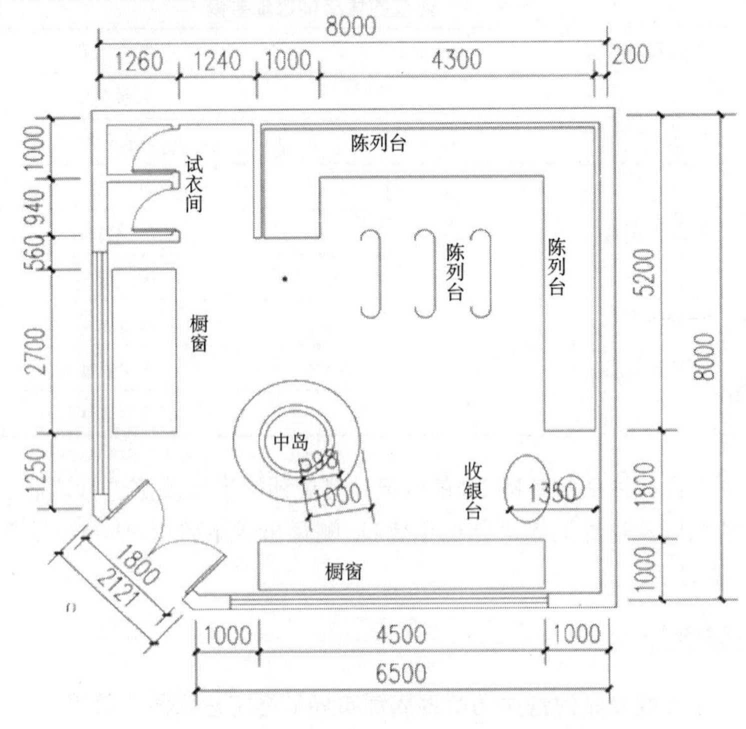

图9－12 时装零售店铺布局设计（单位：毫米）

在店铺规划和合理安排整个区块的基础上，店铺设计工作便可展开，通常分为外部设计和内部设计。

店铺外部设计通常包括店门设计、招牌设计、橱窗设计和室外照明设计。店门的作用是诱导人们的视线，使其产生兴趣，激发进店看一究竟的欲望。商店招牌除了识别功能外，还有强烈的导入功能，招牌的文字、符号、色彩和用材，结合照明，都将对消费者的视觉和心理产生直观影响。橱窗设计是利用内部空间营造店铺外观形象，即便在消费者不进店或者商店关铺时，仍能与顾客进行沟通。构思新颖、主题鲜明、风格独特、色调和谐的商店橱窗，通常能够让消费者驻足良久，激发进店购物的欲望。因此，许多国际著名时装品牌公司都非常注重店铺的橱窗设计,例如西班牙品牌 Zara。Zara 一直将橱窗视为重要的广告手段,一年更换 12 次橱窗,不仅传递最新的流行信息,而且突出当季的重点款式与搭配,为本季产品销售造势。室外照明设计主要通过人工光源的使用,结合店铺外观整体色彩、材质,完成对店铺外观环境的渲染,烘托品牌气氛。

店铺内部设计包括销售区域陈列展示道具设计、非销售区域各相关设计,如试衣间设计、收银台设计、地面设计、墙面设计、顶部设计、室内照明设计、音乐和气氛设计等。

陈列展示道具设计与店铺的整体形象有密切关系。陈列道具的形状、尺寸、材质、色彩等要素必须与品牌风格一致,能有力地烘托所陈列的商品。道具设计及在各区域的放置,实际上是对店铺内部的空间做了分割,要求道具设计完成立体、吊挂、叠放等多种展示方式的组合效果,并且要遵循店铺视觉美感及店铺安全性原则。非销售区域主要指试衣间和收银台。试衣间的大小、设施及色彩等,都应与店铺风格统一。收银台设计需突出安全性和形象性两大功能。地面设计主要兼顾通道设置要求,即同时满足销售区域和非销售区域划分的要求。墙面设计主要考虑与空间的协调性,如展示柜或吊架与墙面的对应关系。由于店铺墙面有些还承载着管道开槽、形象墙塑造等任务,因此墙面设计时也要考虑实用性问题。顶部设计主要是吊顶和照明两部分,吊顶由店铺的空间大小和品牌风格决定;照明主要应对店铺风格、氛围塑造等问题。借助照明,商品变得更有魅力,对顾客而言,灯光也能起到引导作用。室内照明设计主要针对商品和顾客两个对象展开。此外,室内音乐和气氛设计也能辅助店铺营造舒适的购物环境。

总而言之,店铺内部设计既要充分展示货品的需求,也不会使顾客产生视觉疲劳,同时兼顾店铺安全性管理原则。

五、时装货品组织与管理

货品组织工作通常有一个流程,大同小异。Nike 零售商订货流程如图 9 - 13 所示。

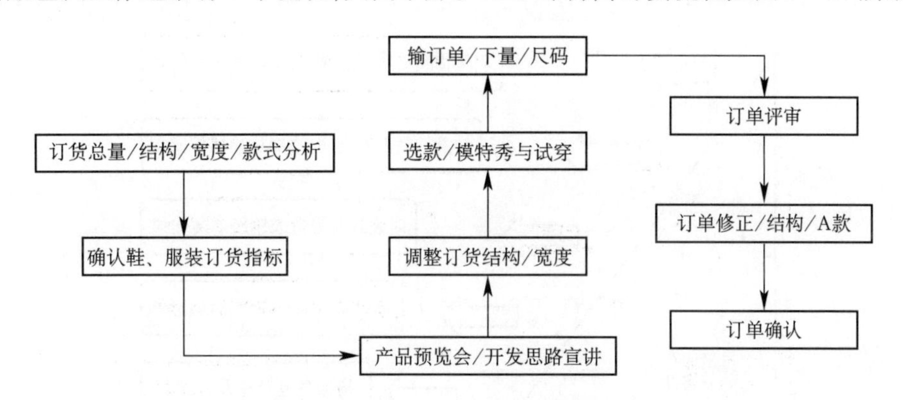

图 9 - 13 Nike 零售商订货流程

通常,在时装零售商开始经营之前,要考虑设定店铺经营的商品结构。所谓商品结构,就是指店铺在一定经营范围内,按一定的标准将经营的商品划分为若干类别的项目,并确定各类别和项目在商品总构成中的比重。事实上,确定商品结构并非易事。一方面,要了解零售区域内的消费者喜好;另一方面,还需要了解该区域内的实际消费力。这两方面都需要通过详细的走访调研才能有基本了解。即便如此,能否实现预定的销售目标也存在很多变数。

有经验的时装零售商通常会考虑以下三部分产品各占多少比重，才能最大程度接近或完成销售目标：

（1）形象产品：形象产品是时装品牌自身的形象和特色产品。通常价格较高，实际销售中未必能创造出良好的销售业绩，但是对店铺和品牌经营都很重要。零售商在考虑货品结构时，既要考虑它的形象展示和品牌效应，同时也要考虑不能走量的现实，因此形象产品在订货数量上不宜多，在店铺展示时，该类商品也不适宜太多。

（2）主推产品：主推产品又称主力产品，是指时装经营中无论数量上还是金额上均占主要部分的商品。相比于形象产品，它不够吸引眼球，但适合更多的消费者。根据帕累托 80∶20 原则，这类产品无论在货品组织还是陈列展示中，都应该被充分重视。

（3）辅助产品：辅助产品是指在用途上与主力产品和形象产品有密切联系的商品，如与时装相关的配饰，或与品牌风格相符的其他产品，如家居用品、书籍等。广州的例外品牌店中就设有除时装外的家居、饰品和书籍，相得益彰。

以上三部分产品组合的比重和大小，应因地制宜，符合以下要求：适合顾客对商品的选择，适应地区特点和经营条件，保证顾客需要，实现商品销售规模和经济效益。

完成了货品的组织工作，便是存货控制环节，库仓的备货量很重要。如果进货过多销售不出去，则过季必须促销，否则会压仓库。这样不仅挤占仓储空间，还影响到现金流。相反，如果进货过少，一旦货品旺销，就会造成脱销而坐失良机。因此，零售商需要用店铺商品周转期（商品进货到卖出的时间）和商品订购前置时间（从订货到进货的时间）来计算安全存量，合理的仓位是零售商取得良好销售业绩的基础。存货控制公式如下：

存货量 = 前日结存量（账面实际结存货品）+ 进货量 - 已销售的货品量 - 调货量

通常，在正常销售季节中，存货量不能少于实际销售量的 1.5 倍，不建议店铺盲目采购和囤积货品，尤其是时装零售商，过量库存对零售经营的危害显而易见，如图 9 - 14 所示。

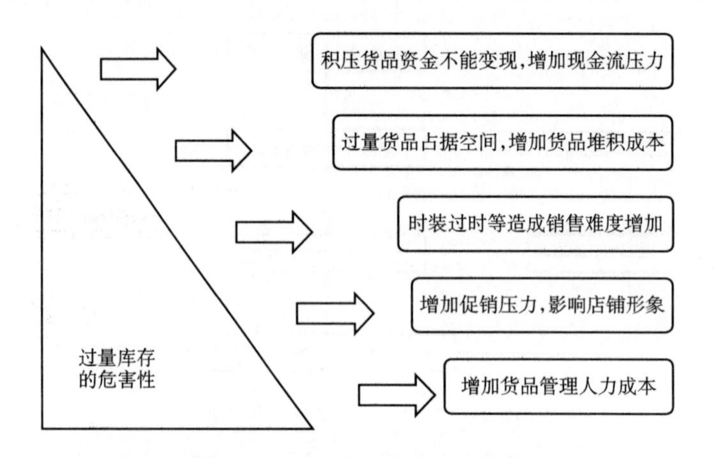

图 9 - 14　时装过量库存的危害性

除了货品的组织，货品管理工作还涉及货品验收、入库和盘点以及仓库日常管理。时装零售商通常选择在店内收货，因此验货工作自然也在店内进行。当商品从供应商送到零售商指定的地点之后，需要验收然后入库。基本流程如下：

第一步：根据供货单核对各细目，包括件数、货号等。如有差错，与供应商联系。

第二步：手写或直接在电脑系统中填写验收入库明细单，并将货物明细单返回到有关部门。

第三步：将货品分类整理入库，以备取货和货品账单查对。

总之，货品组织管理就是进销存关系的协调和处理过程。新进货量与原先的存货共同构成总存货量，销售过程减少了总存货量，但同时也更新了进货需求量。实际情况往往更加复杂，正价销售货品比例不高、有些货品需要多次补货、销售过程中的货品损耗、折让等问题，使得进销存的控制工作要烦琐得多。

六、时装零售店铺的组织架构

时装零售店铺一旦确定选址，便会着手建立店铺组织架构，招募合适人员进入相应职位。有些时装零售商，在选址之前就确定了店铺组织架构。组织架构通常由架构图来表示，不同零售企业组织架构不尽相同。小型时装零售店的组织架构如图 9－15 所示。

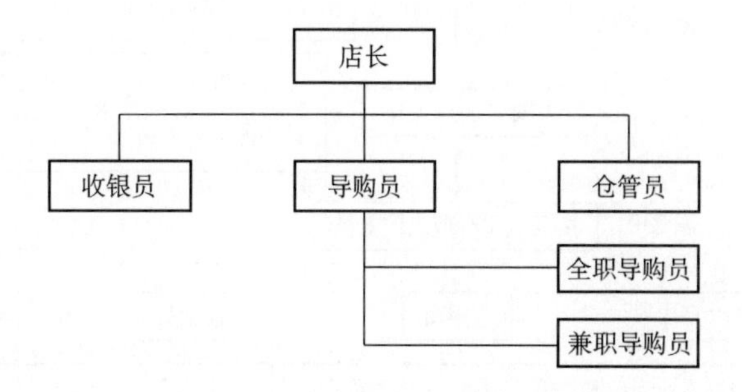

图 9－15　小型时装零售店的组织架构

若是较大规模的零售商，在上述架构的基础上，通常还会安排督导和陈列师参与店铺经营活动。这种类型的组织架构在国内许多专卖店、精品店和普通服饰店都较为常见。在该组织架构中，店长的核心作用非常突出。店长被要求在日常店铺正常的运作基础上做好销售、人员和货品管理。其中，最重要的是如何进行销售指标分解，制订具体的销售目标，然后激励员工一起去完成。同时，店长还要及时补换货、制订店铺规章制度等。

如果是大中型时装零售店或购物中心，其组织架构就相对复杂，如图 9－16 所示。组织架构图能够清晰地反映出时装零售店铺的规模、设置的部门和职位。组织架构设置的合理性，与企业的发展目标和战略有关。

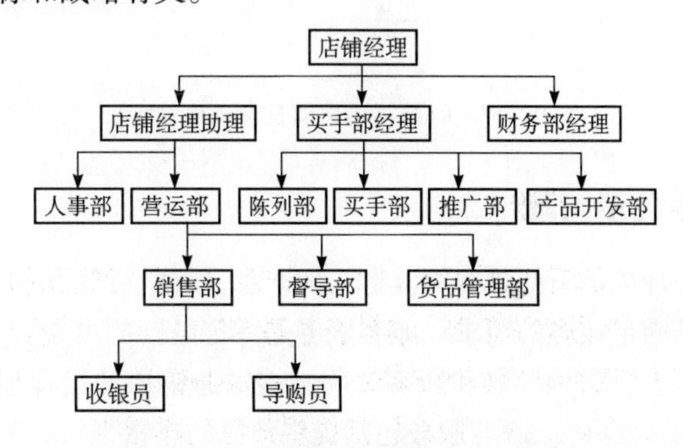

图 9－16　大中型时装零售店组织架构

七、时装零售店铺的日常运营管理

零售店铺经营是一项持久性活动,每天从开门到关铺的大量活动内容都是重复性的。因此,日常运营管理在零售管理活动中虽平凡,但很重要。零售店铺的日常运作流程可分为营业前、中、后三部分内容。参加早会、每日例行工作、接受工作安排,属营业前工作内容;迎宾、接待顾客和展开销售活动,属营业中工作内容,此过程,要求售货员、收银员和仓管员各司其职,互相协作创造良好的销售业绩;送客、盘点和关铺属营业后的工作内容。其运作具体内容如图 9－17 所示。

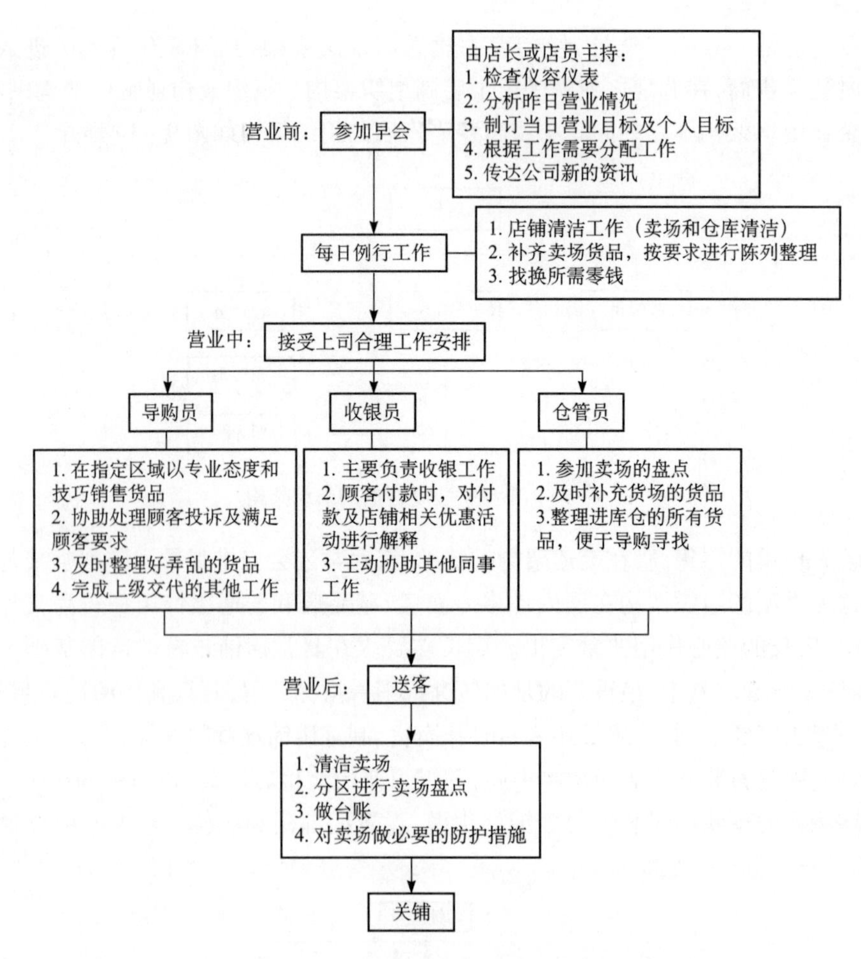

图 9－17　时装零售店铺日常运作流程

八、顾客服务与顾客关系管理

顾客服务,指在合理成本下提供给顾客适当的产品,以创造产品的时间、地域、形式效用与服务效用,期望能够满足顾客的需求。顾客服务是零售经营的本质特征,零售的所有活动都围绕顾客而展开,有人将卖场导购和顾客之间直接沟通销售的过程理解为顾客服务的全部范畴,这是不全面的。实际上,顾客服务包括提供产品的丰富性、消费支付的便利性、购物环境、售后服务和其他贵宾服务等。

零售商在考虑顾客服务范畴时,通常会基于目标消费群体的定位。不同零售业态提供的服务会有差异,例如美国时尚精品店伯道夫·古德曼、英国哈罗兹皇家百货、奢侈品店Prada、LV,其提供的服务与普通服饰品店存在较大差距。在欧美国家,私人导购服务非常普遍,而在发展中国家,这个概念仍未被时装零售商重视,这与经济发展水平和顾客消费观念有很大关系。

重视顾客服务能够提升零售品牌形象、吸引顾客购买、建立顾客忠诚度、减少顾客开发成本,有利于在白热化的竞争局面中获取竞争优势。

顾客关系管理是一种商业服务策略,即透过持续不断地对企业经营理念、组织机构、业务流程进行重组,实现以"顾客"为中心的自动化管理。

顾客关系管理有三个发展阶段,分别是获取潜在顾客、增进现有顾客的价值、维持极具价值的顾客。

无论是要获取潜在顾客还是维持老顾客,零售商都需提升现有的服务水平。例如,一位菲妮迪福建零售商在和其他零售商分享成功经验时讲到,她的销售业绩主要来自老顾客,在老顾客那里建立良好的口碑非常重要。除了一些基本的服务手段之外,她还增加了一项时装腰身和裤子臀围等免费修改的服务,这是许多零售商没有想到的事情。零售商提供的服务通常是修改裤长,相比较而言,这项难度较高的服务得到了顾客的积极响应。许多顾客在接受了这项服务之后,基本上就都成为其忠诚顾客了。一旦顾客的忠诚度提高了,就能建立良好的口碑,将潜在顾客变成现实的顾客。

九、时装零售店铺的促销策略

任何时装零售商都希望其产品能在短时间内正价销售,事实上这种可能性不大。尽管他们进货时认真地考虑过产品结构,但还是有许多商品必须通过促销才能销售出去,否则会出现滞销的现象。因此,制订并实施合理的促销方案显得非常必要。

促销通常有两种方式,即形象拉动和优惠活动。形象拉动方式主要是通过营造品牌卖场气氛促进消费。例如,美国时装品牌 Abercrombie & Fitch(阿贝克隆比 & 费奇)就是擅长营造卖场气氛促进销售的品牌,它们通过店铺内柔和的灯光和动听的音乐创造出性感、诱人的氛围,它们的导购都是经过精挑细选的 20 岁左右的平民模特,外形俊俏,充满魅力,它们不打折也能吸引大量人气。

目前,店铺优惠活动拉动销售业绩已被广泛采用。通过店铺 POP 传递活动内容,能使消费者一目了然,从而激发起购物欲望;或者通过给 VIP 客户发放折价券等来达到促进销售之目的。许多时装零售商都愿意采用即时性促销方式,能在短时间内看到效益。短期促销有两种方式,一是增加购买人数的促销方式,以 POP 推广、减价、抽奖为主;二是提高单价的促销方式,如折价券、买赠等。

与时装零售实体店铺相比,网络零售的促销方式更加丰富。例如,凡客诚品满 59 元包邮;启用王珞丹和韩寒做代言,不仅促进了销售,而且树立了良好的品牌形象。另一电子商务男装品牌 Masa Maso 也是如此,其七天的促销广告活动选择了在都市职业男性经常关注的频道,诸如门户网站首页、新闻、财经、科技、股票、博客、游戏等频道上进行。同时,Masa Maso 在搜索引擎优化、博客话题营销、顾客体验软文推广、网上渠道拓展营销推广、网络广告销售联盟方面都进行了投放,为店铺积聚了大量人气。此外,Masa Maso 在自己的网络零售网站也推出了一系列促销活动，如表 9－2 所示。

表 9－2　Masa Maso 网站促销周活动内容

 今日团购 原价565元的高帮牛皮 团购价：345元 原价：565 折扣：6.1折 我要团购	在“今日团购”的频道中，每天公布一款团购款式，在 0:00～24:00 时间段内，数量达到团购数量，就开“团” 期限：每天更新	1. 本活动仅限在线购买，暂不支持电话订购 2. 数量有限，先到先得 3. 当日活动结束团购人数仍未达指定人数时，则该次团购取消，已支付的货款，Masa Maso 将于第二天立即办理退款。如果您希望本次团购成功，就立刻邀请您的亲朋注册购买吧 4. 购买团购商品不可与其他优惠同时享用，不可使用积分或代金券购买 5. 团购商品如无质量问题，一律不予退货 6. 团购商品只开具折后金额的发票
 11月老顾客购满988元 送高级围巾！ 价值¥265.00 多买多得，送完即止！	满就送 每月更新	1. 2010 年 10 月 30 日注册前的老顾客可以享受此活动 2. 购买 988 元送高级围巾
 满200元 免快递费	满 200 元免快递费 期限：永久	满 200 元免快递费
 会员积分等级 优惠政策	会员积分等级优惠政策：按照顾客的购物记录，每个顾客将自动升级为不同等级的会员，享受不同等级的优惠待遇	“积分抵价策略”——每 100 积分以 5 元人民币折扣抵价 “会员等级制度”： 钻石会员　3500 元以上 金卡会员　2000～3499 元 银卡会员　800～1999 元 普卡会员：800 元及以下（附会员制度详情）
特价区 http://www.masamaso.com/broken_code.php	官网首页专门开设一个特价频道，专门销售一些折扣商品	折扣区间：3.3～7 折，普遍为 6 折左右 共有 36 款商品，包括各个品类，主要是一些库存货 不可以退货，不享受其他优惠政策

从表 9－2 可以看出，Masa Maso 的促销活动内容丰富，几乎涵盖了所有传统时装零售商的促销手段，同时还结合了网络的力量，如免邮、在线订购等，快速、便捷、省力地完成了促销计划。

十、时装零售管理相关职业

（一）开发部经理

开发部经理（developer director）主要负责零售店铺选址和店铺开张前的一系列工作，这是拓展市场非常重要的一项工作。其工作内容通常包括：根据公司发展规划和经营目标，制订新店拓展计划并具体实施新店拓展工作；负责新店前期调研、市场分析及行业竞争；负责新店的选址、洽谈相关协议的签订工作；协助店铺的前期筹备工作，进场装修改造等；还需要负责已有店面的关闭、撤店工作等。

(二)时尚买手

时尚买手(fashion buyer)每天往返于世界各地,关注各种时尚信息,掌握大量的订单,不停地和供应商联系组织货源,以满足各类消费者的不同需求。他们站在时尚潮流的前端,了解行业规范,货品辨别能力强,以较低的价格购买适合的商品,加价出售,赚取可观的利润。

(三)营运总监

营运总监(operating officer)是全面负责公司市场运作和管理的人员,需具备优秀的管理能力、策划能力、推广能力和人际交往能力。其职责主要包括:负责建设和发展运营团队,组织开展员工队伍培训、考核评价及人才梯队建设工作;整体负责品牌运营管理,包括旗舰店、商场专柜等在内的品牌管理、服务规范、营业培训、形象管理及商品管理;负责公司市场部门制度规范,负责组织及监管市场部对外合作、渠道管理、媒体合作、推广策划及服务产品开发等工作的落实。

(四)销售经理

销售经理(sales manager)是指导产品和服务实际销售的负责人。通过确定销售领域、配额、目标来协调销售工作,并为销售代表制订培训项目、分析销售数据、确定销售潜力并监控客户的偏好。

(五)区域经理

区域经理(district manager)是指在某一销售区域中负责店铺开发、开张、人员招聘到销售等一系列工作,以实现公司制订的销售目标的人。区域经理通常需要拥有丰富的营销经验,能带领整个销售团队承担较重压力,完成既定目标和任务。

(六)商店经理

商店经理(store manager)又称店长,是门店运作和管理的负责人。其职责通常包括:制订门店销售毛利计划并指导落实;传达并执行营运部的工作计划;负责与地区总部及其他业务部门的联系沟通;负责门店人员的选拔和考评;指导部门的业务工作,努力提高销售业绩;督促门店的促销活动;保障营运安全;负责全店人员的培训。

(七)商品规划师

商品规划师(merchandiser)负责店铺陈列商品的数量及组合搭配,以实现效益最大化。需要了解市场趋势,能做流行分析,对产品组合、搭配、陈列能统筹考虑。

(八)市场督导

市场督导(supervisor)是指监督和指导零售店铺的人。其工作主要是对公司政策予以解释和监督执行,对零售店铺进行指导,然后将店铺的相关情况反馈给公司总部。

（九）导购

导购(sales)主要是指零售店铺中专门从事引导顾客进行消费的工作人员。他们的职责主要是向消费者宣传企业或产品的特点，介绍产品的使用方法，解答消费者的疑问，并通过一系列工作将产品和服务销售给顾客。

小结

1. 本章从时装零售商的战略选择出发，围绕时装零售商要展开零售经营的一系列工作展开阐述；在时装零售店铺选址中，主要讲解零售商圈的概念，着重分析店铺选址的各要素。

2. 本章也阐述了如何进行时装零售店铺的布局和设计，揭示了布局设计的基本要求，讲解了店铺设计的范畴以及要依据销售计划来制订货品组合方案。

3. 顾客服务和顾客关系管理是时装零售管理的重要内容，也是店铺竞争力的重要组成部分。

4. 促销策略是实现销售业绩提升的一种常规手段，是一项很有技巧性的工作。

5. 通过对时装零售管理相关职业的介绍，帮助学习者了解这些职位具体的内容和相关要求。

思考题

1. 你觉得选址中哪些要素最重要？

2. 假设店铺门宽3.6米，纵深40米，你会如何设计这个店铺的布局？

3. 你是一家时装零售店的店长，要完成50万元的年销售额，为了达到这个目标，你通常会采取什么措施？哪些因素最重要？

4. 一家店铺坐落于闹市区，面积73平方米，年租金30万元，在过去的两年里，销售平平，没有起色。按照租房合同，第三年租金将上浮10%。如果你是店长，将如何面对这个压力？

5. 你的店铺来了一位顾客，前天他在店里买了一件外套，当时付款并开取了发票。但今天他来退货，说自己不满意这件衣服，他出具了销售小票但说遗失了发票，你将如何处理这个问题？

6. 你是一位同时经营网络和实体店的时装零售商，你会为即将到来的12.31“血拼”狂潮准备什么样的促销活动？

第十章　时装品牌视觉营销

本章要点

- 时装视觉营销的发展
- 视觉营销的内容
- 视觉营销人员需要的素质与能力

学习目标

知识目标：

本章使学生能系统地了解国内外时装视觉营销的发展历程，掌握视觉营销所涵盖的内容，知晓在时装行业中视觉营销的工作与角色。

能力目标：

通过本章学习，学生能够运用视觉营销的基本知识来剖析当前时装品牌在终端形象中的优点与存在的问题；通过对品牌实例和案例的分析，培养学生专业的思考能力、敏锐的时尚嗅觉及深入细致的观察能力。

第一节　视觉营销概况

一、视觉营销的概念

视觉营销早期的概念是展示，即"display"，其含义侧重于艺术化的陈列商品。全美零售业协会在*VMD*(visual merchandising marketing)杂志中，就视觉营销做了如下的定义：视觉营销是为达成营销的目标而存在的，是将展示技术和视觉呈现技术与对商品营销的彻底认识相结合、与采购部门共同努力将商品提供给市场并加以展示销售的方法。当前，对视觉营销(visual merchandising)的概念可以理解为：品牌以视觉艺术的形式传播品牌文化、品牌形象、产品信息、广告活动等内容，以此达到品牌价值提升与促进销售的目的。因此，视觉营销是以传递信息、启迪思维，用直观而生动的形式与受众进行沟通。它能够帮助顾客建立形成一个对品牌的整体印象，使顾客产生兴趣、偏爱和信任，从而引起购买的欲望和动机。视觉营销始终以提高品牌知名度、增加销售业绩、建立品牌忠诚度为目标，密切关注目标消费者的审美与心理，以合适的方式、传递合适的信息给合适的人群，创造品牌附加价值。

二、视觉营销的发展

在欧美国家，视觉营销已经发展了五六十年，其理论体系完整、行业操作规范。国外的知名时装品牌企业都将视觉营销作为一个重要的工作部门，承担着品牌的创造性、可视化推销的重任。品牌高层管理人员十分了解视觉营销的价值,重视这项工作,也懂得怎样策划、组织和管理。

在中国20世纪八九十年代,视觉营销工作是由美工来完成的,他们主要运用美学的原理与工艺美术手法对店铺进行美化与装饰。到了21世纪初,由于艺术设计专业的迅速发展,平面设计、环境设计专业人员可以帮助时装品牌完成相关的推广与终端的艺术设计工作。然而,随着时装行业品牌竞争的日益激烈,品牌单纯依靠设计力量已经无法全面解决视觉营销的问题。因此,近年来,时装企业纷纷形成了自己专门的视觉营销部门,它们根据品牌的自身文化与内涵精神,策划具有独特理念的品牌视觉营销整体方案,并领导团队开展工作,使品牌的附加值和市场影响力得到大幅提升。但与欧美国家相比,国内时装品牌企业对"视觉营销"的认识比较狭隘。视觉营销不能再简单地停留在"陈列"或者"装饰"层面,应该是品牌全方位、多层面的视觉综合性表现,是有效地与顾客沟通的载体,也是品牌运营中不可缺少的策划部分。

三、视觉营销的作用

视觉是人接触事物最直观、敏感的感受,人们首先通过视觉媒介提供的信息来认识和了解品牌的定位、风格和气质。视觉营销在时装品牌的营销中有着非常重要的作用,主要表现为两个方面,如图10-1所示。视觉营销一方面连接产品与终端,通过视觉化的环境设计、产品组合、规划、搭配、空间氛围的营造,而将时装产品系列的风格与设计特点以最佳的视觉效果展现于销售终端;另一方面,它把品牌的理念、文化、含义、独特的销售卖点,通过广告、网站、推广用品等媒介用视觉语言形象生动地演绎出来,创造故事来吸引顾客、告之顾客,从而激发顾客的潜在购买欲望,加强对品牌的认识。因此,视觉营销是把产品、品牌连接到终端和顾客架设的一座桥梁,离开了这一环节,品牌无法与市场做有效的沟通,不利于品牌形象的打造。总地来说,视觉营销工作效果直接影响顾客与市场对品牌和产品的感受与认知,是品牌理念表达与传播的重要平台。

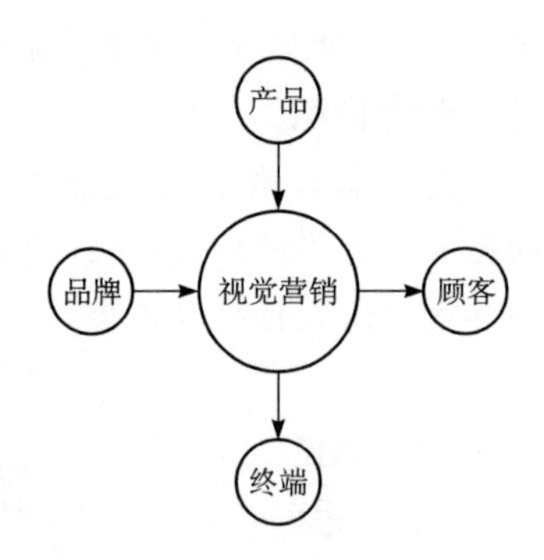

图10-1 视觉营销的桥梁作用

第二节 视觉营销的内容

视觉营销不仅是终端卖场的产品陈列,而且综合运用平面、立体、网络、静态、动态等多元化媒介,集合、贯穿于策划、推广、管理等过程,是一个丰富而完整的体系。

一、品牌视觉形象识别设计

良好的品牌形象不仅已成为企业的核心竞争力,而且有力地推动着品牌经济快速和稳步的发展。视觉营销始终把品牌作为推广对象,艺术性地增强品牌的视觉传播效力。

所谓"品牌",就是企业通过可区分的产品或服务满足消费者的特定情感需求,并以整体而稳固的形象在沟通中与消费群体建立长久信赖关系的无形资产。"品牌形象"是指人们在一定的知觉情境下，采用一定的感知方式对客观产生的一种概括性或标志性的心理图式，它是存在于人们心理的关于品牌的各要素的图像及概念的集合体。也就是说，在市场环境作用下，品牌的内涵逐渐从有形的物质层面转向无形的精神领域，即强调消费者对品牌的全方位感知和体验。消费者对品牌的最初评价来自于其视觉形象，是粗犷豪放，还是精细入微，是清新活泼还是庄重典雅，是朴实无华还是高贵雍容等，这些元素构成了绚烂多彩的品牌语言。所以，作为与大众亲密接触的"形象面孔"，品牌视觉形象正一点一滴地深入人心并成为当代生活的组成部分。

VI 的全称是视觉识别(viusal identity)，它是品牌识别系统 BIS(brand identity system)中的一项内容，是在企业识别系统 CIS(corprate identity system)基础上发展而来的。企业 CIS 中的视觉形象识别系统以标志为核心展开，强调规范性、统一性和防御性。品牌 BIS 中的视觉形象更着眼于市场实际需求，强调以企业为依托体现具体产品或服务的价值。相对而言，品牌形象更加强调感性、个性和进攻性，它依靠商标、包装、广告为传播原点与目标消费者进行感情沟通，主要追求由销售带来的直接经济效益。品牌视觉形象是产品、服务乃至企业投射到消费者心中的一张面孔，它不仅要传递品牌客观信息和内在含义，同时必须通过具有诉求力的感性渠道获得消费者的好感和青睐。正如我们所熟悉的一些品牌，都有其鲜明的以标志为核心的视觉形象特点。比如，提到 Esprit，我们眼前就会呈现出大红色的英文字体标志，它简单直接，象征着年轻、时尚与活力。说起 Paul Frank(大嘴猴)品牌，我们就会联想到那只可爱的卡通猴子头，亲切而有趣味。

视觉形象识别系统是指一套符合品牌定位的视觉识别规范，它由基础系统和应用系统构成。基础系统是指商标、字体、色彩、辅助图形、辅助色彩、吉祥物等基础视觉识别符号。品牌形象的建立和传播必须基于具体的载体才能实现。应用系统是将识别要素应用于企业办公事务用品、产品包装、广告宣传、展示促销、环境导视等传播媒介，从而营造出一个独具特色的品牌视觉环境，充分展现品牌的个性、追求和形象。Paul Frank 品牌的标志设计以及在时装产品、吉祥物设计上的延伸应用如图 10－2 所示。Tiffany(蒂芙尼)以标示性的蓝色为核心，将蓝色广泛应用于包装盒并与白丝带搭配，构造出鲜明的品牌符号，让人记忆深刻，如图 10－3 所示。

图 10－2 Paul Frank 品牌视觉形象识别 (图片来自 www. PaulFrank. com)

为了确保 VI 在品牌管理中的有效实施，必须把握好三个要点：第一是统一化，严格将标准落实于一切品牌形象出现的媒介与场所，建立好品牌自己的 VI 手册；第二是组合化，由于不同类型的时装品牌或者同一品牌形象在不同使用地域和范围中都可能出现特殊和个别的现象，要采用灵活性与原则性相结合的办法，根据实际情况变化使用 VI；第三是日常化，品牌

图 10－3　Tiffany 标准色彩与包装　（图片来自 www. tiffany. com）

形象的维护要贯彻在视觉营销管理的点滴细节之中，从企业内部到直接面对顾客的终端，要将保护品牌 VI 形象作为日常工作中的一个部分。

二、商业零售空间设计

时装商店又可称为“时装商业零售空间”。现代营销理念认为，商业零售空间不单纯是商品买卖的场所，也融入了生活情趣、文化修养、休闲娱乐为一体的消费生活空间。时装商业零售空间的环境设计是企业或品牌传递给公众的个性和特质，它反映了品牌的时尚程度、市场地位以及对目标顾客的吸引力。

商业零售空间的形象策划与设计，其目的是建立一个符合品牌定位，能够给顾客提供舒适、方便、具有品位的艺术化环境。因此，商业零售空间的设计要符合品牌与产品的市场定位，塑造强烈的个性特征，传达品牌的文化内涵。Armani 品牌主管全球媒体事务的执行副总裁罗伯特（Robert Triefus）说：“店铺就是品牌的脸面。”英国皇室珠宝品牌 Asprey &Garrard 现任执行总裁吉安卢卡认为：“店面绝对是品牌的关键。今天的顾客希望得到一种品牌购买的体验。”中国上海芭比大型旗舰商店的整体环境设计曾获得美国视觉营销与商店设计大奖，如图 10－4 所示。其环境设计多元地体现了芭比文化，生动有趣，丰富多彩，满足了小女孩、少女以及年轻母亲对芭比梦想的追求。例外品牌在其生态店铺的设计中，使用原木等天然材质，在创意上体现崇尚自然环保的主题文化，如图 10－5 所示。Longchamp（珑骧）品牌在纽约的旗舰店运用大胆的立体造型，强化空间设计的层次感，给顾客强烈的视觉冲击，刺激性的体验与感受，传递出品牌与众不同的艺术品位，如图 10－6 所示。

三、会展设计

参加各类展览是时装品牌企业对外公关活动不可缺少的内容之一。会展作为时装品牌的一种营销方式，在开拓、巩固市场等许多方面发挥着重要作用。对于时装品牌来说，会展通常有两种形式：一是品牌或其新产品的发布会，二是品牌参加行业性的展览，均可分为动态展演与静态展示两种。

用于做展示的场所，即“展厅”，是一个空间的概念，会展策划与设计首先要基于这个展厅空间来展开。展厅与店铺虽然都是三维空间，但两者的目的不同。会展是以最高效的传达品牌精神为目的的空间，展厅空间特别强调某个主题性概念、品牌个性精神与抽象性的创意，要以鲜明生动、精彩奇妙的视觉给人带来愉悦与激动，在短时间内留下有趣而深刻的品牌印象，如图 10－7 所示。而店铺是以销售产品为主要目的的空间。

(a) (b) (c) (d) (e) (f)

图 10－4　中国上海芭比大型旗舰店

(a)

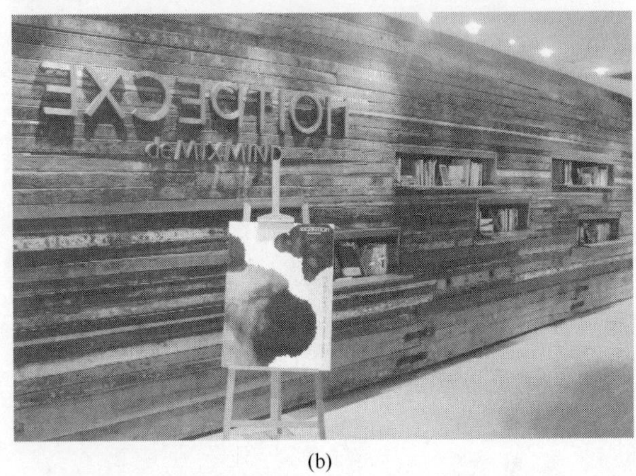

(b)

图 10－5　例外品牌的“生态”主题店铺

(a)

(b)

图 10－6　Longchamp 品牌纽约旗舰店　（图片来自 www. vudn. com）

(a) (b) (c) (d) (e) (f)

图 10－7 达利集团展会设计的实景效果

在静态展示中,需要策划展示的主题、标语,设计出特定的符号、标示、色彩等视觉语言,把这个形象贯穿到整个展示中。同时还需设计出场地布置的方案,规划演示、洽谈、休息等功能区域,制作宣传海报,摆放产品的展架,购买或定制道具。当然,静态模特的陈列方式也是必不可少的内容之一,它起到宣扬品牌风格与个性的作用,对表达品牌推崇的生活方式与理念也有较好的效果。

动态会展策划主要是通过舞台美术、真人模特造型、化妆、音响、灯光等诸多媒介,呈现给观众的是一个视觉与听觉组合的综合性展示艺术形式,制造出一个与现实生活有距离的完美世界。它的舞台设计以空间、造型、色彩、文字、形象等作为视觉基础元素来进行表现,设计要求充分展示美感、营造气氛、呈现时装穿着的时空环境与意象,通过视觉进行创意,并与观众沟通,使动态的展示现场能塑造出品牌个性美、表达品牌主题情绪,引发人们陶醉与遐想。

四、产品组合搭配与陈列

当顾客走进店铺,首先吸引他们的是时装产品的展示,产品组合搭配与陈列是零售店铺视觉形象的主体部分,也是核心的内容。产品组合搭配是指时装产品不以单件的形式出现,而是通过上下装、里外装的穿着示范,展现出一种互相衬托辉映的效果。它要求视觉设计师对时装的理解不能停留于一件件单一的商品,而是将服饰的时尚性与美感通过一个个完整的配套组合表达出来。

陈列是指如何摆放与安置商品。陈列方式应遵循方便顾客的原则,让顾客易懂、易拿、易买。在一个综合性的品牌卖场,首先要对男装、女装、童装、服饰品进行分类,再对同类产品不同设计主题或者风格进行分类陈列。陈列还需考虑整体卖场的布局,有些商品需要互相搭配来分类。因此这是一个大而复杂的组合策划过程,需要陈列设计团队充分了解当季品牌产品的特点之后,完成产品系列的分类与特征分析,用较长的时间做周密的分析与整合。

产品组合搭配与陈列设计完成后,要用规范的文字与图片记录下来,形成示范性的文件,以方便在各店铺中统一实施。例如 H&M 的红色与黑色系列,表现了间隔与跳跃的色系搭配效果,非常吸引顾客的眼球,如图 10－8 所示。Uniqlo 在店铺产品陈列中特别强调色彩的排列设计,颜色之间互相衬托,如图 10－9 所示。

五、橱窗设计

橱窗是店铺对外宣传的窗口,可以给品牌和店铺带来强有力的传播效果。风格各异的橱窗设计,体现了各个品牌的独特品位,橱窗好似流动的幻灯片,吸引着不同顾客驻足浏览。很多高端品牌以其神话般的幽默和夸张抓住了消费者的心理。例如,Hermes 曾以幽默的方式来表达橱窗的主角——狼外婆,它披着大红色的丝巾、头戴大红礼帽与眼镜,一个诙谐的形象让人好奇、发笑,设计师的大胆创意使人加深了对品牌的记忆,强化了品牌在顾客心中独特而时尚的定位,如图 10－10 所示。

(a)

(b)

图 10－8 红色与黑色系列产品搭配

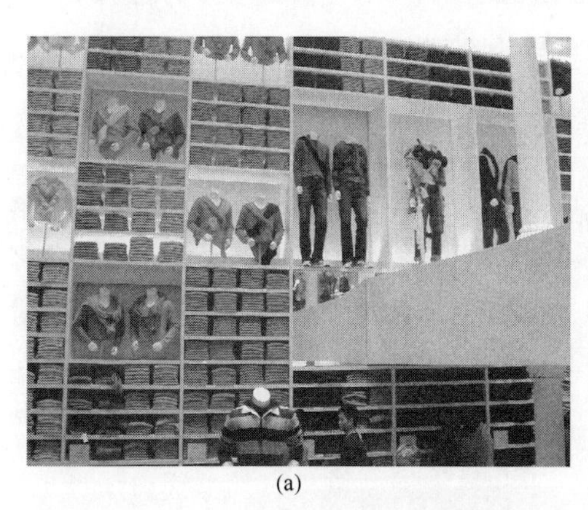

(a)

(b)

图 10－9 Uniqlo 品牌的产品陈列 （图片来自 www. Uniqlo. com）

(a)

(b)

图 10－10 Hermes 橱窗设计

橱窗也可以说是一个免费的广告空间，通过它可以告知顾客：品牌有什么特点？销售什么类型的产品？目标群体是谁？有什么促销活动？有什么品牌文化或故事？利用好这个广告空间，可以吸引客人。Zara 的促销季橱窗一直使用醒目的红色文字海报，无论在哪个国家与城市，它简洁而强烈的冲击力，形成了品牌自己的特色，如图 10－11 所示。

图 10－11　Zara 的促销季橱窗设计

六、广告中的视觉设计

广告是表达品牌理念的有力工具，它是时装品牌最为常用的视觉推广与传播媒介。平面广告主要有杂志广告、报纸广告、街头广告、互联网广告、店铺中的 POP 售点广告等。凡客诚品用贴合品牌风格的形象代言人为其做宣传，广告投放遍布网络、杂志、车站等媒介，大量的广告宣传增强了品牌的市场影响力，如图 10－12 所示。

图 10－12　凡客诚品平面宣传广告　（图片来自 www. vancl. om）

在广告的视觉设计中，设计师运用巧妙的构思，采用对比、抒情、夸张、比喻、联想、幽默等表现手法，营造一种生气勃勃富于情趣的情景，唤起观众的兴趣与共鸣，在美的意境中享受消费。

为了在激烈的市场竞争中争得一席之地，成功的广告设计师需要跳出简单、平凡、庸俗的框架，从一个信息载体提升为精致、高超的艺术表现空间，广告才能真正激发起人们的兴趣和关注，创造出奇制胜的传播效果。Levis 的平面广告给人一种与品牌理念一致的叛逆、年轻、大胆、探索的精神，设计上使用了夸张幽默的手法，让人在匪夷所思的同时顿悟到品牌的巨大魅力，如图 10－13 所示。

七、事件性促销中的视觉设计

事件性促销是企业通过策划、组织和利用具有新闻价值、社会影响或者能够吸引媒体、社会团体和顾客兴趣与关注的事件，来提高品牌的知名度、美誉度、关注度，树立良好的品牌形象，并最终促成产品的销售。事件的策划不但能够吸引目标群体，更能触动他们的心，让他们一起参与。事件营销是近年来国内外十分流行的一种公共传播与市场推广手段，它集新闻效应、广告效应、形象传播、公共关系、客户关系于一体，并为产品推介、品牌展示创造机会，建立品牌识别和定位，形成快速提升品牌知名度与美誉度的营销手段。例如，MO&CO. 非常有影响力的事件性促销活动，是与为时尚杂志 *ELLE*、*VOGUE* 绘制插画的插画大师路威萨 · 巴菲特（Lovisa Burfitt）合作了"爱 · 梦游"慈善活动，如图 10－14 所示；另一件有意义的事件活动是主题为"MO&CO × AndrewYang 慈善限量手工时装娃娃拍卖"活动，由纽约著名的时装玩偶设计师安德鲁 · 杨（AndrewYang）专门为 MO&CO 打造两只玩偶（Momo 和 Coco），并且邀请国内当红模特与时尚名人为活动代言。MO&CO 密切关注时尚文化与生活方式，通过活动策划把时装产品和时尚艺术与生活方式联姻，使品牌更具国际化，如图 10－15 所示。

视觉设计在事件营销的策划中起到了传播信息的作用，MO&CO 的两个事件营销活动都是通过丰富生动的图像视觉语言传达给广大受众，具有很强的感染力。所以，成功的事件营销策划和多样化的视觉设计，能扩大营销事件的传播力、参与力和影响力。视觉设计首先要准确把握事件策划的核心理念、目标受众的特点，然后将其抽象的含义转化为直观的视觉语言，主要包括事件标示设计、事件活动的色彩主题设计、代表性图形设计、宣传版面的编排与样式设计、文字的符号性设计、人员的衣着设计、活动现场的环境设计、音乐等氛围设计。视觉设计涵盖了平面与立体、视觉与听觉、动态与静态，是一项综合性非常强的设计工作。

八、时尚摄影

时尚摄影发展迅速，其根本动力来自于品牌市场的竞争刺激，尤其是近年来网络时装营销的快速发展，商家要在同质化竞争中获得较高的利润，就要将自己的品牌与其他品牌区分开来。想要达到脱颖而出的效果，摄影师的工作非同寻常，各式各样的时尚摄影图片几乎遍布在城市的各个角落，广告牌、灯箱、时尚杂志、海报、传单甚至大巴的车身上都能看见时尚摄影作品。

时尚摄影工作包括选择模特、着装搭配、场景挑选、主题故事策划、灯光打造、布景设计、道具选配、后期图片处理等方面。今天的时尚摄影工作不再局限于记录商品的外形，在大胆而多元的创意思路下，出现了许多新的表现形式。它把商业与艺术创造融为一体，着重对品牌意念进行叙述与表达。Nothing 是个性很强的年轻品牌，其摄影作品中流露出随意、洒脱、简洁的独特风格，如图 10－16 所示。法国品牌 Paagy 以写实的手法表现浪漫、优雅、高贵的摄影风格，刻画成熟女性对自身的形象追求，如图 10－17 所示。

(a) (b) (c) (d)

图 10－13　Levis 的平面广告

(a) (b) (c) (d)

图 10－14 MO&CO“爱·梦游”活动

图 10－15 “MO&CO × AndrewYang”慈善活动

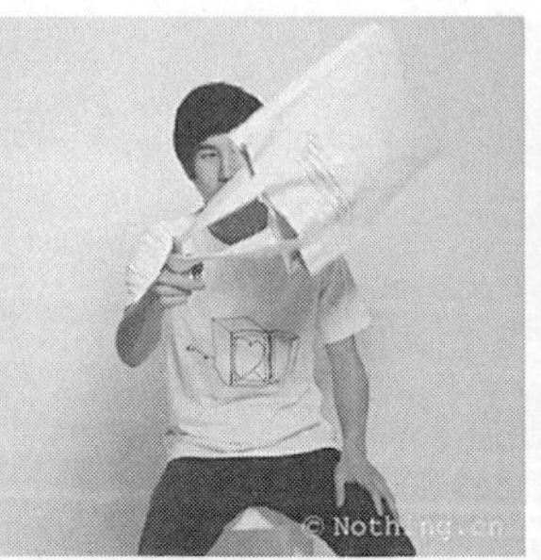

图 10－16　Nothing 的摄影风格　（图片来自 www. nothing. cn）

图 10－17　法国品牌 Paggy 的摄影风格

九、网络视觉营销

在网络购物盛行的今天，网站已经成为品牌接触消费者、传播品牌文化、宣传产品信息最强大、快速、便捷的视觉平台。利用网络来销售产品，一个主要的问题是如何有效地展示产品。传统营销模式的消费者可以通过看、摸、试、捏等方式了解产品性能和特点，但网络消费者只能通过虚拟体验来获取，这就要求视觉设计者提供全方位的产品展示，创造良好的视觉印象。

在网络时代，切合消费者购物行为的视觉营销方式（主要来自图像），会激起消费者的购买欲。目前，几乎所有的网络时装零售商都会特别重视品牌网页空间的策划与设计，分析人们浏览网页的习惯，把握设计的兴趣点。由于电脑屏幕中图像的传输需要时间，“注意力”就是稀缺资源，网络视觉营销的任务是吸引浏览者在展示页面上停留更多的时间，或者激发浏览者对商品或品牌商店的兴趣，记住并愿意收藏这个购物网站，把一个普通的网页浏览者转化为一个可以带来利润的购买者。视觉设计师可以通过页面特效的设计、网页色彩设计、文字艺术处理、图片趣味性设计、编排设计、主题策划等手段，使品牌的网页展现出与众不同的风格。如 Dior 的网站充满了炫目、大胆与夸张的色彩与图形，配以动感十足的开场音乐，极好地阐释了品牌的精神气质，如图 10－18 所示。国内品牌近年来也很注重网络店铺视觉形象的打造，如江南布衣的网站呈现出独到的审美情趣与视觉形象特点（图10－19），雅莹的网站体现出优雅的品牌设计定位（图10－20），美特斯邦威的网站充满了年轻人喜爱的视觉趣味元素（图10－21）。为了争夺消费者的视线，某化妆品网络商店别出心裁地以复古怀旧的设计风格打造虚拟形象，形成了独特而有记忆力的品牌文化，如图10－22所示。

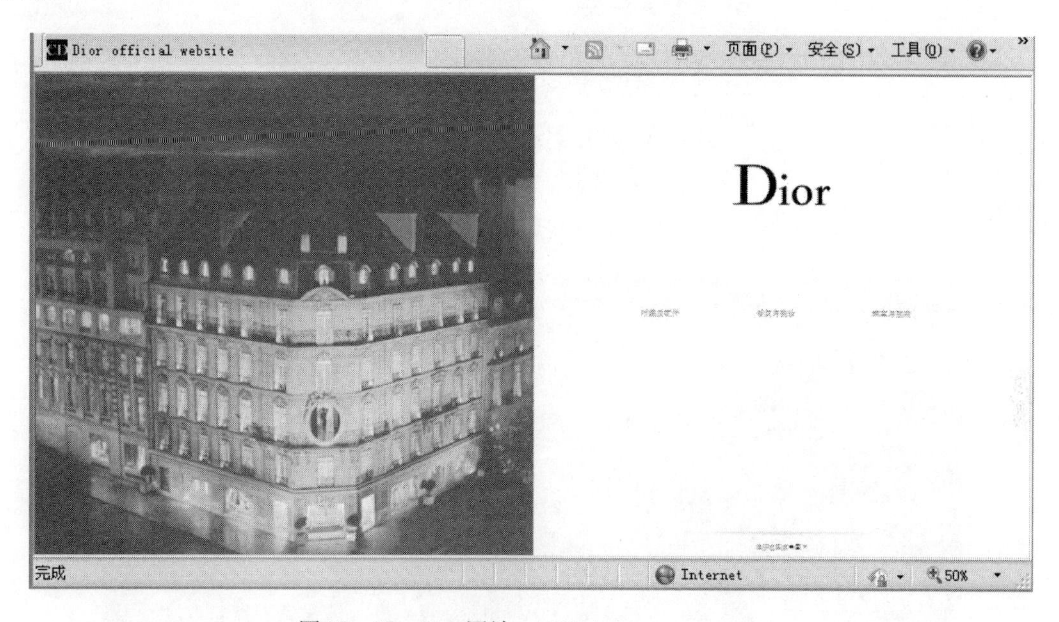

图10－18　Dior网站　（图片来自www. dior. com）

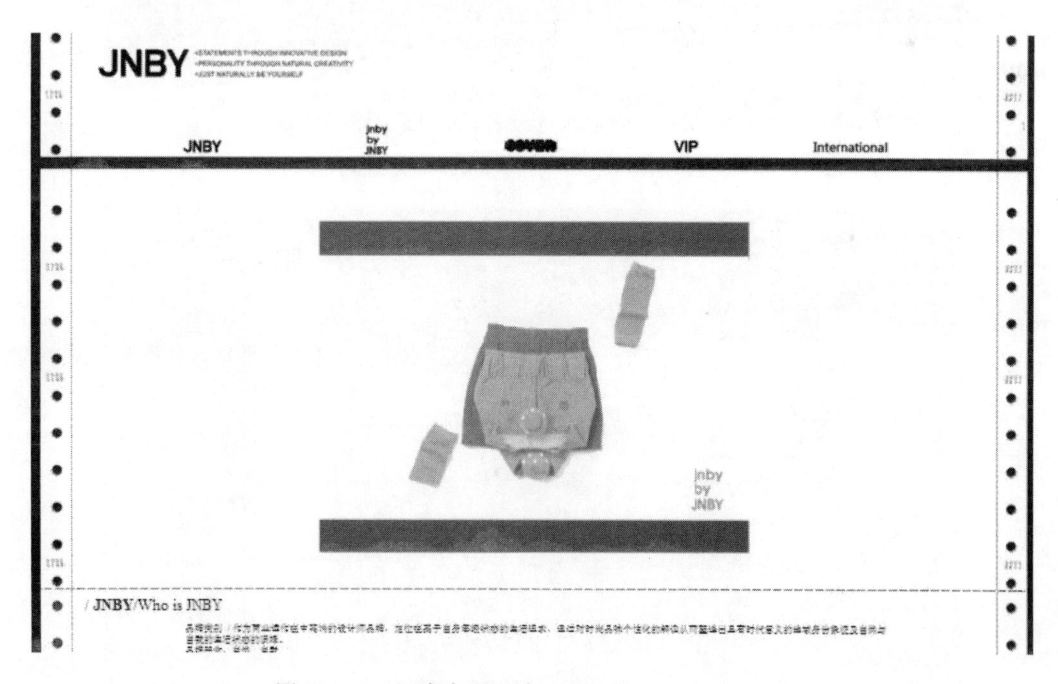

图10－19　江南布衣网站　（图片来自www. jnby. com）

图 10－20　雅莹网站　（图片来自 www. elegant-prosper. com）

图 10－21　美特斯邦威网站　（图片来自 www. metersbonwe. com）

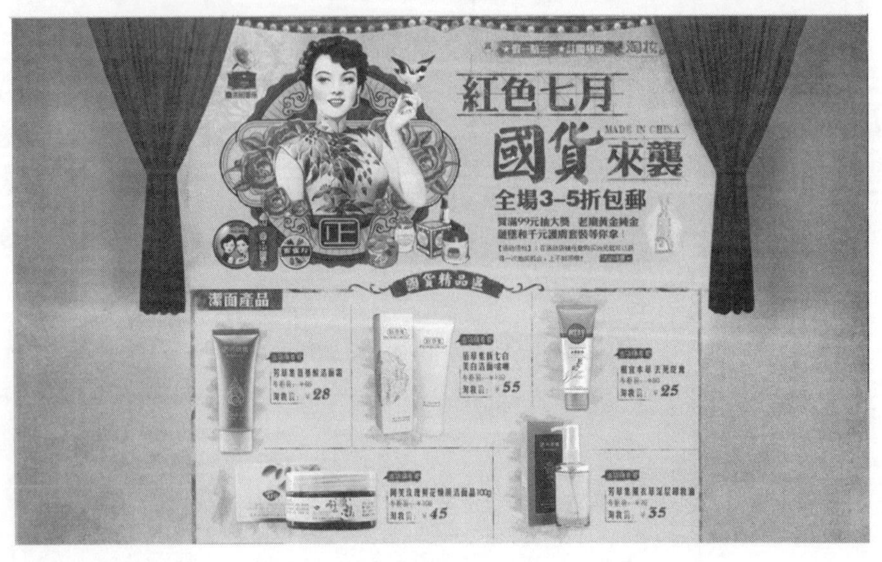

图 10－22　某化妆品网站的促销页面　（图片来自 www. taobao. com）

第三节　视觉营销的工作角色

大型时装企业会把部门分得比较细,产品陈列的工作可能是单独的一个部门,品牌形象设计、店铺设计、相关的广告设计等工作由企划部或者形象部来完成。中小型时装企业则可能把所有与视觉营销相关的工作放在一个独立的部门中,部门的人员结构如下。

一、产品陈列策划师

产品陈列策划师首先需要熟悉公司每季的时装产品系列,对产品的设计特点、种类、细节了如指掌。通过大胆的组合、创意设计,策划师要用最佳的陈列方式表现多姿多彩的产品。这就要求策划师经常阅读时尚新闻,了解最新的时装搭配技巧;需要到各时尚之都采风,了解最新时尚生活方式。这份工作对策划师来说充满了新鲜感与挑战性,它的乐趣是激发人不断地寻找最时尚的视觉灵感,鼓励自己创造出新的产品策划方案,让店铺的产品看起来新颖、充满诱惑力。

二、平面设计师

平面设计师要为公司策划与管理属于品牌自己的 VI,设计并制作各类活动需要的海报、礼品包装、销售广告、贵宾卡、优惠券等,网络销售的视觉设计也属于平面设计师的工作。这项工作需要设计师熟练掌握平面及网络设计的软件,有较强的视觉传达设计能力,有时尚的嗅觉,对于印刷、纸张、包装结构等也要有相应的了解。

三、空间设计师

空间设计师的主要工作是对各店铺进行环境的规划、设计各类展示货架和各种临时性的会展空间。空间设计师需要掌握大空间环境的结构、熟悉各类工程材料,有施工管理的经验,能够对设计方案的实施进行有效的监管和落实。这项工作要求空间设计师了解当今主流的设计风格、考察时尚都会场所的环境设计、了解各类最新的装饰材料、有强烈的创新欲望、不断追求新奇的空间艺术表现手段,能够给品牌的形象带来活力。

四、品牌摄影师

品牌企业需要有自己的摄影师,这样可以准确地把握品牌的独特风格,了解品牌自身的文化背景、诉求理念。摄影师最重要的工作是完成产品手册的拍摄,运用什么手段来呈现产品?是否需要真人模特?去什么外景地?使用什么新的拍摄技术?拍摄任务完成后,摄影师还需要对照片的后期效果进行处理。摄影师的工作是为每季新产品展示优质的画面资料,这些作品有的用作广告宣传画,有的用来制作产品手册,有的放在网页上。

五、终端培训师

终端培训师就像一座桥梁,通过演讲、示范、交流、解答等培训手段,将品牌的视觉营销理念、视觉呈现方法、各项终端注意事项,清晰而明确地告知终端操作人员,这样可以保证品牌的视觉形象在各个城市的店铺始终保持高度的统一。

六、视觉营销管理者

与任何一个行业的工作分工一样，视觉营销部门也离不开一个优秀的领导者，有的企业称视觉营销管理者为“视觉艺术总监”。首先，他要对部门进行有效的管理，对所有的视觉设计方案审理把关，检查方案的设计是否符合品牌的内涵，设计是否有创意，能否吸引顾客等。其次，对部门团队要实施有效的协调，发挥集体的合作机制，安排好每周、每月的工作计划，监督工作按日程展开。另外，还要建立部门自己的高效运作机制，建立奖惩、绩效考核标准，提高部门的工作水平与效率。视觉营销管理者首先应该是一个优秀的设计师，熟知视觉营销的专业知识，有丰富的实践经验，然后是一个杰出的领导者，善于与他人交流沟通，能激发和带领团队工作，具有亲和力和号召力。

第四节　视觉营销人员需要的素质与能力

一、敏锐地把握时尚新闻

品牌的竞争环境、企业文化、产品的流行主题与系列经常发生变化，这就要求视觉营销人员不断地把握这些时尚新闻，通过时尚杂志、网站、设计指南等专业性资料掌握时尚新闻。信息量大、专业性强的美国 *VM* + *SD* 杂志是视觉营销人员重要的原版英文参考资料（图 10－23）。视觉营销人员通过逛街、街拍、观察店铺，了解时尚潮流；对社会、政治、突发事件保持高度的敏感，这些都对视觉营销的策划有重要的启发作用。

图 10－23　美国 *VM* + *SD* 杂志

二、创意思维

品牌的视觉营销工作充满创造力与活力，需要视觉营销设计师拥有开阔的眼界、丰富的想象力、独特的创新能力和敏锐的观察力。有了广泛的阅读、丰富的体验，才能大胆运用前卫、时尚、生动、有趣的艺术化表现手法，创造出激发顾客情感的故事，才能真正用视觉的方式打动消费者。

三、设计表现

好的设计想法应通过一定的载体来表现。一名优秀的视觉营销人员，首先要学会手工绘图，在最短的时间内把想法表现在纸张上；其次，要娴熟运用电脑软件，平面的软件有 Coreldraw、Photoshop，网页设计的软件是 Dreamweaver，其他多媒体软件如 Powerpoint、Flash 等对设计也很有帮助；再次，要学会制作缩小的比例模型，它也是会展设计、店铺设计甚至橱窗设计中表达效果的一种方式，可以真实呈现三维环境下的场景，比电脑效果图来得直接。图 10－24 是学生设计的创意商店模型，它完整而真实地表达了学生的创新构思，体现出空间组合的材质感。

图 10－24　学生设计的创意商店模型

四、了解相关材料与专业市场

通常来说，营销人员需要关注的材料有纸张类、面料类、花卉植物类、建筑材料类、装潢材料类、装饰性小商品类、家具类、道具类、人体模型类等。了解和熟悉这些材料，需要多去相关的专业市场考察，如纸张店、窗帘面料市场、花鸟市场、装饰材料市场、小商品市场、家居市场、时装市场等。在专业性的市场中，了解产品的种类、质地、结构、特性、产地以及价格等信息，以便制订设计的预算。

五、方案的策划执行与管理能力

视觉营销工作虽然独立，但不孤立，它离不开与其他部门的协调合作。视觉营销人员应通过市场部门掌握产品在销售中的状况，以便调整和策划视觉营销的方案；通过零售管理部门，掌握消费者的心理与行为习惯，为视觉营销的策略制订提供依据；通过产品开发与设计部门，掌握新产品系列的设计特点，以此来进行产品的陈列展示策划。另外，由于视觉营销的方案会制订成手册和制度传到各个地区和分店，所以更应该加强与其他部门的配合。管理和领导好一个有效的工作团队，对企业来说非常重要。例如，江南布衣把产品陈列的形成规范制作成手册，作为各店铺陈列管理的依据，如图 10－25 所示。

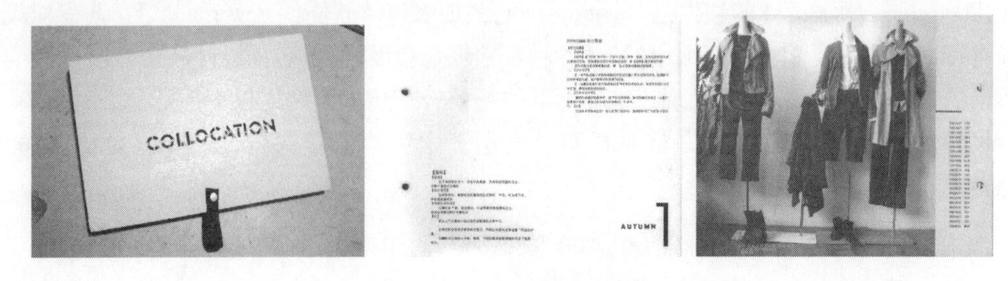

图 10－25　江南布衣陈列手册

小结

1. 视觉营销是以视觉艺术的形式传播品牌文化、品牌形象、产品信息、广告活动等内容，达到品牌价值提升与促进销售的目的。

2. 视觉营销的基本内容：品牌视觉识别形象策划与设计、零售空间形象策划与设计、会展策划与设计、产品组合策划与陈列设计、橱窗策划与设计、广告中的视觉设计、事件性促销设计、时尚摄影、互联网销售中的视觉营销设计。

3. 视觉营销不仅仅是终端卖场的产品陈列，它是综合运用平面、立体、网络、静态、动态等多元化媒介，集合并贯穿于策划、推广、管理等过程，是一个丰富而完整的体系。

4. 视觉营销工作承担着品牌的创新性和可视化推销的重任，它是一座桥梁，把产品连接到终端，使顾客认知品牌。

5. 视觉营销部门人员结构梯度分别为：策划设计助理—策划设计师—资深设计师—部门经理—总监。

思考题

1. 如何理解当代时装品牌的视觉营销？
2. 视觉营销工作人员需具备哪些素质与能力？
3. 卖场陈列如何让时装品牌在消费者心中更有魅力？
4. 为什么视觉营销工作需要创新与创意？

第十一章　橱窗展示设计

本章要点

- 国外橱窗展示设计的特点
- 橱窗展示设计的方法
- 橱窗展示设计的过程

学习目标

知识目标：

本章使学生获得橱窗展示设计的相关基础知识，了解制作工具的使用、道具的制作、创意构思的表现，并掌握不同季节、不同主题定位的创意及展示制作的基本技能。学会运用平面、空间等展示手法将时尚、时装的设计风格与理念通过艺术再造的形式传递给消费者。

能力目标：

通过案例分析加深学生对品牌展示要素的认识，加强学生对橱窗设计概念理解的系统性和完整性，提高其数据挖掘能力和资料搜索能力，激发学生的创造力和商业意识。

第一节　橱窗展示设计的发展

一、橱窗展示设计的基本概念

橱窗展示设计是终端卖场有效的营销手段之一。作为视觉营销的一部分，橱窗在以人为本的设计理念中，不断协调人与社会、人与环境的关系，实现人与客观环境间的平衡，如图 11－1 所示。橱窗展示设计对时装品牌的形象塑造与销售起到积极作用，它是以橱窗为载体，通过展示商品、传递相关品牌信息，反映企业文化，引发消费者共鸣，进而实现销售目标的一个视觉营销的重要环节。

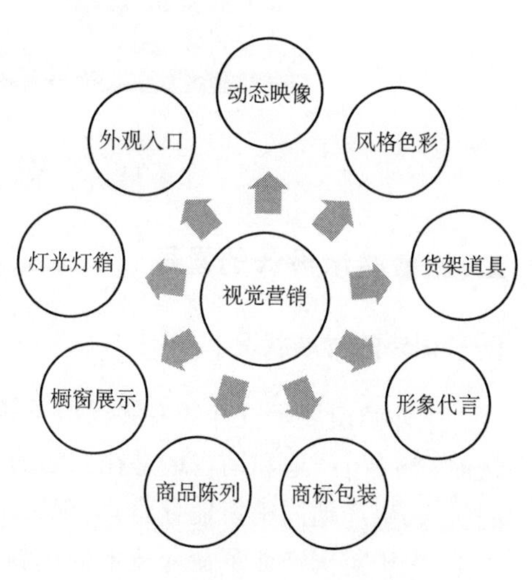

图 11－1　视觉营销的组成要素

设计橱窗时不仅要与卖场形成一个整体，也要和卖场内的营销活动相呼应，同时要用最简洁鲜明的陈列方式告知顾客设计者所要表达的主题。几种比较典型和常见的设计类型包括简洁构成式、生活场景式和奇异夸张式。

优秀的橱窗设计是艺术与商业的交融。一个好的橱窗设计师，除了熟悉营销、美学以及具备扎实的设计功底外，更重要的是必须站在顾客的角度去审视设计。从设计到三维稿，再到实物表现，都在考验着橱窗设计者的美学功底、形象思维能力和对消费者心理诉求的洞察力，如图 11－2 所示。

(a)

(b)

图 11－2　某品牌橱窗设计手稿与三维效果图

二、橱窗展示设计的发展

(一) 国外的发展状况

国外橱窗展示设计的发展经历了四个阶段。第一阶段的发展起始于 18 世纪末期，在这之前，产品生产地和销售地是在一起的，各生产商的销售摊点都是直接摆在街边。随着市场的扩大，生产地同销售地分离，出现了早期的橱窗展示设计。第二阶段的发展是在 19 世纪中期，由于英国产业革命和技术的革新，易货形式彻底进化成商品经营，这在功能和空间上极大地改进了原有的销售模式。利用临街的墙面向店外的行人展示商品的橱窗出现了，店铺橱窗起到了把商品售货区和街道分开的作用。第三阶段的发展是在 20 世纪中期，随着建筑材料的不断更新，店铺销售空间和橱窗展示呈现出大规模和梦幻色彩的发展趋势。“二战”后，伴随社会变革，橱窗展示设计的发展进入第四阶段，由于工业化的高速发展，西方国家产品极大丰富，商店不仅仅是销售点，更是成为商品销售终端的一种语言，充当着联系消费者和商家之间的媒介。在这一进程中，橱窗展示设计的发展与时代背景、技术进步紧密地交织在一起。

（二）国内的发展状况

在中国，最早的商业橱窗展示兴起于1927年前后的上海，随后逐步在沿海地区发展起来。改革开放以后，随着商业体制改革的深入、消费观念的转变以及西方经营体制的不断冲击，国内时装经营模式和卖场发生改变，橱窗展示受到重视。20世纪80~90年代，由于受到西方服饰文化的强烈影响，橱窗展示也随着模仿西方的经营模式而改变，开始在卖场的橱窗内大量地陈列商品，尽可能地将各种规格的商品齐全地展现在顾客的视线内，所以这个时期的橱窗共有一大特点就是饱满，以显示物品的丰富，对于曾经物资匮乏的人们来说，这种展示方式是极具吸引力的。到了20世纪90年代中后期，物资的丰富使得消费者的消费行为发生改变，开始对商品进行分层和分类，通常大家都会挑选适合自己层次需要的商品。卖场的形象也逐渐趋于完善，橱窗展示也发生了变化，不再以饱满齐全为主，而是呈现出细分化、风格化特征。所以，当时装终端卖场逐步发展和成熟时，橱窗设计的表达方式与手段也不断地在探索中更新。

近年来，中国橱窗展示业不断受到新的挑战，国内各知名时装品牌纷纷效仿国外大牌的橱窗设计。一方面，国内品牌可以从国际品牌的视觉营销中学到很多技巧，这些技巧可以武装自己的品牌；但另一方面，很多品牌只知一味模仿，却忽视了自己品牌的视觉卖点，往往“形似而神不似”，由于忽略了对其深层营销内涵的理解，不能到达消费者的深层需求而显得空洞无物。因此，在学习他人的同时，必须要研究国人的消费文化，为橱窗展示设计的健康发展找到科学系统的方法。

三、国外橱窗展示设计的特点

国内外优秀时装品牌的共同点是都具有一定的市场占有率并在消费者眼里已经建立了一定的品牌形象，这些形象帮助品牌获得消费者的认可并得以延续。但是在塑造品牌形象方面的研究，国外明显早于国内，直接导致了那些国外的优秀时装品牌更具有市场竞争力，使得他们的品牌文化渗透到目标消费群，对消费者造成了根深蒂固的影响，其特点有以下几点。

（一）设计定位明确

橱窗除了承载推销商品的功能外，还能传递特定的文化含义。优秀的时装品牌橱窗在设计前都必须有一个明确的定位分析，这种分析是帮助设计师们建立设计重点，预期设计效果。国外优秀品牌都在时装展示定位上做了大量的准备工作，关注到每一个设计细节，用细节征服消费者。

(二)橱窗展示的主题明晰

随着人们生活的不断丰富,很多时候需要在纷繁复杂的世界里得到一种启示,这种启示可以帮助人们寻找自己想要的信息,从而摒弃不需要的信息。时装橱窗也一样,橱窗也有自己想要表达的故事,主题性橱窗就能很好地展现这一点,通过主题唤起消费者的需求。

(三)创意道具的作用明显

在橱窗设计中,除了主体产品外,道具的重要性是显而易见的,它具有辅助设计和烘托产品特质的功能,且有助于营造橱窗整体氛围。国外的一些大牌往往不惜花费重金打造展示的道具,依托它们创造震撼人心的效果,旨在带给人们带来一场视觉风暴。

事实上,国内时装橱窗设计目前存在的问题是在视觉营销的探索过程中难以避免的,商品橱窗展示从早期的追求饱满感到现在努力追求自身的定位与风格已经跨出了一大步。这既是受到西方经营模式的影响,也是国内品牌追求国际化的必然历程。

国内外橱窗设计存在设计水平、思维方式的差异,这种差异来自于零售体制和产业结构。伯道夫·古德曼百货公司奇异夸张的橱窗设计(图 11－3)的完成,不仅是由于买手制的百货商店运营模式使得其货品能够实现主题统一,更重要的是设计团队与多位艺术家的跨界合作、与博物馆的合作,使得商业与艺术的界限一再模糊。

图 11－3　美国奢侈品百货商店伯道夫·古德曼奇异夸张的橱窗设计

优秀的橱窗设计往往来自于:在设计团队的架构方面采用内部与外聘相结合的方式;更高的橱窗主题更新频率,例如目前主流的橱窗设计往往采用每月一个应季主题的呈现;主题的明确性与关联度强,例如以对一些时髦社会问题的反思为主线做延续性的设计,每一期设计有时仿佛是上一期橱窗设计的续集;买手制与商品风格的统一性,统一主题的产品呈现与产品的丰富性保证了橱窗的风格统一;强调展示的艺术高度,抓住消费者的猎奇心理,艺术家的跨界执导橱窗设计已不是什么新鲜事了。橱窗展示作为卖场终端的导入空间部分,在商品和消费者的不断细分的产业背景下起到了重要的导向作用。

第二节　橱窗展示设计的作用与类别

一、橱窗展示设计的作用

橱窗在卖场空间中具有两种特性:一种是商业特性,即要达到一定的商业目的;另一种是艺术特性,即需要有一定娱乐和创意色彩,这既是为了吸引消费者的视线,也是为了满足一些消费者的情感需求。橱窗展示设计的作用如图 11－4 所示。

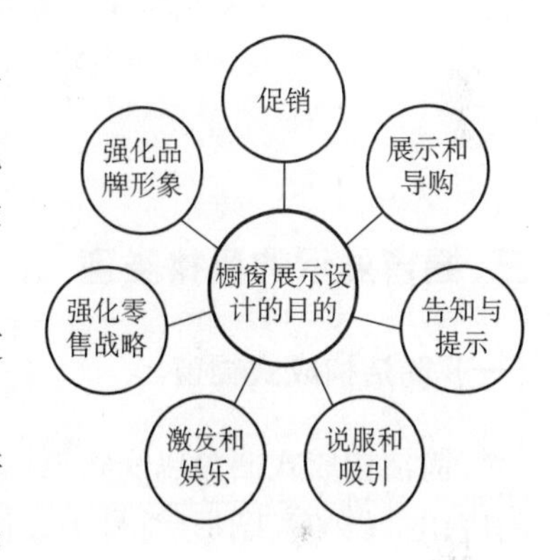

图 11－4　橱窗展示设计的作用

(1)促销:促销是时装橱窗展示设计的最终目的,通过展示可激发消费者的购买欲望。

(2)展示与导购:橱窗往往会展示本季的主推系列、新款商品和畅销产品,同时搭配相应的服饰配件,这既是商品的立体展现,也是一种静态的导购方式。

(3)告知与提示:以橱窗展示的方式告知消费者当季的新款、流行色与搭配方式,并提示消费者打折或销售活动的相关信息。

(4)说服与吸引:这里的说服主要是指对消费者视觉上的吸引和触发情感上的冲动。

(5)激发与娱乐:运用创意性的设计和独特的视觉效果,不仅美化了消费者的视觉,也愉悦了消费者的内心。

(6)强化零售战略:商品千差万别,店家各不相同。超级市场大多考虑消费者的功能性诉求,奢侈品零售商考虑的应该是营造合适的空间氛围。

(7)强化品牌形象:橱窗是商店建筑的一部分,精心布置的橱窗不仅能把消费者引入店内,还能直观地传递品牌的形象。

二、橱窗形式与店铺位置

橱窗的尺寸直接影响最终的效果,在商业街几乎找不到相同尺寸和形状的橱窗。商店的橱窗形式各异,最常见的有封闭式、半封闭式和开放式橱窗。事实上,更重要的是店铺本身所在的地理位置直接决定了橱窗的展示条件和设计基础,如沿街橱窗或转角橱窗。

Giordano(佐丹奴)位于香港机场的店铺位置决定了其开放式橱窗的格局,罗德·泰勒(Lord Tailor)百货商店的转角橱窗位于显眼的十字路口,决定了封闭式橱窗的构成,如图 11 -5所示。

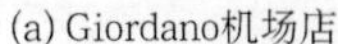
(a) Giordano机场店

(b) 纽约第五大道罗德·泰勒百货商店

图 11 -5　橱窗形式

三、橱窗展示的风格类型

(一) 简洁构成式橱窗

简洁构成式橱窗以实物展示为主,直接通过商品展示达到广告效应,强调平面设计元素的应用,以文字、图形、符号为设计形式来表现商品。无论是大众品牌 Club Monaco(莫那可)还是奢侈品定位的伯道夫·古德曼百货、Burberry 品牌都采用这种价格低廉、效果显著的展示方式,如图 11 -6 所示。

(二) 生活场景式橱窗

通过这种橱窗展示的方式,使目标消费者认同品牌所倡导的文化和内涵,憧憬品牌所倡导的生活方式。Ralph Lauren 生活场景式的橱窗设计引发消费者的憧憬和向往,如图 11 -7 所示。

(三) 奇异夸张式橱窗

奇异夸张式橱窗是通过非常规的设计方式,如比例失衡、空间重叠等非理性思维方式开展设计,以刺激、夸张的方式呈现产品,这种方式能最大限度地抓住消费者的猎奇心理。Juicy Couture(玖茜)以比例失衡的方式再现经典的童话故事(图 11 -8);著名零售品牌 A&F 以独特的展示方式引起消费者的关注与参与,该品牌的店铺风格独树一帜,邀请顾客与性感店员合影,让品牌的目标消费者兴高采烈(图 11 -9)。

(a) 美国服装品牌Express

(b) 伯道夫·古德曼百货

(c) 美国品牌Club Monaco

(d) 英国品牌Burberry

图 11-6

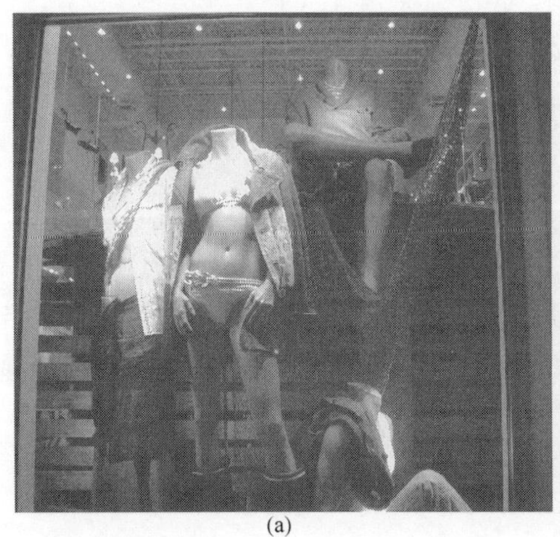

(a)

(b)

图 11-7 Ralph Lauren 生活场景式的橱窗

图 11－8　Juicy Couture 比例失调的橱窗展示

图 11－9　A&F 店员与顾客的合影

四、橱窗展示设计的要素

本内容以奢侈品品牌为例。

(一)历史要素

图 11－10　Chanel 商标设计的历史渊源

奢侈品向世人炫耀的核心价值是品牌拥有的显赫身世,“产品可以模仿,历史无法再现”,奢侈品的历史价值一直成为人们津津乐道的话题。近年来,各奢侈品牌更是通过艺术展览的形式,从文化角度诠释品牌的历史渊源,达到传播品牌文化的效果。“文化夏奈尔”艺术展、“卡地亚珍宝艺术展”、“缝制时间——爱马仕皮具展”、“迪奥与中国艺术家”、“路易威登:创意情感”艺术展,无不在回顾品牌发展历程的同时,通过历史要素体现各奢侈品牌历尽时间考验的稳定价值和高贵血统,从文化层面为品牌增值,从而提升品牌的溢价能力。图 11－10 为 2011 年摄于上海当代美术馆的 Chanel 双 C 标志,其下层是 1561 年的希腊式红色皮革精装本,嵌以凯瑟琳·德·梅第奇皇后与其子查尔斯九世首字母的金色纹章。这一新一旧的物件体现了品牌诞生之初的文化渊源和经历沉浮最终积淀下来的品牌文化。

(二)产品要素

顶级奢侈品会以无懈可击的工艺和稀有材质为亮点作为陈列的主题,产品的某一细节、一项失传手艺、稀有材料或某种专有的工艺都能征服消费者的感官和心理。奢侈品牌对产品品质永无止境的追求,反映了其超群的艺术价值,同时也成为展示的主题和品牌价值传递的媒介。

(三)技术要素

每一次技术的变革都带来橱窗展示的革新。无论是 Lious Vitton 的橱窗传送装置,还是 Miu Miu(缪缪)采用的大型电子展示技术(LED),都使得视觉战争由室内转向室外,体现着技术要素的巨大威力。亚历山大·麦奎恩逝世主题的展示使得品牌与新闻事件高度连接，让人们在缅怀设计大师的同时，使得品牌再次成为一时的话题，如图 11 - 11 所示。

(a) LV旗舰店　(b) Miu Miu的LED技术　(c) 麦奎恩逝世主题橱窗

图 11 - 11

（四）系统思维要素

系统思维要素主要是指对品牌定位、产品风格、陈列主题、售点促销、售后服务等诸多环节进行系统思考，确保商品主题、展示主题、各传播要素布局的合理性与一致性。

（五）体验要素

体验要素反映了消费者对个体尊重、个性表达、差异性体验价值等方面的诉求。例如，Prada 的插画短片将故事情节与产品设计、事件营销、产品体验、店铺情境、橱窗设计等节点组合在一起，形成复合的体验元素，在推介新产品的同时感染了每一位进店的顾客。

第三节　橱窗展示设计的方法

一、橱窗展示设计的定位

（一）产品文化定位

时装品牌通常都有自己的文化定位，即目标消费群体的文化特征、生活方式、文化水平、经济能力、社会阶层、心理状态等。橱窗设计作为品牌文化展示的一种形式，向消费者传达自身的文化内涵，这种内涵将潜移默化地影响消费者。

（二）产品卖点定位

橱窗展示的最终目的是为了促进产品销售，一切的设计与道具都是为了突出产品的卖点，利用视觉语言吸引顾客的目光，引其进入店内卖场。产品卖点通常为两种，一种是促销提示，另一种是当季主推的时尚款式或者服饰配件。

(三) 色彩体系定位

色彩体系的定位一般依据两点:第一是符合大环境下的要求,现在很多国家和城市对店面的门头和橱窗设计都有严格的色彩体系规定(这样做的目的是为了防止一些商家只考虑自身利益而乱用色,从而破坏了整个商业环境的整体性);第二是符合自己产品的风格以及突出这一季的流行色主题。

二、橱窗展示设计的系统性

高效优质的橱窗设计背后是三个要素的平衡。买手制的商业运作模式保证了所有商品主题的一致性;设计师轮换制,保证了每期设计的新鲜度;频繁的更替周期强化了产品概念和对消费者的视觉刺激。伯道夫·古德曼百货商店橱窗设计的成功正基于这三方面的优势,如图 11 - 12 所示。系统化的产业结构与企业机制保证了高效优质的时装橱窗设计作品的诞生,使得橱窗设计成为视觉营销的有效手段之一。美国时装品牌 Anthpology 每周更换橱窗和卖场陈列主题,以保持品牌产品的新鲜度,如图 11 - 13 所示。

图 11 - 12 伯道夫·古德曼具有空间感的橱窗设计作品

图 11 - 13 Anthpology 每周更换橱窗与卖场陈列主题

纽约梅西百货的橱窗设计让消费者体会到了环境变化与消费者体验的紧密结合。鲜花主题的橱窗在第一时间吸引了所有梅西消费者的眼球,再一次征服了消费者,如图 11 - 14 所示。

图 11 - 14 梅西百货的橱窗设计

三、橱窗展示设计互动体验

随着体验经济时代的来临,越来越多的消费者参与到设计中来,互动体验逐渐成为话题之一,香港金钟太古广场就推广互动体验式购物。在太古广场卖场的空中悬挂着上下升降的木马,上面坐着穿戴新潮的模特,巨大的旋转木马是整个卖场的主题,卖场成了一个生动的剧场,在展示时尚的同时也让消费者体验了一次愉快的精神之旅,如图 11－15 所示。

图 11－15　金钟太古广场的购物体验设计

第四节　橱窗展示设计的过程

橱窗展示设计的过程一般包括前期设计分析、方案设计、设计施工和设计维护四个阶段。

一、前期设计分析

前期设计分析部分主要包括三方面的内容。第一是要确认基本诉求,在橱窗展示设计展开前进行资料收集工作,如罗列之前的设计案例、挖掘品牌文化与思考展示方式,展示主题与产品主题的关联性、展示周期和品牌主题活动的衔接、布展橱窗的条件分析、店铺的顾客类型分析等。第二是对相关品牌视觉营销现状进行分析,这里主要指对竞争品牌展示方式变化的跟踪和对参考品牌进行调研和设计元素的收集,这项内容往往使展示设计更加具有竞争力和可操作性。第三是制订完善的项目推进规划。这三项准备工作完毕以后,就进入方案设计阶段(表 11－1)。前期的设计分析包括对品牌定位的理解、消费者心理的分析、店铺类型、橱窗条件的分析、时间进度的合理规划、品牌相关营销策略的掌握等多方面内容，充分的前期设计分析是对设计作品艺术和商业价值的保证，也考验了设计者的项目管理能力与对市场认识的深度。

表 11－1 方案设计阶段的工作

序号	内容	起止时间	人员	完成情况
1	了解产品风格及以前的相关资料	3/19～3/20		
2	对相关竞争品牌橱窗风格进行搜集归类，并制作 PPT	3/21～3/23		
3	与企业接洽，了解需求；设计细节和灵感源、色彩搜集	3/24～3/25		
4	整合设计细节，草图（选定 2～3 个主题，每个主题 3 款草图）	3/26～3/31		
5	组织讨论，确定 2～3 个草图	4/1～4/3		
6	完成平面图、三维图制作	4/6～4/10		
7	设计推敲和改进，制作成册	4/11～4/19		
8	汇报与演示	4/20		

二、方案设计

设计师根据本季橱窗设计的定位，结合之前所做的背景调查，对本季的流行趋势和本季所能采用的主题进行推敲，目的是让设计师对本季橱窗设计有全盘的了解，可以采用拼贴板的形式进行资料的罗列展示，如图 11－16 所示。

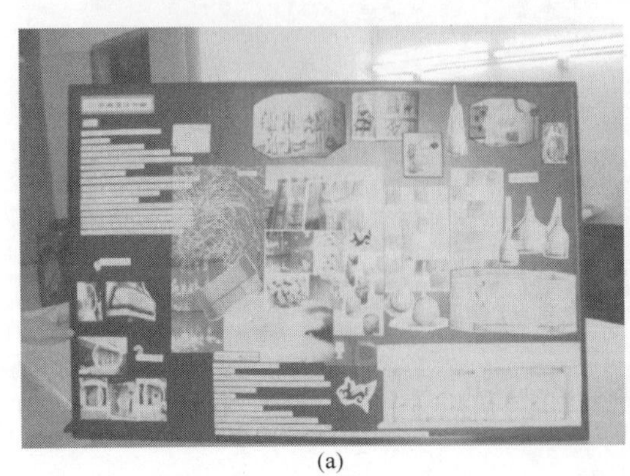

(a)

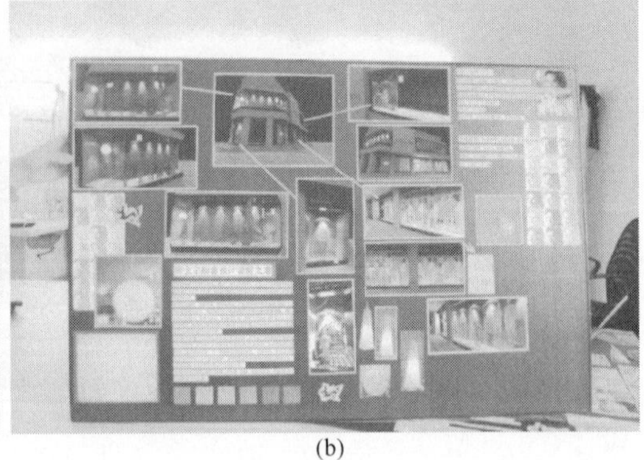

(b)

图 11－16 某品牌橱窗设计看板

在这个步骤，有效的方式之一是头脑风暴。即通过设计师之间的思路碰撞、对设计元素的推敲，组合出一套完整的构思。这个过程强调的是提炼元素，利用元素来体现主题，橱窗设计由于具有及时性，要求设计的道具具有视觉冲击力，因此必须用最形象的元素来突出本季橱窗所要表现的主题。由于受众对橱窗展示的视觉停留时间非常短，因此要求橱窗主题元素数量要少，以免过多的元素让消费者无法在第一时间理解设计主题。例如某品牌在 2010 年春节橱窗设计方案中，集中采用风车和鞭炮作为主题，完美地体现了春节的气氛，如图 11－17 所示。方案设计的常规步骤见表 11－2。

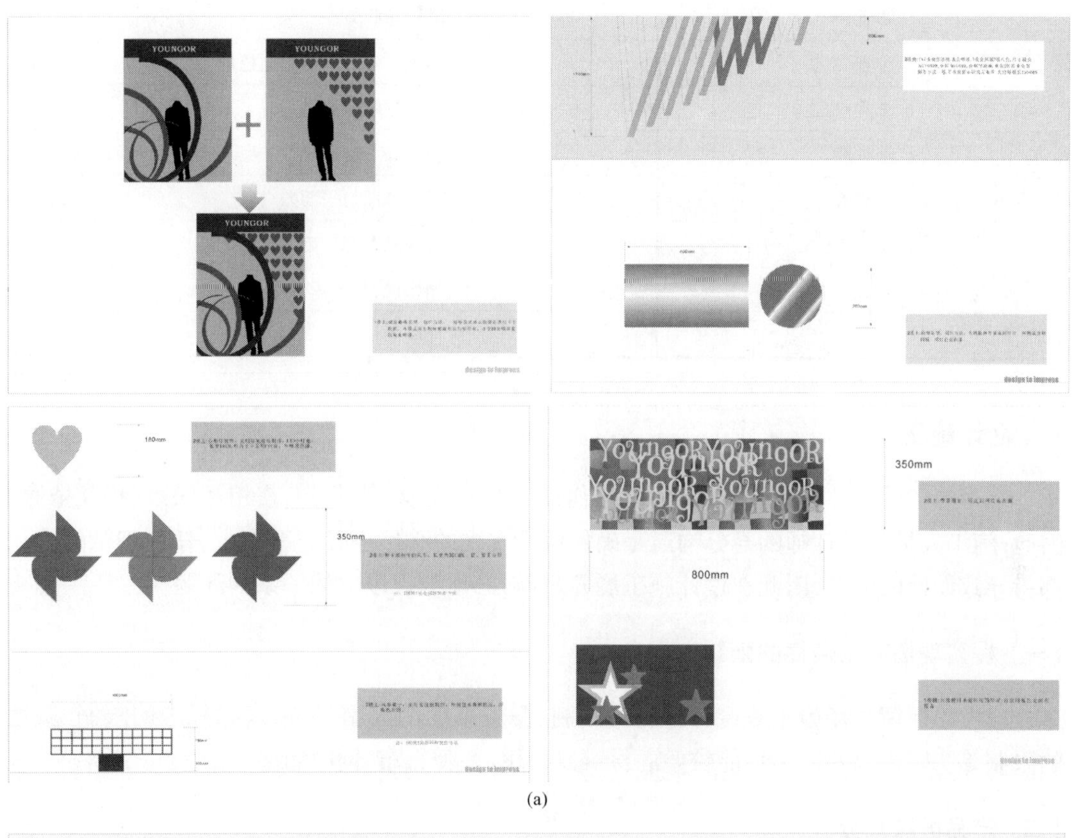

(a)

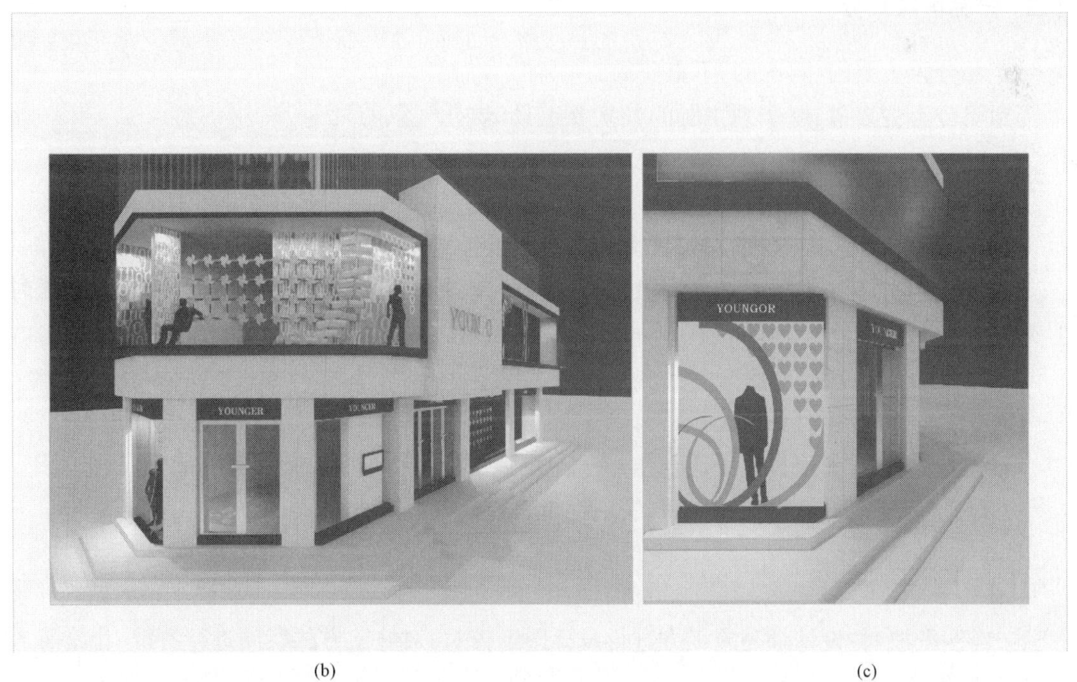

(b)　　　　(c)

图 11－17　某品牌橱窗设计三维设计方案

表 11-2 方案设计的常规步骤

步骤一	灵感源收集
步骤二	确认色彩方案与主题色调
步骤三	设计主题综述
步骤四	设计细节整合
步骤五	设计草图与平面图
步骤六	设计推敲与讨论
步骤七	制作说明
步骤八	样品确认

三、设计施工

艺术的实现往往依赖于技术，所以任何设计都与商业、技术、工艺相互联系、相互依存。因此，施工人员与设计师的充分沟通是确保设计实现的必然途径。事实上，任何细微的失误都将导致设计的失败，因此在设计施工展开之前，必须考虑以下的一系列问题。

（一）橱窗现场施工条件的限制

应考虑橱窗现场施工是否有材料的限制、橱窗高度的限制、橱窗进深尺寸的限制、颜色的限制等。对于一些防火性能较差的材料要慎用，如弹力布、网眼布等。

（二）产品区域划分

产品分为主要的、其次的、不重要的。

道具分为主要道具（表现主题的）、次要道具（烘托气氛的）。

（三）施工进度安排

（1）天花吊顶施工：工期较短，因橱窗大小和设计复杂程度而异，一般耗时 1 天。

（2）墙面施工：橱窗展示墙面一般都要进行处理，根据当季主题进行墙面装饰，一般耗时 1 天。

（3）水电施工：耗时 0.5 天。

（4）地面施工：耗时 0.5 天。

（5）道具制作：利用其他场地制作，或外包或采购，应当在地面施工完成前完成。

（6）道具布置：地面施工完成后，安装道具，调整展品。

（四）具体施工阶段

（1）图纸校对：设计师与施工方进行设计图纸校对，对施工方的疑问进行答辩，让施工人员充分理解设计师的意图。

（2）施工人员：由设计师或客户方提供合格的施工队伍，该队伍必须具备装饰装修工程资质，人员配备包括泥工、水工、电工、管理人员。

(3)设备配备:除常用装饰装修工具外,还需要配备雕刻机、写真机、喷漆设备等常用的广告制作设备。

(4)进度规划:根据设计方案,对工程进度进行合理配置,一般前后顺序依次为:天花吊顶施工、墙面施工、水电施工、地面施工、道具制作、道具布置。

(5)验收:验收工作由设计方和施工方共同完成,根据设计方案的要求,对施工质量和施工效果进行检验。验收合格,则合同完成;验收不合格,施工方有义务进行补救施工。设计人员对施工项目现场的跟进与及时调整对设计方案的完成非常重要,如图 11 - 18 所示。

(a)　(b)　(c)

图 11 - 18　施工项目现场跟进

四、设计维护

(一)后期维护

后期的维护是确保橱窗展示期间的完整性和目标效果实现所必需的。具体内容包括:保持展示构成要素的完整性;在相应节点过后迅速撤掉展示信息,例如橱窗中情人节的设计第二天要将展示标语更新;每日进行工作评估;定时更新陈列主题、模特及配饰;及时更换过季的宣传品;严格执行视觉营销展示手册中的相关内容。

(二)对橱窗设计师的要求

橱窗设计师作为品牌视觉营销部门的骨干力量,承担着重要的工作内容。同时,由于工作特点,要求橱窗设计师对终端店铺的店面进行实时跟踪,往往担负着出样的重任,还要及时进行现场调整,这些工作内容要求橱窗设计师首先要具备良好的身体条件。对产品的认识，特别是系列主题和重点商品、产品卖点的掌握以及良好的艺术功力和表现力是使橱窗设计师能够充分呈现主推产品的前提；对优秀展示设计作品的跟踪和熟悉、对姐妹艺术的涉足成为提升艺术修养和表现力的途径；同时，对社会问题的洞察、消费心理的把握、消费者变化的观察成为橱窗设计师实现与消费者互动、共鸣的基础；对工艺的熟悉和材料性能的把握，对成本的控制能力等多方面的心理与生理素质要求使橱窗设计师的角色具有艺术、商业、技术的全方位能力。

小结

1. 时装橱窗设计是一门综合性的学科，涵盖了视觉艺术设计、营销学、消费者心理学等多门学科。橱窗展示设计是终端卖场有效的营销手段之一。

2. 优秀的橱窗设计是艺术与商业的平衡。在把握艺术性的同时，对材料和施工环节的把握也必不可少。一个好的橱窗设计师，除了需要熟悉营销、美学以及具备扎实的设计功底外，更重要的是必须时时刻刻站在顾客的角度去审视设计。

3. 橱窗作为有效传递产品信息、反映企业文化的媒介，是视觉营销的重要环节。主要的设计风格类型包括：简洁构成式、生活场景式、奇异夸张式。

4. 橱窗设计的要素包括历史要素、产品要素、技术要素、系统思维要素和体验要素。时装橱窗设计定位的内容包括：产品文化内涵定位、产品卖点定位、色彩体系定位。

5. 时装橱窗展示设计的表现依赖于各个步骤的实践。主要包括前期设计分析、方案设计、设计施工、标准的建立、设计维护。

6. 橱窗设计师要具备多方面能力，包括良好的身体条件、对产品的认知和品牌内涵的把握、艺术造诣和对工艺技术的掌握、成本控制能力等。

思考题

1. 思考橱窗展示设计与视觉营销的关系，谈谈它们对于品牌形象和品牌价值的提升具有怎样的意义。

2. 橱窗展示设计的三种主要风格类型是什么？结合具体品牌介绍其当季设计主题和风格类型。

3. 结合相关学习内容，选取三个不同类型的时装品牌，结合品牌定位，分析它们在橱窗设计中的差异，如预算、品牌理念、设计团队、道具类型、橱窗类型、与店内展示的衔接等。

4. 选择某一品牌的某一门店，分析其品牌理念、地理位置、消费者类型、店铺橱窗尺寸等相关条件，尝试完成该橱窗的设计方案一套，并完成该橱窗的成本核算。

第十二章　时装网络营销

本章要点

- 时装网络营销与传统营销的区别
- 时装网络营销的模式
- 时装网络营销的发展现状和发展环境分析
- 时装网络营销的策略
- 时装网络营销的发展障碍

学习目标

知识目标：

本章可使学生系统地了解时装网络营销的概念、特点、模式、发展历程和国内外发展现状等，并熟悉时装网络营销的品牌策略、产品策略和促销策略。通过对“时装网络市场”的动态分析，培养学生网络实践的创新思维。

能力目标：

本章可使学生能够掌握时装网络营销的关键所在，基于理论的学习和对优秀案例的剖析，让学生更深入地了解时装网络营销的相关策略，能以敏锐的视觉洞悉未来的发展趋势，培养学生分析问题和解决问题的能力。

随着现代经济的发展和信息技术的不断革新，互联网重构了时间和空间的概念，网络营销为时装企业提供了一系列的应对方法和策略，互联网及时传达最新时装流行资讯和产品信息，为时装企业节约更多的营销成本，增强其市场竞争力，而消费者则可享受到购物的便捷和优惠的价格，在一定意义上实现了双赢。时装网络营销作为一种新的营销方式和营销理念，其发展极其迅速，成为交易额排名连续靠前的重点行业之一。

第一节　时装网络营销的概念和模式

一、概念

众多学者认为，凡是以互联网为主要手段进行的、为更好地满足顾客需求去达到一定营销目标的营销活动，都可称之为网络营销（E-marketing/ internet marketing），其贯穿于企业开展网上经营的整个过程。

时装网络营销目前还没有一个公认的、完善的定义，但可以理解为零售商通过建立独立的购物网站或在第三方网络零售平台上发布和展示时装商品信息，辅之以各种在线销售策略吸引消费者的购买欲望，进而在网络平台上完成时装商品交易的经营过程。

国内外学者对网络营销和时装网络营销的定义汇总见表12－1。

表12－1 国内外学者对（时装）网络营销的定义汇总

学者/年份	定义
詹诺（Janal）/1995	针对使用互联网与商业线上服务的特定用户销售产品与服务的系统，配合公司的整体营销规划，由线上系统促使用户可利用网络工具与服务获取信息与购买产品
山密特（Sumit K. Majunmdar）等/1998	网络营销是借助联机网络、电脑通信和数字交互式媒体来实现营销目标
冯健英/2002	网络营销是企业整体营销战略的一个组成部分，是为实现企业总体营销目标所进行的、以互联网为基本手段营造网上经营环境的各种活动
拉菲·默罕默德/2004	网络营销是通过在线活动建立和维持客户关系，以协调满足公司与客户之间交换概念、产品和服务的目标
孔伟成、陈水芬/2006	网络营销是企业整体营销战略的一个组成部分，是建立在互联网基础之上、借助于互联网来更有效地满足企业顾客的需求和欲望、从而实现企业营销目标的一种手段
郭笑文、裴艳丽、曹鸿星/2006	网络营销是通过网络、信息技术建立和维持一种高度互动、个性化的长期关系，以更有效满足客户需求和实现营销者的诉求目标
朱迪（Judy Strauss）/2007	网络营销是指利用信息技术去创造、宣传、传递客户价值，并且对客户关系进行管理，目的是为企业和各种相关利益者创造收益。简单地说，网络营销就是将信息技术应用到传统的营销活动中
宁俊/2004	时装网络营销就是将网络营销的理论和实践引入时装领域，是时装产业借助现代信息技术搭建的技术平台，将网络技术应用到时装产品的设计、采购、生产直到销售的全部经营过程中，以实现时装企业整体营销战略目标的一种营销手段
刘向晖/2009	网络营销就是用互联网在更大程度上更有利润地满足顾客的需求的过程

二、时装网络营销和传统营销的比较

时装网络营销是伴随着社会科学和信息技术的高速发展而出现的新型网络产物，与传统营销有着不可分割的联系，它们都是以销售、宣传商品及服务、加强和消费者的沟通与交流为目的，但同时两者之间又存在着明显的区别。

开展时装网络营销，使企业的经营成本和费用降低，生产周期变短。据相关文献分析，中间被整合掉的环节一般瓜分传统零售价格的15%～28%，企业开展时装网络营销在一定程度上使自身获得更大的利润空间，从根本上增强了企业竞争优势，如图12－1所示。

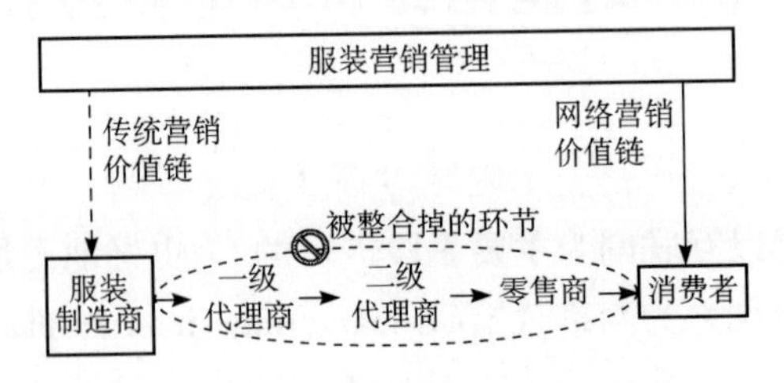

图12－1 服装网络营销的价值流分析

表12－2从营销的几个基本要素比对了时装传统营销和时装网络营销的一些区别。

表 12－2 时装传统商店与网络商店的比较

比较项目	传统商店	网络商店
空间的使用	受到单一地区的限制，因此要考虑交通便利性、停车问题等，店面空间扩充性不大	不受实体空间的限制，当商品规模扩大或增加时，只需增添电脑等相应的设备，可扩充性大
顾客来源	除特定消费群体外，还要受到地域限制，顾客多为一定地区范围的人，消费人数有限	除特定消费群体外，没有地域限制，消费者可能来自全球各地
市场定位	目标较为复杂，较难把握目标消费群	对目标市场强化其互动性及社区性，有助于一对一的行销理念
品牌	品牌价值普遍受到重视，但仍因产品种类而有差别	由于虚拟世界非实体性的因素，强化了品牌价值的重要性；网站设计水准与品牌形象息息相关
时间的限制	大部分的商店受营业时间限制，配合该商圈中消费者的生活习惯与店员的工作时间，营业时间外不能进行交易	无营业时间限制，因为顾客遍及各地区，随时都可能有顾客上门
商品展示/体验	较重视商品陈列的问题，例如如何摆设商品才能使顾客可以感触到产品并进行选择。对商品的资料提供较为缺乏，需要店员的协助。但是顾客可以亲自触摸并亲眼看到所选购的商品	较重视产品呈现的问题，网络商店对实体商品的出售缺乏实物触摸的真实性。网络虚拟商店只能通过图片和文字等信息给予视觉感知（虚拟试衣/不试衣）
人员配置	需要店员及管理人员，店员是商店中次于商品的一环。店员的人数、工作方式与工作态度对商店的形象有相当大的影响	只需商店系统的维护设计与管理人员，无须店员的存在，没有人员服务对消费者购物意愿所造成的影响，但网络顾客服务态度也尤为重要
相关服务的提供	顾客接触的都是一样的硬件设施，服务的提供靠店员来表现。服务品质因不同店员的表现而有所差异，不易为每位顾客提供个性化服务	可由电脑系统负责进行自动化的服务，如经常性问题等。服务品质较为一致，通过电脑屏幕可对顾客进行个性化服务
销售成本	由于硬件设备与存货囤积的问题，加上店租费、人员等相关费用，产品价格受到中间商和关税的影响，销售成本相对较高	没有庞大的店租费用、虚拟化、无租金、无人事和设备成本、跨时空，价格弹性化、极大地降低了销售成本，更让利于消费者
产品促销	广告费用高，偏向单向行销，传播成本极高；只“推”不“拉”，消费者被动接收	利用信息媒介、网络广告等进行互动性行销，成本低；推拉式互动促销；实现消费者理性、互动购物
付款和物流	当场付款、交货	借助第三方物流送货，在线支付/银行汇款/货到付款

时装网络营销是将现代网络技术应用于营销全过程，它不仅仅是单纯利用网络这一新媒体进行网上时装产品销售，而是企业现有营销体系的有效补充和提升模式整合、营销理论的延伸。图 12－2 所示为时装网络营销与传统营销的价值曲线，从价格、便利性、款式种类、产品质量、购买体验、售后服务、个性化服务七个方面对比了时装网络营销和传统营销的异同。从价值曲线图可以看出，在七个重要的价值主张中，时装网络营销在价格吸引力、便利性、款式种类和个性化服务方面更具优势；而在产品质量、购买体验以及售后服务方面却不及传统营销。

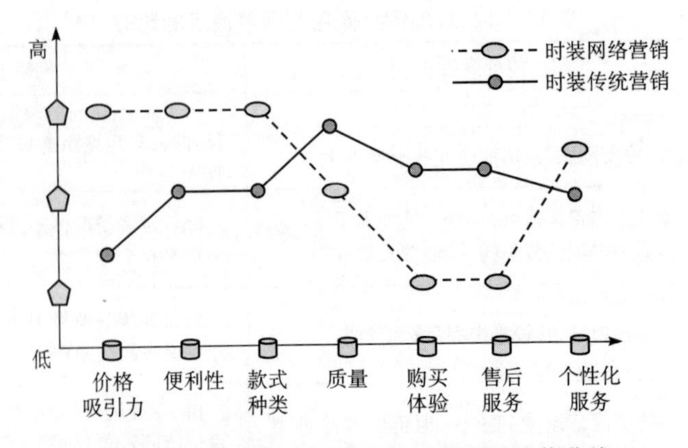

图 12－2　时装网络营销与传统营销的价值曲线

时装网络营销与传统营销模式相比具有传播速度广、速度快、无时间空间限制、无店面租金、低投入低风险、双向互动交流、信息反馈迅速等特点。时装网络营销作为新的营销理念和策略，取得了迅速的发展，但这并不意味着时装网络营销将完全取代传统营销。

三、时装网络营销的模式

根据交易双方的不同，时装网络营销主要分为三种典型模式：B2B（business to business，企业对企业）、B2C（business to customer，企业对消费者）和 C2C（customer to customer，消费者对消费者），如图 12－3 所示。

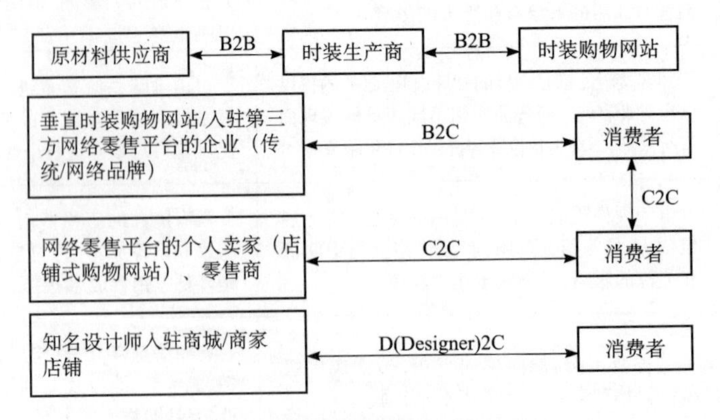

图 12－3　时装网络营销的模式分类

淘宝商城已推出了设计师平台的 D2C 旗舰店，大胆尝试 D2C（designer to customer）模式，淘宝商城设计师频道和淘宝团购聚划算频道联手，吸引国内知名时装设计师入驻，通过设计原创手稿展示和模特着装照片的方式进行新品团购预售，取得了良好的成效。

（一）B2C 和 C2C 的核心竞争力与差异对比

中国网购市场主要源于 C2C 的兴盛，从目前的时装网络购物零售市场来看，C2C 占据了国内网络购物市场交易规模的大部分，超过了 B2C 的规模，然而，时装 B2C 模式的发展却被更多人看好。在中国巨大的市场背景下，社会的进步带来了消费形态的变化，网络购物环境日趋成熟，人们越来越看重网站的品牌和商家的实力。随着网站的品牌化，B2C 时装网络营销将占据越来越高的市场份额。表 12 -3 所示为时装网络营销 B2C 模式和 C2C 模式的对比。

表 12 -3 B2C 模式和 C2C 模式的对比

<table>
<tr><th>对比项目</th><th colspan="2">B2C 时装网络营销</th><th colspan="2">C2C 时装网络营销</th></tr>
<tr><td rowspan="2">交易对象</td><td colspan="2">business to customer,企业对消费者</td><td colspan="2">customer to customer,消费者对消费者</td></tr>
<tr><td colspan="4">两者都是直接面对消费者,目标市场存在重叠</td></tr>
<tr><td>代表性企业</td><td colspan="2">PPG、凡客诚品、Bono、时尚起义、M18 等</td><td colspan="2">淘宝网、易趣网、拍拍网、有啊网等</td></tr>
<tr><td>商品定价</td><td colspan="2">平台的建设和维护费用高,商品较注重质量,其定价略高</td><td colspan="2">免费的平台使得运营费用低,商品的定价略低,个人网店竞争激烈</td></tr>
<tr><td>信用体系</td><td colspan="2">企业信誉为保障</td><td colspan="2">依靠第三方的反馈信誉为基础</td></tr>
<tr><td>支付方式</td><td colspan="2">在线支付和货到付款等多种支付方式</td><td colspan="2">第三方支付平台</td></tr>
<tr><td>收益来源</td><td colspan="2">通过减少流通环节和库存成本,提高利润</td><td colspan="2">通过压缩零售环节来获取利润</td></tr>
<tr><td>售后服务</td><td colspan="2">以企业的售后服务体系提供保障</td><td colspan="2">由中间商来提供</td></tr>
<tr><td>核心能力</td><td colspan="2">对企业要求高,模式难以模仿</td><td colspan="2">模式简单,易于效仿,信誉是其核心竞争力</td></tr>
<tr><td rowspan="2">整体的优劣势</td><td>优势</td><td>以品牌时装居多,质量上相对较有保障;商家有实名认证,可信度较高;售后服务较有保障</td><td>优势</td><td>产品款式丰富;价格从低端到高端能满足不同顾客的需求,价格诱人;能满足顾客的个性化需求</td></tr>
<tr><td>劣势</td><td>价格不够具有吸引力</td><td>劣势</td><td>产品质量缺乏保证;个人卖家信用得不到保障;售后服务不完善</td></tr>
</table>

(二)B2C 产业链和 C2C 产业链的比较

时装网络营销 B2C 产业链更加独立,主要依靠自建的独立网站和消费者发生信息流、物流和资金流的关系。很多发展较好的时装企业逐步建立专属的物流公司,更好地加强 B2C 时装网站的物流配送力度、服务力度,在消费额支付方面也采取多种便利的方式,如增加渠道付款,给消费者更多的便利和安全性保障。C2C 模式则一般依托第三方物流配送公司和第三方支付平台,在一定程度上比较受限制,如图 12 -4 所示。

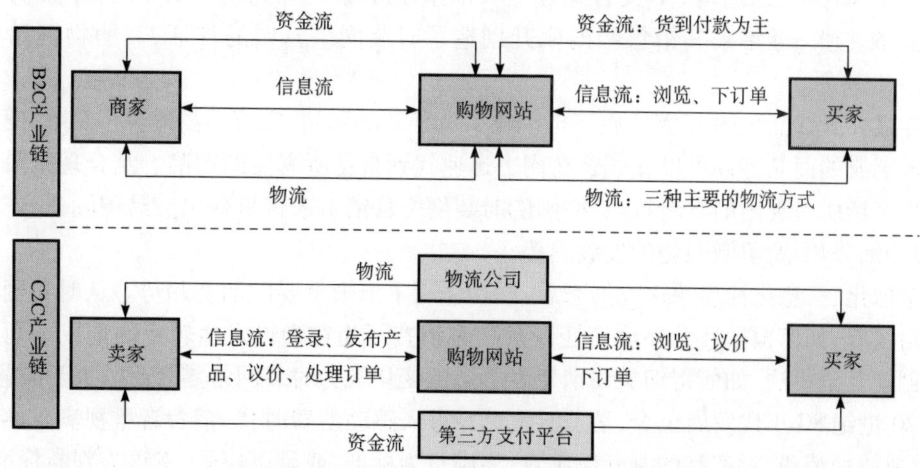

图 12 -4 时装网络营销模式的产业链对比 (图片资料来源:http://www.iresearch.cn)

随着网络营销发展的逐渐成熟,网民消费习惯逐渐成熟,网络的品牌化变得尤为重要,B2C网络营销将占越来越高的份额,B2C模式发展前景越来越被看好,如图12-5所示。

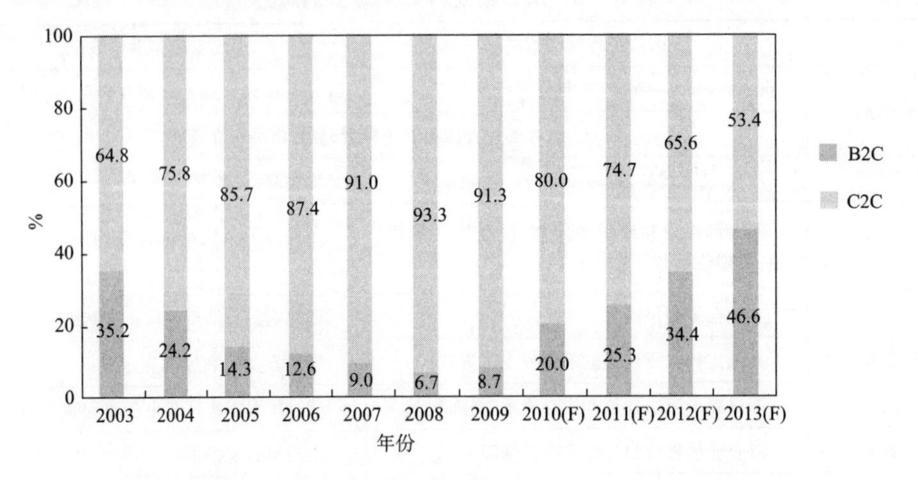

图12-5 中国网上零售市场B2C与C2C交易规模对比 (图片资料来源:http://www.eguan.cn)

第二节 时装网络营销的发展历程和现状

一、时装网络营销的发展历程

国外的时装网络营销起步较早,从1995年开始,一些国外的时装企业就相继在网络平台开展时装销售业务。据发布的美国时装电子商务报告称,由于宽频上网使用率增加、网上购物信赖度提升、更多女性消费者使用网络以及虚拟购物逐步完善等因素,美国的网上时装商品销售量快速增加并将持续增长。

时装企业实施网络营销的举措,使业绩呈大规模上升趋势。专门针对时装网络营销的新型网络化品牌日益出现,英国ASOS时装网络商店是典型的代表。ASOS是英文"as seen on screen"的简写,中文含义就是"和你在屏幕上看到的一样",倡导崇尚明星时尚的穿衣主张,近年来其销售额的飙升创造了时装网络营销的神话,其购物网站页面如图12-6所示。

世界最大奢侈品集团LVMH旗下也创建了电子商务网站,定位于高端奢侈品牌,便捷的检索和最潮流的商品咨询可以让顾客在网上迅速找到自己所需要的产品。结合现阶段中国网络购物市场所呈现出的发展特点,中国的时装网络营销未来将呈现出交易国际化、产业生态化、市场细分化、竞争激烈化的发展趋势。

从全球化、信息化社会快速发展来看,网购体现了未来重要的消费趋势。从时装网络零售商的角度看,如何根据社会环境变迁以及顾客消费行为在慢慢发生转变的情况下而采取有效的创新营销手法、如何密切关注消费者心态的变化成为时装网络零售商的重要课题。

从20世纪80年代发展至今,消费时代已经进入感动消费时代,消费者重视满足感和喜悦感,重视精神消费,对产品的判断以满意、不满意为标准,或是以快乐、幸福为判断标准(表12-4)。可以说,当今的时装网络消费者处于感动消费时代,重视的是虚拟互动的体验营销

图 12－6　英国当红 B2C 时装网络商店 ASOS

以及重视购买过程中的满足感和喜悦感。实施时装网络营销的企业或零售商要想获得长远的发展，不管是在产品设计上还是服务上都要给予消费者足够的享受，同时必须考虑如何提升顾客的购买体验、提升顾客的满意度。

表 12－4　消费形态的变化

时间	消费时代	重视层面	评判标准
1980 年代	理性消费时代	重视质量、性能及价格	以好、坏为判断
1990 年代	感性消费时代	重视品牌、设计及适用性	以喜欢、不喜欢为判断
新世纪	感动消费时代	重视满足感及喜悦感	以满意、不满意为判断
未来	感慨消费时代	重视超越预期的超值体验	以快乐、幸福为判断

随着互联网的持续发展，B2C 模式基本上已经是我国成功时装企业开展网络销售渠道的"标准配置"。各大传统时装零售商都争相发掘网络这一新领域来维持和巩固已有的顾客资源，在借助网络平台宣传品牌形象的同时又拓展了市场，成功实现低成本高效益的回报，增加市场份额。B2C 模式在提升品牌影响力的同时，兼具提升销量与产生利润的重任。

2005 年 PPG 的成立成为国内 B2C 时装网络营销起步的标志性事件，而后带动了一大批 B2C 男装网络商店的出现。时装网络营销能实时提供丰富的商品信息，突破时空界限，低成本、实时地与消费者沟通，实现个性化营销，因此发展非常迅速。网络销售渠道可以节省传统销售渠道的店面及人员开支，又可以借助互联网渗透到更多的二线、三线城市。目前，国内的时装网络营销呈现快速发展（表 12－5），"萌芽期—起步期—发展期—成熟期"是对时装网络营销发展进程的相应总结。

表 12－5　时装网络营销的发展进程

萌芽期		起步期		发展期		成熟期
1995 年，ebay 拍卖网建立；1997 年，Gap 网站开始向全球推销时装；2002 年 Amazon 开始在网上销售时装 Esprit、J. Crew、Victoria's secret等国外知名时装企业都纷纷涉足网络营销，在宣传品牌形象的同时更巩固自身的市场份额	>	2003 年 SARS 疫情爆发，电子商务回暖 2003 年淘宝网建立，免费开店的政策刺激了网民开店的热情；带动了 C2C 时装网络销售的发展 2004 年，当当网开通时尚百货专卖，涉足时装网络销售 2005 年，PPG 的成立打造了国内 B2C 时装网络营销的奇迹 2005 年中国互联网络信息中心发布的 C2C 市场调查报告的数据显示，时装在当时已经成为最主要的商品 2006 年，时尚起义公司开始线上运营	>	2007 年，凡客诚品成立； 随后，Bono、51 衬衫、海螺等大量男装品牌衬衫直销网站建立 2007 年，逛街网、走秀网等成立 2007 年，时装服饰类商品成为网购交易第一大商品品类 2008 年 4 月，淘宝商城正式上线，吸引了李宁、太平鸟、百丽、马克华菲、Uniqlo、GXG 等众多传统时装品牌公司加入；大量传统时装企业纷纷试水网络营销 百纷网、试衣网、品牌邦等的成立引领网购"新逛街时代"；网购在线试衣体验逐渐完善 淘宝网 C2C 品牌如七格格、裂帛、阿卡等公司发展快速 2009 年调研数据显示，时装服饰类依然位居网络营销首位	>	2010 年度，全年网购规模近 5000 亿元，占到了全国社会商品零售总额的 3.2%，其中时装消费就高达 1620 亿元，占网络消费总额的 1/3 2010 年，时装品牌企业大规模进驻淘宝商城、QQ 商城、京东、凡客诚品、当当、麦考林等，并涌现出大量新创立的时装电子商务网站，时装网购实现了超常规增长 2010 年全年淘宝网时装品类交易额为 962 亿元，占淘宝网 2010 年全年交易额（4000 亿元）的近 1/4 2011 年 11 月 11 日淘宝商城和淘宝网总支付宝交易额突破 52 亿元，凡客诚品已跻身中国网上 B2C 领域前茅 网络支付安全系数高；物流配送日趋快速便捷；试衣机器人、软件等技术日趋成熟；商业模式逐渐完善；相关监管逐渐完善；时装成为网络购物的第一大类商品，成为互联网上最受欢迎的商品
1995～2002 年		2003～2006 年		2007～2009 年		2010 年～未来

二、时装网络营销的发展现状

目前时装网络营销的发展已步入成熟期，据艾瑞咨询调研了解，网购中各类商品销售额占比中，服装商品占到 31.8%，成为网购市场的第一大类目。2011 年服装网购市场规模较 2010 年增长 94.7%。预计到 2014 年，服装网购规模将达 5195 亿元。时装网购规模的增长得益于传统品牌时装企业的大规模"触网"，它们以自建独立网站或在以淘宝商城为代表的电子商务平台上纷纷开设时装网络旗舰店直销品牌时装，从而极大地刺激了时装网络营销的发展。

第三节　时装网络营销的发展环境分析

一、宏观环境

时装网络营销的本质在于迎合顾客的喜爱和消费行为，网络购物成为势不可当的生活形态，没有一个企业能将之拒之门外。目前时装网络营销的商业模式经历了近十年的发展，有逐渐完善的产业政策、网络基础设施、网络金融体系、物流体系、信用体系等,各方面的发展逐渐趋向成熟。时装网络营销发展的宏观环境较为客观,具体表现如下。

(一)经济因素

国民经济和消费能力的增长,人们的生活水平不断提高,带动了时装网络营销这一新型模式的成长与成熟;越来越多的网民习惯于价格透明和购买方便的网络购物。时装作为快速的消费品是人们日常生活所需,其市场规模巨大。时装商品从2007年开始跃居网络购物排行榜前列,目前时装网购用户规模庞大,交易额非常可观。

(二)政治因素

政府已相当重视网络营销对经济的拉动作用,出台了一系列政策法规引导电子商务发展;如国家制订了《2006~2020年国家信息化发展战略》、《国民经济和社会发展信息化"十一五"规划》等一系列政策,各地政府和相关机构也投入了大量的资金和人力建设网络硬件设施,搭建信息化服务平台,满足人们不同的需求。在这种大形势之下,时装网络营销的发展如火如荼,预期未来几年时装网络营销会持续保持快速发展之势。

(三)技术因素

网络基础设施建设逐渐完善,时装网络购物的网站平台建设更具宜人性,产品种类丰富,电子支付/在线支付、安全和认证等技术迅速发展,让网民可以更加放心和舒心地在网上选购时装;有些商家逐渐加强技术资本的投入,如建设虚拟购物场景、开发虚拟试衣软件、推出多种支付方式;电子商务系统解决方案技术商增多,比如第三方支付平台如支付宝、财付通、贝宝、百付通等逐渐成熟;逐渐发展完善的物流公司解决了后顾之忧。

物流和售后服务仍是制约时装网络营销发展的瓶颈,因在网上选购时装的实际购买体验差,购买者只能凭感觉去感知时装的质感和面料性能等,很多的网站还没有完善的试衣功能,这使得消费者的购买感知风险大,就是说顾客的期望和实际的产品之间存在差距,从而导致网上购买时装的顾客满意度有高有低。

(四)社会环境

截至2011年6月底,中国网民规模达到4.85亿人,其规模位居世界第一;互联网普及率攀升至36.2%,目前网民中网络购物的普及率截至2010年已达到32.9%;时装网络购物占整体网购市场的比例在近几年将维持比较稳定的格局。相对于其他商品门类,时装网络购物的市场开发相对较早,如今进入平稳增长期;时装网购用户渗透率逐渐提升。众多专业的调研数据显示,时装鞋帽类商品是网上购买人数最多、金额最高的商品类别,市场前景良好。

二、时装网络营销发展的必要性

随着国内网络信息技术的不断发展以及网民数量成倍增长,网络营销领域已越来越显出其独特的魅力。尤其是对于中小型时装企业来说,网络提供了一个相对平等的竞争空间,可以为企业带来更多的实际利益。

(1)利用互联网,可以更有效的配置资源,减少中间环节,降低销售成本。

(2)可以拥有更广阔的市场和更优良的销售渠道。

(3)网络是一种廉价的信息渠道,可以为企业降低宣传费用。

(4)企业利用互联网可以与原料供应商和客户之间建立更紧密的关系。

(5)可以降低企业所需周转资金,降低店铺、库存等所需费用。

对一个开展时装网络营销的商家来说,找出自己内部的优势和劣势,并在所经营的外部环境中寻找机会及辨别威胁是至关重要的。据不完全统计,国内大大小小的时装B2C、C2C网店不下数千家,可见行业内竞争相当激烈,但是稍具规模的企业数量屈指可数。作为逐渐改变人们生活消费习惯的一种购物形态,网络营销在中国依然还存在很多问题,企业要做的就是逐渐完善和探索时装网络营销共存共赢的管理方法。

三、时装网络营销的SWOT分析

时装网络零售商应对互联网所带来的优劣势进行结构性分析,考虑自身在网络环境中的优劣势,并及时发现机遇和避免危机,迎接挑战。

以时装网络营销的B2C模式为例,如图12-7所示,可以看出,B2C时装网络营销给时装企业的发展带来诸多的机会和优势,同时不能否认的是,企业要积极应对外界存在的威胁以及相关问题。

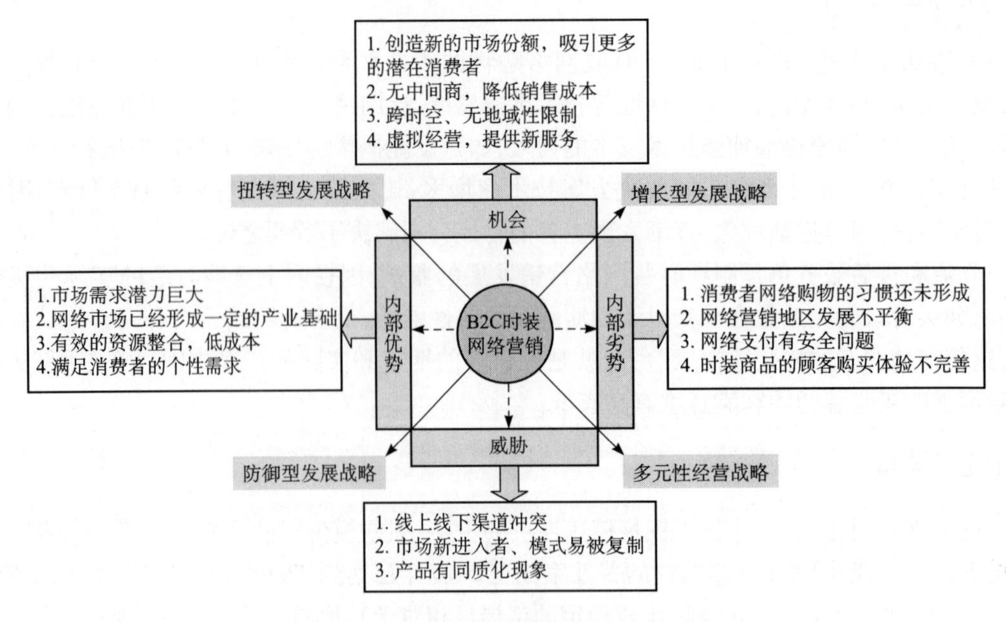

图12-7 B2C时装网络营销的SWOT分析

第四节 时装网络营销的营销策略

一、时装网络营销的品牌策略

品牌是企业的关键资源。品牌经营以品牌为市场营销对象,以品牌运作为核心,培养客户对品牌的忠诚度,企业的开发、生产、销售服务等环节都围绕品牌文化进行。时装消费也是一种精神消费,精神消费的核心就体现在品牌上。品牌一旦建立起来,消费者的忠诚度也就随之建立。成功的品牌需要有准确的诉求对象和准确的价值主张。与此同时,网络时装消费人群的价值主张趋于多元化,追求价格型、追求价值型与追求品牌型的顾客同时存在,并且相互交叉。

据艾瑞咨询统计数据显示,2011 年 B2C 市场交易规模占比达到 20.1%,预计 2014 年,超过三成的网络交易将来自 B2C 市场,C2C 市场的相对走低。这与网络购物用户逐步成熟、更为注重网上购物服务品质、更加追求品牌价值相关。

据易观发布的报告显示,2011 年中国 B2C 网上零售市场规模已突破 2397.2 亿元,预计 2013 年将达到 6500 亿元。网民们在网上购物越来越看重品牌,品牌在一定程度上代表了信誉、质量和放心。

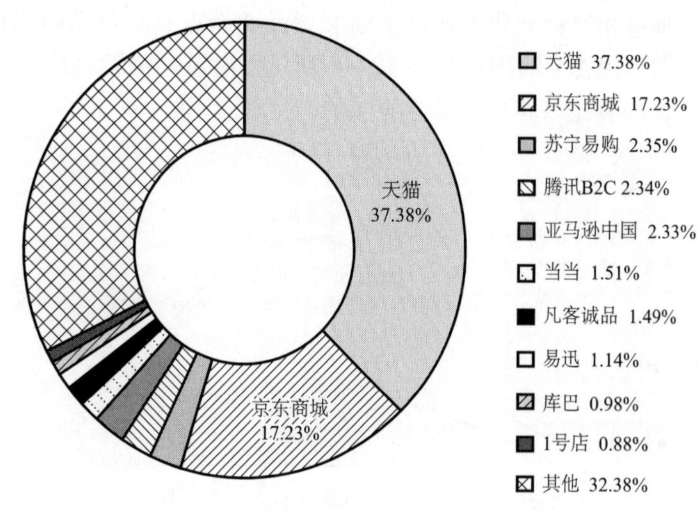

图 12-8 2012 年第一季度中国 B2C 网上零售市场份额

(资料来源:http://www.eguan.cn)

如图 12-8 所示,易观咨询的调查报告显示,2012 年第一季度中国 B2C 市场交易规模达到 818.7 亿元,环比增长 6%,同比增长 73%,其中淘宝背景的天猫占比 37.38%,领先于竞争对手。综合类商城如京东、卓越、当当、新蛋、易迅、红孩子都有服饰频道,因为时装是网上购买人数最多、销售额最高的商品,电子商务网站建立时装频道一方面能够为业绩的增长提供新的动力,另一方面也可以与原来销售的商品产生协同效应,通过产品的多元化实现范围经济。独立 B2C 时尚网站如凡客诚品、M18 主要以销售时装为主。

近年来,时装企业越来越注重网络品牌策略,加大品牌的推广力度。如美特斯邦威、Uniqlo 等企业试水网络营销,加大力度进行品牌宣传,不定时推出促销活动,并积极引导顾客尝试线上购买,以期赢得更多的网上客户群,线上线下齐头并进。另外,单纯的网络时装企业开始使用线下广告进行宣传推广,加大品牌的宣传力度。从凡客诚品签约明星代言、打出户外广告,到 Masa Maso(玛萨玛索)、M18 开设线下实体店,无论是品牌型的电商企业,还是渠道型的电商企业均加大品牌建设。与传统企业相比,网上诞生的时装企业发展时间短,品牌价值低。加大品牌宣传推广,有助于此类企业抢先覆盖潜在网购用户,增加其未来同传统实体企业竞争的砝码。同时,此类企业在进行线下推广时,除要做好营销方案外,还需加强自身产品线、在线客服及物流配送体系的建设,进而提升用户的转化率。

二、时装网络营销的产品策略

面对全球化的激烈竞争和客户日益“苛刻”的要求,时装企业需要向“多品种、小批量、快时尚、高性价比”的方向发展,培养高效率、自动化的生产、销售能力和对市场的快速反应能力。时装无论何时都拥有巨大的市场,时装网络营销的开展无疑为时装企业开辟了另一个广阔的空间,同时为顾客带来全新的购衣体验。

网络的虚拟性使顾客可以突破时间和空间的限制,实现远程购物和网上直接订购,同样这也使得网络购买者在购买前无法试穿或只能通过网络来使用产品。由于网络购买无法像亲临现场那样亲身体验,因此顾客对产品质量尤为重视,正是因为对产品质量的担心,许多购买者只愿意购买那些相对标准化的产品。时装商品的特点具有很强的流行性和季节性,时装商品的生命周期和销售利润周期如图 12 - 9 所示。时装网络营销应树立起“客户需要什么,客户想要什么”的真正以客户需求为导向的产品理念。

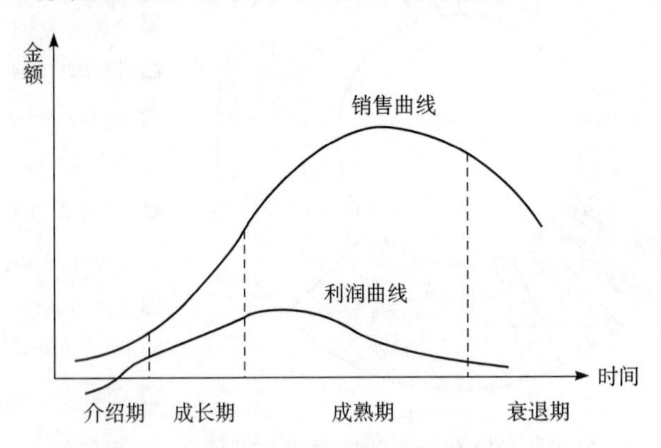

图 12 - 9　时装产品的生命周期与销售利润曲线

随着中国网络消费持续升级,时装网络营销业务发展逐渐成熟,消费者开始追求个性化,以消费者为导向、定制化生产将成为趋势。年轻人逐渐成为社会的消费主流人群,这个群体追求个性和自由,积极参与和表达;顾客的个性化需求也逐渐显现出来。大规模标准化的制造将遭到摈弃,制造者将以消费者的意志为标准进行定制化的生产。时装商品因为时尚性强,消费者的需求也各不相同。基于顾客的求异心理,消费者市场细分已经达到了极限,每个顾客都是一个子市场,时装网络零售商完全可以根据每个人的需要满足顾客的实际需求。定制营销即“根据用户的需求制作量体裁衣的方案”,以销定产,以零库存模式进行,将经营风险降低到最低水平。

例如,某高级男装定制品牌联合世界顶级面料厂商,为节约成本,减少中间流通环节,而通过网络平台直销模式,为中国社会精英阶层提供顶级衬衫定制服务,包括上门量身、个性绣字、试穿体验等,随时可以根据时尚潮流和用户的切实需求来进行产品的设计更新,满足用户的舒适需求和时尚需求。通过个性化的按需定制,使品牌在业内占有稳定市场份额的同时赢得了良好的口碑。

三、时装网络营销的促销策略

时装网络促销是指企业利用网络等电子手段，结合传统的营销方式，把企业的产品信息通过各种方式传递给目标消费者，以引发消费者需求，唤起购买欲望，促成购买行为和扩大销售的一系列活动。时装网络促销的作用主要表现在引发需求、促进购买，传递信息、扩大影响，有力竞争、扩大销售等几个方面。

根据促销目的的不同，网络促销策略可分为：满就送/满就减、送服务、限时/满额包邮、限时秒杀、限时打折、店铺优惠券、网络折价促销、网络赠品促销、网络抽奖促销、网络积分促销、网络团购促销、微博促销、网上联合促销等。

（一）网络折价促销

折价亦称打折、折扣，是目前网上最常用的一种促销方式。因为目前网民在网上购物的热情远低于商场超市等传统购物场所，因此网上商品的价格一般都要比传统方式销售时要低，以吸引人们购买。由于网上销售时装产品不能给人全面、直观的印象、也不可试穿、触摸，再加上配送成本和付款方式的复杂性，造成网上购物和订货的积极性下降。而幅度比较大的折扣可以促使消费者进行网上购物的尝试并做出购买决定。如淘宝商城“双十一网购狂欢节”活动是淘宝各大知名商城联手打造的“全场5折优惠活动”，仅2011年11月11日，淘宝商城和淘宝网总支付宝交易额突破52亿元人民币。

时装商品的折价促销常见的有会员折扣、秒杀、搭配套餐、捆绑销售、限时特优、特惠礼包、超低价限时抢、全场免邮等，利用诱人的价格折扣刺激消费者的购买冲动，增加消费者购买的产品数量和金额。网络折价促销可以提升店铺销售业绩，提高店铺购买转化率，提升销售笔数，增加商品曝光力度，节约人力成本。

（二）网络赠品促销

一般在新产品更新上市、开辟新市场情况下，利用赠品促销可以达到比较好的促销效果。赠品促销的优点是，可以提升品牌和网站的知名度；能根据消费者索取赠品的热情程度而总结分析营销效果和产品引起的反应情况等。

（三）网络抽奖促销

抽奖促销是网上应用较广泛的促销形式之一，以一个人或数人获得超出参加活动成本的奖品为手段进行商品或服务的促销。网上抽奖活动主要附加于调查、产品销售、扩大用户群、庆典、推广新品牌/产品等。消费者或访问者通过填写问卷、注册、购买产品或参加网上活动等方式获得抽奖机会。

（四）网络积分、赠品促销

积分促销在网络上的应用比起传统营销方式要简单和易操作。网上积分活动很容易通过编程和数据库等来实现，并且结果可信度很高，操作起来相对较为简便。积分促销一般设置价值较高的奖品，消费者通过多次购买或多次参加某项活动来增加积分以获得奖品。积分促销可以增加上网者访问网站和参加某项活动的次数，可以增加上网者对网站的忠诚度，可以提高活动的知名度等。

(五)网络团购促销

网络团购是指一定数量的用户通过互联网渠道组团,以较低折扣购买同一种商品的商业活动。网络团购既适合有商品的一方通过低价团购的方式将商品批量售出,也适合有共同需求的人群集体购买同款商品并享受折扣。从商家的角度分析,网络团购既适合新产品的推介,也适合尾货的清仓,同时也是商家品牌营销的方式之一。团购交易属于阶段性的商业促销活动,不是商家持续性策略,因此一般团购活动都会有时间周期;团购活动本身属于促销行为,目的在于吸引消费者的重复消费,因为商品生产的边际成本低,或毛利水平高,才能支持低折扣销售。中国网络团购市场发展环境如图 12 - 10 所示。随着技术因素和社会环境等的日渐成熟,团购市场发展日渐规范,有利于时装网络营销企业开展促销活动。

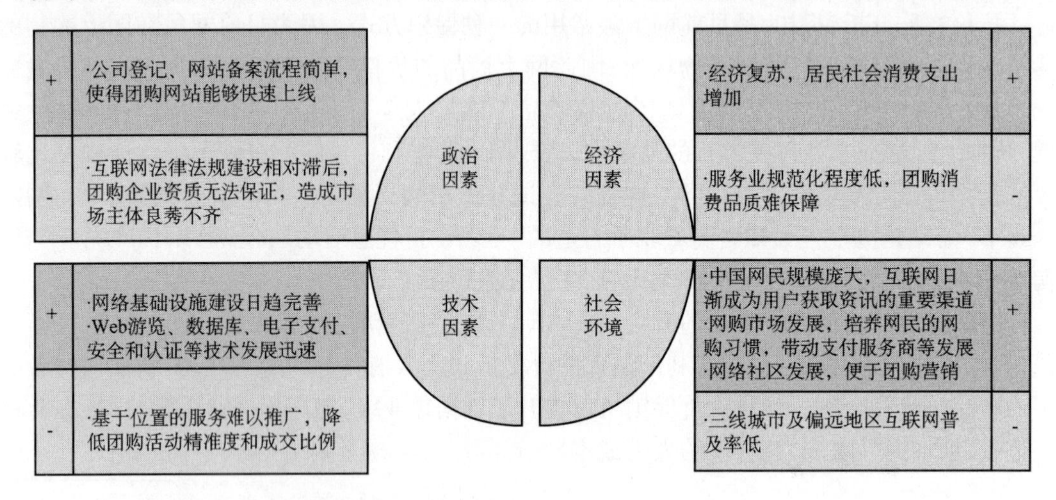

图 12 - 10 中国网络团购市场发展环境 (图片资料来源:http://www.iresearch.cn)

(六)微博促销

微博的火热催生了时装网络营销新的方式——微博营销。微博已经成为互联网重要的交流平台和营销阵地,作为企业的一个重要营销舞台,每个粉丝和听众的后面都是一个可能的潜在客户,这也对时装企业的微博营销提出了新的挑战。微博所具有的极强的传播特性,使各种营销公司、机构、个人开始研究如何让微博产生利益。而企业进行品牌营销的推广活动时,不是科技也不是财力决定着营销的效果,能否尊重用户习惯、不以过多的企业信息或者产品信息干扰消费者的内容属性才是最宝贵的。微博营销依然是效果为重的营销方式,追求效果营销的实质没变。微博内容应遵循"新鲜、有趣、有用"的分享特征,潜移默化地和目标消费群达到心灵共鸣,以期更好地促进销售,宣传品牌。

相比传统媒体一味的信息灌输,微博营销更强调对网友的尊重,通过互动让用户的参与来影响其他人。微博营销也是如此,要起到出色的营销效果,更需要准确把握用户乃至整个时代社会的心态,以最契合用户心理的话题引发他们关注,并且消费者能够与商家互动,这样的传播才真正具有效果。

(七)网上联合促销

由不同商家联合进行的促销活动称为联合促销,联合促销的产品或服务可以起到一定的优势互补、互相提升自身价值等效应。如果应用得当,联合促销可以起到相当好的促销效果,如网络公司可以和传统商家联合,提供在网络上无法实现的服务。

(八)电子邮件促销

电子邮件营销打破了传统媒体在发布地域和发布时间上的限制,传播范围极其广泛,广告覆盖面极大,成本极其低廉,到达率也相当可观,且方便快捷、反馈率高,营销效果好。电子邮件营销已成为一种炙手可热的营销手段,一是电子邮件在全球的渗透率不断提高,为电子邮件营销提供了可能;二是电子邮件营销成本低廉、效果精准,使电子邮件营销的优势凸显。尽管社交媒体新营销成为热门,但传统电子邮件营销仍是用户接收信息的重要渠道(图 12 - 11)。

图 12 - 11 Victoria's Secret 的促销电子邮件

第五节 时装网络营销的典型案例分析

一、独立网站 B2C 企业——凡客诚品

凡客诚品正式运营于 2007 年 10 月,网站在线直销凡客诚品品牌服饰,仅用 5 个月的时间日销量就超过了 PPG,创造了中国时装业营销中的商业神话。创业初期,凡客诚品的产品主要定位于标准化的男装,尤其是男式衬衫。通过一系列的品牌运作和独具特色的产品定位,凡客诚品成功地将产品类型由单一的衬衫扩展到马球衫、裤子、鞋等多种时装以及家居

用品等，并创造了让传统时装企业叹为观止的销售业绩。凡客诚品的官方网站如图 12－12 所示。

图 12－12 凡客诚品官方网站

凡客诚品提倡简单得体的生活方式，坚持国际一线品质、合理价位，致力于为互联网新兴族提供高品质的精致生活。凡客诚品目前已拓展涵盖至男装、女装、童装、鞋、配饰、家居六大类，选择将自有时装品牌进行网上销售的商业模式，目前已是根植于中国互联网上遥遥领先的领军时装品牌。明星代言、呼叫中心、零库存、目录组合，新鲜的营销方式让人看到了“轻公司”的魅力。在品牌定位上，凡客诚品目标非常明确：简约、自在、舒适、纵深的生活方式。其目标顾客定位为熟悉网络、喜欢网购，崇尚简单、时尚、高品质生活的年轻人。其所取得的成绩，不但被视为电子商务行业的一个创新，更被传统时装业称为奇迹。凡客诚品快速崛起的原因如图 12－13 所示。

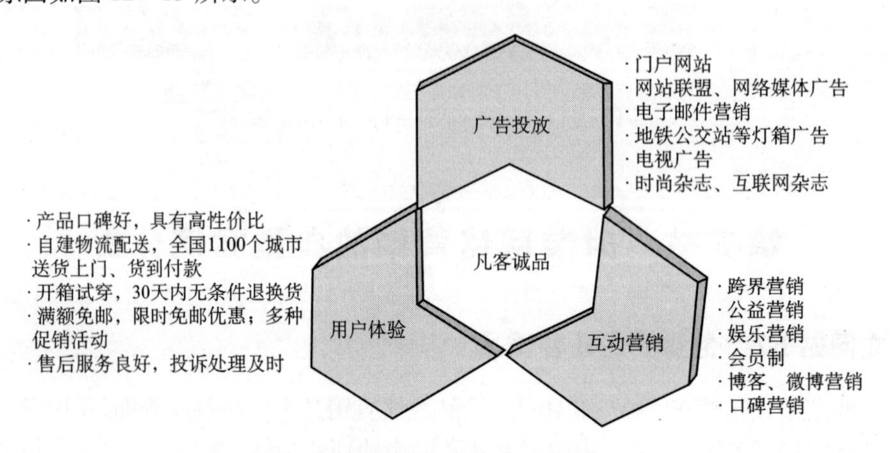

图 12－13 凡客诚品的成功因素

(一)广告投放无处不在

1. 线上线下广告宣传

凡客诚品的广告宣传力度之多、之广是业内品牌中屈指可数的。由原先的线上各大门户网站、网络媒体、网站联盟,到传统时尚杂志到各大电视台上投放广告,逐渐延伸至线下宣传。线下平面媒体广告分布在十多个一线城市户外 LED、地铁内 LED、公交移动电视中,凡客诚品代言人韩寒、王珞丹的“我是凡客”平面广告和视频同步发布,让品牌形象、品牌理念深入消费群。高额广告费用取得了可观的销售佳绩和“用户黏性”,进而也提高了品牌认知度与影响力,增加了网络消费者对产品和网站的信任。

2. 电子邮件营销

凡客诚品的邮件营销做得非常棒,比如邮件主题后附带广告标示、产品详细信息(主题包含产品名称、价格等)、重要邮件标示等。

3. 病毒式营销:网络广告联盟

凡客诚品一直在多家网络广告联盟平台上投放 CPS 广告,即按销售提成广告费用,所以个人站长都在他们的网站上投放了凡客诚品的广告,凡客诚品 CPS 广告则占领了从门户新浪到垂直网站的角角落落。

4. 娱乐营销

凡客诚品重金邀请国内影视明星如王珞丹、徐静蕾、黄晓明、知名作家韩寒等代言产品,这些明星的影响力广泛,其背后支持的“粉丝”代表了凡客诚品的主要消费群体。凡客诚品借此在互联网以及互联网之外的人群中打造广泛影响力,推动品牌建设进入新层面。

(二)关注用户体验,注重情感沟通

1. 关注用户体验

凡客诚品提倡简单得体的生活方式,坚持一线品牌的品质,提供亲民价位;品牌文化顺应互联网时尚消费的潮流,致力于为互联网新型族提供高品质的精致生活。“用最经济的价格,使我们的用户穿得简单得体又不失时尚”是凡客诚品的核心理念,也是凡客诚品受到广大用户认可的最重要原因。凡客诚品关注用户的体验,注重产品的形象包装,无论买多小的东西(袜子、皮带等),凡客诚品都会用精致的盒子包装;自建完善高效的物流配送系统,支持全国 1100 个城市送货上门、货到付款、当面试穿;推行售后 30 天内无条件退换货 1 次(试穿服务),往返运费由卖家承担;30 天内,即使穿过、洗过,只要不满意,同样可以退货。凡客诚品旗下网站 V + ,在全国超过 260 个城市推出免费上门一次性退换货服务,客户通过拨打客服电话就能轻松实现退换货。定时推出各种促销优惠政策,如限时全场免邮、节日惊喜促销等;对于消费者的投诉与建议非常重视,及时在评论专区与消费者问答互动,及时解决存在的售后问题。

2. 凡客诚品试用拉拉队

凡客诚品采用“试用拉拉队”,用户只需要填写真实信息和邮寄地址,就可以拿到试用装。当消费者试用过凡客诚品产品后,就会对此评价,并且和其他潜在消费者交流,一般情

况交流都是正面的。

3. 凡客诚品会员制

订购凡客诚品商品的同时自动就成为会员，无须缴纳任何入会费与年会费。凡客诚品会员可获赠 DM 杂志，成为凡客诚品与会员之间传递信息、双向沟通的纽带。会员制大大提高了凡客诚品消费者的归属感，拉近了凡客诚品与消费者之间的距离，增加了用户的"黏性"和口碑宣传。

完善的用户购买体验和真诚的情感沟通，让用户感受到品牌的真诚和努力，提升了消费者体验，成就了产品价值，受到了消费者的极大欢迎。

(三)亲民、互动营销

随着凡客诚品产品呈现快速增长的态势，凡客诚品需要与客户紧密互动，也需要一个开放、丰富的平台来进行个性化的推荐与展示，并贴近用户，不断获得客户反馈，在推广中改进流程，在营销中满足客户需求。

1. 公益营销

凡客诚品在高速发展的同时关注公益事业，认真履行一个企业的社会责任。以公益义卖等方式参与关注贫困山区儿童，参与慈善嘉年华；凡客诚品旗下网站 V + 联合十大明星设计师品牌，推出限量版环保 T 恤，在凡客诚品、V + 平台售卖，活动所得将用于支持世界自然基金会在白水河自然保护区的宣教中心项目等。凡客诚品通过互联网的方式在年轻的时尚人群中倡导这样一种"微公益"的理念，倡导一种大众的、平民的时尚，在公众心中树立一个负责的企业形象，提升了企业的品牌形象。

2. 跨界营销

凡客诚品和国内外多家一线品牌有合作关系，先后和麦当劳、速 8 酒店、360 杀毒软件等合作，如购买麦当劳早餐赠送凡客诚品欢乐兑换卡，可免费兑换憨虎零钱包一个；在线注册成为速 8 会员即可参与凡客诚品千元大奖以及获得速 8 酒店免费住宿等；在线购买产品后可参与凡客诚品的抽奖活动或得到赠送的价值不等的现金卡和代金券等；国内的爱国者、大中电器、携程旅行网、完美时空等企业均在其合作伙伴榜单之中。

3. 创建博客、论坛

凡客诚品巧妙利用博客用户写用户体验文章，凡客诚品为其提供免费礼品；自凡客诚品论坛建立以来，吸引了众多粉丝参与其中。开展各种活动如"凡客之星大赛"、"父爱如山——父亲节征文活动"；随着凡客诚品童装推出深受妈妈喜爱的"宝宝服饰大赛"；由凡客诚品设计师直面消费者的"时尚课堂产品设计师在线问答"等一系列活动，巧妙地和消费者互动。

4. 微博营销

在新浪微博上，凡客诚品展开了一系列活动：抢楼送周年庆 T 恤；参与铅笔换校舍活动；1 元秒杀原价 888 元衣服；请来姚晨和徐静蕾就凡客诚品产品进行互动。在"凡客"的微博上，没有硬邦邦的广告与枯燥的文字，更没有过多的凡客诚品的产品介绍。凡客诚品所发布的内容都是用户最关心的事情，比如服务、配送、退换货服务等；而对顾客的问题，凡客诚品的回复更像是朋友之间的沟通，为客户出主意、想办法；用户可以在“凡客”的微博上畅所欲言，绝大多数时间里，“凡客”微博都是在跟踪用户对公司产品、服务的反馈意见，并及时给予回复。微博拉近了企业与客户的距离，有效的互动把顾客牢牢地锁定在自己的品牌圈内。凡客诚品的新浪微博如图 12－14 所示。

图 12－14　凡客诚品微博营销

5. 凡客达人

“凡客达人”是凡客诚品推出的一个社区化分成营销平台，买家只要通过“达人”的店铺或者空间购买凡客诚品产品，“达人”就可以获得凡客诚品 10% 的销售分成。店主只需按照自己喜爱的风格随意搭配凡客诚品的各种服饰，吸引朋友、同学等在自己的达人页面点击链接购买即可，不用为发货、物流等环节烦扰，这些都将由凡客诚品公司来承担。店主可轻松获得每笔订单约 10% 的分成比例，通过后台系统能实时查询账户情况。

6. 凡客团

凡客团紧跟目前火热的网络团购营销模式，推出“0 元团、超值秒杀、多买多折”等促销活动，以更加实惠和惊喜的价格赢得消费者的青睐。例如推出“0 元团”定时上线超额的产品如价值上千的平板电脑等，供众多的消费者参与抽奖互动，更吸引消费者定期关注网站信息和产品发布信息等。

凡客诚品的互动营销拉近了与消费者之间的距离，同时辅之以情感营销，提升了凡客诚品的品牌美誉度。凡客诚品的成功，也印证了网络营销在新时代产品销售和宣传中所占的重要位置。

图 12－15 所示为凡客诚品的 SWOT 分析，凡客诚品投放密集的网络广告和线下广告、注重用户体验和与消费者互动、层出不穷的促销方式和时尚变化多样的产品赢得了消费者的喜爱。凡客诚品在进行营销推广的过程中，很多方面占据着领先地位和强大优势，但在机会众多的同时也存在着威胁和一些不足之处。

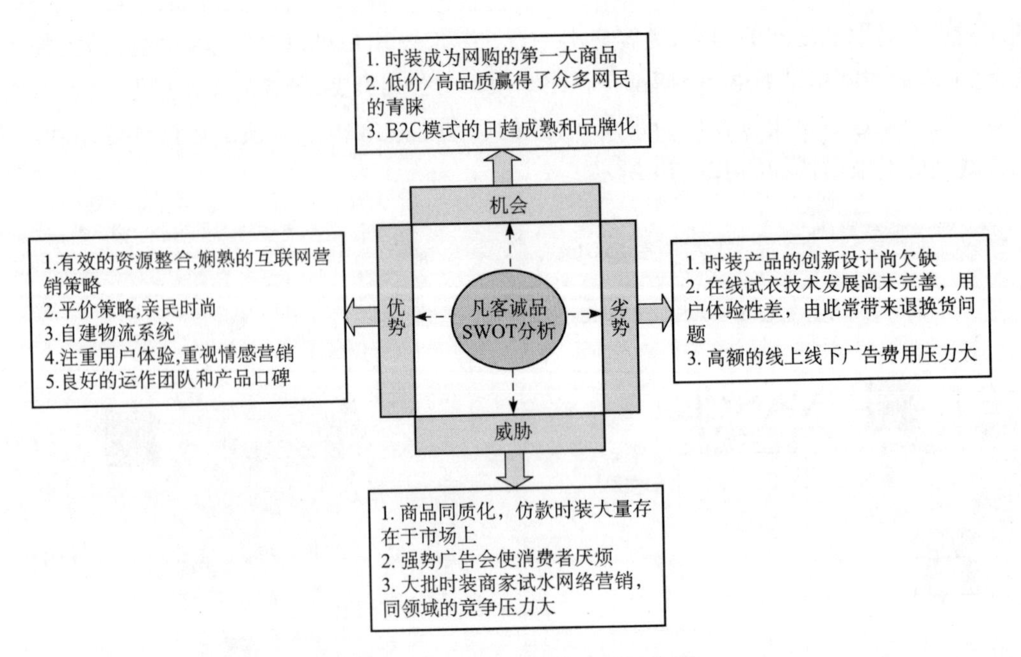

图 12－15　凡客诚品的 SWOT 分析

二、Uniqlo 品牌的网络营销

Uniqlo 是全球服饰零售业排名前列的日本迅销(fast retailing)集团旗下的核心品牌。品牌坚持将现代、简约自然、高品质、价格公道且易于搭配的商品提供给全世界的消费者。而所倡导的“百搭”理念,也为世人所熟知。Uniqlo 一词来源“Unique clothing wear house”,意为“独一无二的时装仓库”,反映了其别具一格的经营理念和经营业态,即摈弃多余装饰装潢,采用超市型自助购物的方式。图 12－16 所示为 Uniqlo 巴黎形象店,其品牌形象十分突出,货品陈列简单有序。Uniqlo 突出轻松购买、性价比高、容易搭配的特色,产品包括男装、女装、童装。迅销公司提供的官方数据显示,Uniqlo 在全球速销品牌销售量排行榜中名列前茅。

图 12－16　Uniqlo 巴黎形象店

Uniqlo 在日本是服装零售业的龙头老大,迄今为止在 11 个国家拥有 1000 多家分店,每年的营业收入迅速飙升,表 12 - 6 所示为优衣库在不同国家的门店数量分布及年增长情况。

表 12 - 6 Uniqlo 不同国家的门店数量及增长数

时间/数量/国家和地区	2010 年 8 月		2011 年 8 月		2012 年 8 月(预测)	
	8 月底	增长率	8 月底	增长率	8 月底	增长率
日本	808	+38	843	+35	852	+9
中国	54	+21	80	+26	142	+62
中国香港	13	+2	15	+2	16	+1
中国台湾	0	0	1	+1	17	+16
韩国	48	+18	62	+14	81	19
新加坡	3	+1	5	+2	7	+2
马来西亚	0	0	2	+2	4	+2
泰国	0	0	0	0	4	+4
菲律宾	0	0	0	0	1	+1
英国	14	0	11	-3	12	+1
美国	1	0	1	0	3	+2
法国	2	+1	1	-1	2	+1
俄罗斯	1	+1	3	+2	2	-1
Uniqlo 店铺(总计)	944	+82	1.024	+80	1.143	+119

Uniqlo 品牌获得的各方面成功,离不开以下营销策略。

(一)线上线下相结合模式

Uniqlo 品牌自 2002 年进入中国市场,目前年度排名全球第四,经过 20 多年的高速发展,Uniqlo 成为日本时装零售第一品牌。线下实体门店数量扩张在中国国内一线城市尚没有完全覆盖到,更不用说开发二三线城市,国内大片的空白市场有待开发。开展网络营销模式恰好弥补了这一不足,为了获得更多的消费群体,此策无可否认是明智之举。Uniqlo 网上销售火爆,但也没有影响实体门店的收入,上海、北京的实体店销售额高速增长,与网络营销齐头并进。另据淘宝商城 Uniqlo 官方旗舰店的数据监控显示,有 2/3 的销售来自 Uniqlo 没有开设实体店的地区。

Uniqlo 在我国品牌时装零售业率先推出网购业务。上线后 10 天,Uniqlo 就成为淘宝商城男装、女装单店销售第一位,也是淘宝商城时装品牌中最早达到 100 万元销售额的。才过 11 天,网上的交易额超过线下大中华区 24 家实体门店的总和,销售量突破 3 万件。在 Uniqlo的网上商店,每周五进行促销,新品则提前于实体渠道半个月上架,来自于互联网的消费者行为数据,可以帮助品牌做出决策,让新品在实体渠道表现更佳。

Uniqlo 不仅在淘宝商城开设网络零售旗舰店(图 12 - 17),其独立域名的外部零售网站的后台数据、搜索、交易、付款等功能都采用了淘宝提供的电子商务的底层架构和技术支持,消费者在登陆独立网站的时候只需要输入淘宝网的用户名和密码就可实现数据共享。Uniqlo 专注于品牌推广和商品控制,包括商品定价、设计、全年货品计划、促销等业务。Uniqlo 有效地利用了淘宝平台的资源优势,又最大限度地保证了品牌在网络上销售的独立性。从某种意义上说这不仅整合了淘宝资源进行互联网营销，也更好地保持了Uniqlo在全球统一的品牌形象建设。

图12－17　淘宝商城Uniqlo官方旗舰店形象

Uniqlo网络商店的商品价格大致与实体店持平，但款式会更多样化。Uniqlo B2C网购业务更大的目标是进一步推广Uniqlo品牌。实体门店的扩张加上网络销售渠道发展逐渐完善，这种线上线下相结合的模式相辅相成，迅速地扩大了品牌在中国消费市场的份额，这是Uniqlo新的增长策略。

(二)与知名设计师合作

德国设计师吉尔·桑德(Jil Sander)加入Uniqlo的团队，推出Jil Sander X Uniqlo时装系列(+J系列)，其设计理念是“对未来的解放”、“简洁干练又兼具奢华品位”、“纯粹干净的设计”、“美感与舒适共存”。“+J”系列的产品是全球限量发售，国内消费者们只能在上海正大店、港汇店、北京三里屯Village店以及网络旗舰店购买，而其他城市均不在实体店内出售。在网络平台上的同一款商品，即使颜色和尺寸不同，每位买家也仅可以购买一件。这样既确保了Uniqlo的忠实消费者们能够买到心仪的时装，同时也更为有效地拓展了Uniqlo品牌的网络渠道。图12－18所示为Uniqlo品牌和吉尔·桑德合作的“+J系列”形象宣传照，Uniqlo品牌和知名设计师联姻，采用低价策略与高端出品的概念颠覆了大众品牌的平庸廉价和奢侈品牌的高不可攀，从一定程度上提升了快速消费类品牌的时尚感，更提升了品牌的知名度和影响力，同时满足了大众消费的口味。

(三)互动营销

“互动”指的是品牌与消费者之间的交流，Uniqlo特推的“互动杂志”让消费者对品牌有了更多的接触和了解，Uniqlo提供的并不只是一种穿着思考，更是一种独特的属于Uniqlo的

图 12－18　“+J 系列”形象宣传照

生活方式。专卖店赠阅 Uniqlo 杂志，网络平台通过网页展示和 E-mail 发送电子快报，既环保又及时，更符合 Uniqlo 的文化理念。Uniqlo 品牌经常开展线上线下不同的促销活动，两者都及时与消费者形成互动，推动品牌线上线下同步发展。

图 12－19 所示为 Uniqlo 采用互动营销方式，邀请了 100 名来自不同国度的女性专门制作了网络视频，让每位消费者使用本国语言介绍穿着 Uniqlo 某明星产品的感想。和消费者及时有效的互动在一定程度上带来了更多的营业收入和品牌知名度的持续提升。

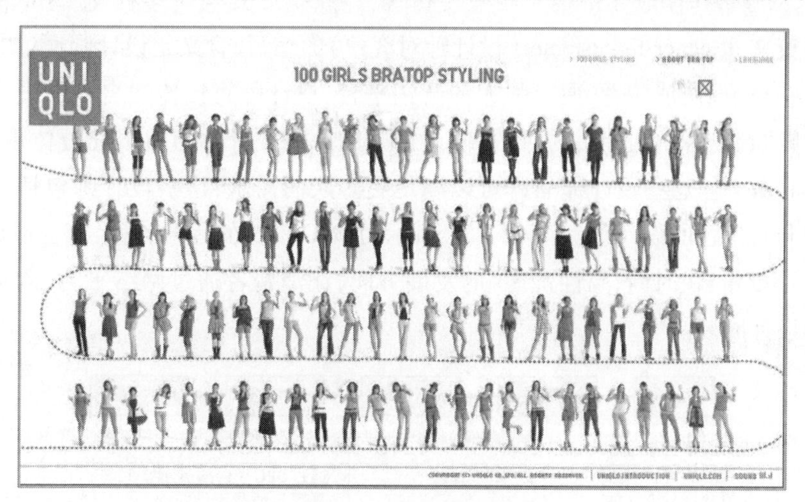

图 12－19　Uniqlo 互动营销

Uniqlo 根据自己的品牌为全世界的博客们制作了一个功能性时钟工具 World Uniqlock，把美女、音乐、舞蹈融合到这么一个时钟插件工具上，以时钟为舞台展示品牌，从而建立起受众与品牌之间的链接通道。播放的跳舞美女穿着 Uniqlo 当季主打的时装，且是不断更新的，每 5 秒钟跳舞的人可能不一样，穿着可能不一样，跳舞的内容也可能不一样。用 FLASH 做成的画面上，跳着大大的数字显示着目前的时间。5 秒钟的时间选择恰到好处，不至于审美疲劳，也不至于大饱眼福，受众就在这么一种“半饱和”状态下持续地关注着，总是期待每一次新的 5 秒钟的开始。其跳舞短片一直持续拍摄,内容的延续和更新可以配合当季其他推广活动的主题或方向,通过时钟这个小小的平台把产品进行全方位的展示,让人从“讨厌看广告”变成了欲罢不能。全球已经有 57 个国家的博客争相让该时钟“安家”。如图 12 – 20 所示,World Uniqlock 有效地调动了网络用户的好奇心、兴趣以及购买欲望。

图 12 – 20　World Uniqlock

三、淘宝商城 D2C 模式

D2C 是英文 designer-to-customer(设计师对客户)的缩写,含义是设计师通过“聚需求、团宝贝”的方式直接面向消费者,通过强大的营销平台,设计师直接传达自己的设计理念和相关设计产品,达到出售原创产品的目的,使设计师的原创设计价值得以充分体现,客户得到人性化的贴心服务。这些设计师品牌可以满足更多人的需求,这些设计师包括了全国知名的设计师和非常出色的设计师。图 12 – 21 所示为 D2C 模式的运营流程,符合现在消费者追求“多品种、小批量、快时尚、高性价比”的发展方向,让消费者通过网络平台,购买到知名设计师的新鲜设计时装。

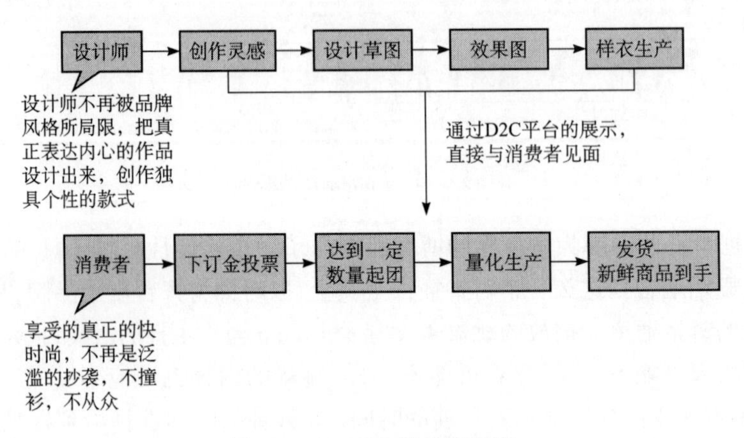

图 12 – 21　D2C 模式的流程

淘宝商城 D2C 模式的探索，使设计师直接面向消费者，通过淘宝聚划算频道强大的营销平台，通过设计草图等相关设计产品阐述传达自己的设计理念，并直接聆听消费者的意向和需求；而另一端的消费者，一改以往被动接受库存商品的弱势，前所未有地尝试与大牌设计师互动。以往，定制服务由于充分考虑到个性化需求，不能大批量制作，因此制作成本一般比较高，价格也高。如今，网络聚合了原本零星分散的定制需求，从总体上发挥规模效应，降低了定制服务的成本，让定制服务成为大众可选择的一种消费方式。

D2C 模式依托互联网，的参与程度越来越高。网络定制与工厂化生产互相渗透，取得了新商业模式的成功。淘宝 D2C 平台上线，得益于互联网能够把海量个性化的需求跟海量个性化的产品和服务方便、低成本地聚合匹配起来，是一种完全的预售模式，通过设计稿的展示，让消费者可以去寻找设计师，再根据团购情况下单制造衣服，减少库存压力。依托前端淘宝强大的营销平台，完成设计到销售的扁平化和规模化，以消费者需求为中心，也宣告了网络规模定制的个性化时代的到来。图 12－22 所示为淘宝商城 D2C 旗舰店。

图 12－22 淘宝商城 D2C 官方旗舰店

第六节 时装网络营销的发展障碍

时装网络营销为时装企业和商家之间增加了交流、提供了更多的商机，成为时装企业不可忽略的商业手段。但现阶段，时装网络营销还存在很多瓶颈，有待发展，相关法律法规、政策等还不够完善。时装网络营销的发展障碍主要表现在以下几个方面。

一、经营模式易被复制，缺乏创新

国内时装网络营销的模式大同小异，目前很少有新颖的网站经营方式和商业模式。此外，由于网站内容易被模仿，故常会发现许多网站很相似，且都无法提供差异化的产品和服务。如国内最早兴起的销售男士时装的网站 PPG 后，凡客诚品、eBono、海螺、51 衬衫、BBS 等品牌都跟风模仿，导致业内竞争激烈。时装企业开展网络营销要想长远发展，一定要找到发展的突破点。

二、产品信息描述不够翔实新颖

由于购买者对网上时装商品的了解只能通过图片展示和文字描述来感知，而有些时装商品特征的描述语言模棱两可，图片也非实物图片，容易使人对产品认识产生歧义，导致消费者不满意。随着时装网络营销的日益普及和网上信息技术的迅猛发展，人们已不仅仅满足于简单的文字介绍和图形展示，对时装商品展示的交互性和真实性有了更高的需求。

三、网络售后服务欠完善

目前，国内时装网络营销的售后服务仍然不健全，消费者在网上购买的时装如有不满意/不合身时，商家退换货的程序复杂，调换麻烦，多种原因使得消费者对很多时装销售网站/商家的售后服务不满。当然也有不少网站目前正在逐步健全售后服务机制。中国的配送公司已经把业务范围扩大到了整个中国，物流的基础设施建设也在不断完善之中。

四、网络安全诚信问题严峻

据 CNNIC 调查数据显示，网络安全成为目前各界十分关注的问题，网民对网络交易的信任程度偏低，仅 29.2% 的网民认可网上交易是安全的。网络安全不容小视，安全隐患可能制约时装网络营销的发展。商家提供的商品信息、商品质量保证、商品售后服务是否和线下实体店一样，消费者购买商品后能否如期收到商品等，都是消费者所担心的问题。

五、物流是时装网络营销的短板

据相关调查显示，B2C、C2C 等购物网站产生的业务量甚至已经成为部分大型快递公司的重要业务支柱之一。伴随着网络营销的急速发展，物流企业的发展却相对落后。物流企业的竞争目前也处于低层次的价格竞争，其结果是几败俱伤。至今为止，我国还没有一部针对快递行业的法规和条例。据悉，目前物流公司已经超负荷运转了。消费者只有看到购买的商品到手后才真正感到踏实，因此极需建设快速高效的配送服务系统。

目前，我国的第三方物流配送成本高、安全系数低等问题都折射出国内网络营销存在的物流危机，并迫切需要得到解决。比如易迅与腾讯联合推出“闪电送”、“半日达”，淘宝网聚划算特定地区消费者可享受到“当日达”、“闪电发货”等服务，这些都是服装网络营销在物流方面可以参考借鉴的努力方向和方式。因为消费者只有看到购买的商品到手后才真正感到踏实，因此建设快速高效的物流配送服务系统是及时必要的。

六、虚拟环境缺乏体验

传统的线下购衣方式是“买衣先试穿”，时装网络营销提供的是一个虚拟的店铺，这使得消费者们只能通过视觉感知去衡量时装是否合适，包括尺寸大小和面料质地。如果顾客不能对网上购买时装有充分的信任度，会使得他们在购买的时候增加感知风险，并产生一种抗拒心理。

目前由爱沙尼亚一家名为“试我吧（fits me）虚拟试衣间”的公司开发研制了由许多有弹性的面板制成的试衣机器人，能变换出成千上万种不同形状和尺寸的“体型”。试衣机器人模特即将掀起一场时装网购的革命，这种机器人可以根据购物者在网上输入的身材尺寸而变换体型，从而使购物者可以看到“自己”的试衣效果，这也就解决了人们网购时无法试穿的苦恼。它能增加网民们在网上选购时装的信心，如图 12 - 23 所示。

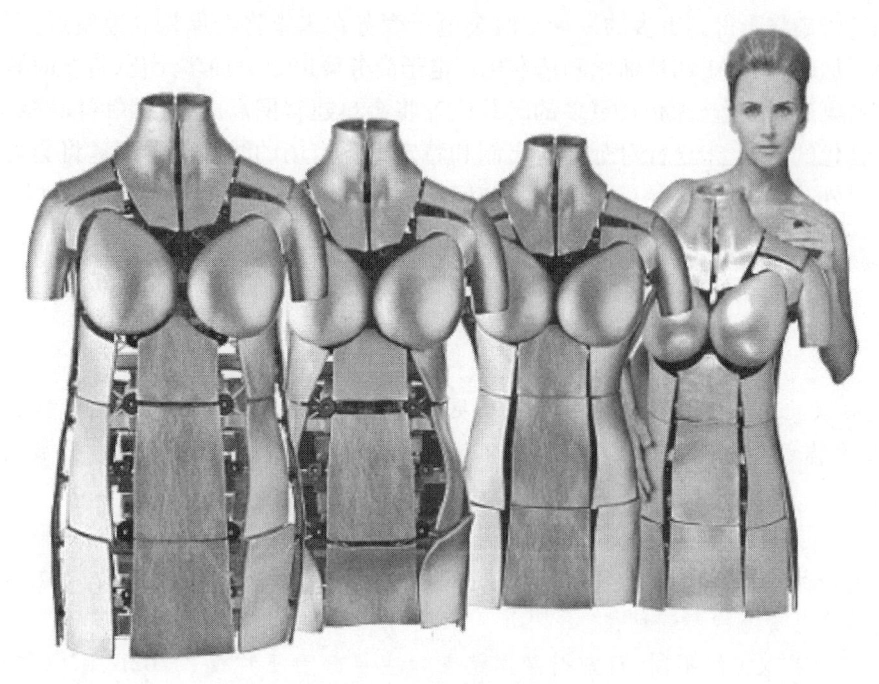

图 12 - 23　虚拟试衣机器人

七、缺乏完善的消费者保障制度

几年来，消费者和时装网络商家的纠纷普遍存在，消费者难以维权。开设时装网络营销的商家们应该逐渐完善消费者保障制度。如开设时装商品的“第三方质检服务”；保证网站所展示的时装商品的真实材质,图文描述属实;“七天无理由退换货服务”、“假一赔三服务”、“正品保障服务”和“闪电发货服务”等平台消费保障制度,都会在一定程度上吸引消费者的信任,引导其放心在网上购买时装。目前,迫切需要逐步建立起一套适合时装网络购物的立体网购维权体系。

八、尚未建立令人舒适的导购体系

时装企业开展网络营销要不断改进内容导航的工作,力求建成时尚、安心、便捷、快速的导购体系,实时迎合消费者的个性需求。如新颖的网站设计、时尚的商品信息、网络试衣技术的不断更新、专业的时装导购、安全的支付系统、快速高效的物流配送等,力求打造令人舒适的导购体系。

所有这些问题若不能及时有效地解决,肯定会制约未来时装网络营销企业的进一步发展。目前有些 B2C 时装网络营销模式已取得了一定的成功,但要想获得更大的成功,还需要解决一些影响时装网络销售成功的未解难题。从 2011 年 10 月始,淘宝商城推出提高技术服务费年费和保证金的新政,并从仓储、物流、售后服务体系等基础建设和商家信誉认证方面做了很多改进,意在为用户提升商品和服务品质。艾瑞分析认为,未来 B2C 服装网络购物市场体系定会更加完善,其消费者权益更能得到保障。

由于互联网能够更好地满足用户个性化的需求,未来针对个性化定制和特定细分市场的时装网络营销将会得到更多的发展。时装电子商务在未来将会保持高速发展,不过随着市场竞争的加剧,将会更加精细化和精准化。电子商务渠道会更加多元化,传统时装企业将会采用多种渠道开展电子商务,更多的时装企业将会自建官网。由于互联网能够更好地满足用户个性化的需求,未来针对个性化定制和特定细分市场的时装电子商务将会得到更大的发展。另外,通过改善实际存在的不足与问题,才能快速高效打造全新的 E 时代 B2C 服装购物新体验。

小结

1. 凡是以互联网为主要手段进行的、为更好地满足顾客需求去达到一定营销目标的营销活动,都可称之为网络营销(E-marketing/ internet marketing),其贯穿于企业开展网上经营的整个过程。

2. 时装网络营销即零售商通过建立独立的购物网站或在第三方网络零售平台上发布和展示时装商品信息,辅之以各种在线销售策略,吸引消费者的购买欲望,进而在网络平台上完成时装商品交易的经营过程。

3. 根据交易双方的不同,目前时装网络营销主要分为三种模式,B2B、B2C 和 C2C;另外,D2C、网络团购等模式的不断兴起,未来新模式层出不穷。

4. D2C 是设计师通过“聚需求、团宝贝”的方式直接面向消费者,通过强大的营销平台,设计师直接传达自己的设计理念和相关设计产品,达到出售原创产品的目的,使设计师的原创设计价值得以充分体现,客户得到人性化的贴心服务。

5. 时装网络促销作用主要表现在引发需求、促进购买,传递信息、扩大影响,有力竞争、扩大销售等几个方面。

6. 根据促销的目的不同,网络促销策略可分为:满就送/满就减、送服务、限时/满额包邮、限时秒杀、限时打折、店铺优惠券、网络折价促销、网络赠品促销、网络抽奖促销、网络积分促销、网络团购促销、微博促销、网络联合促销等。

7. 网络团购是指一定数量的用户通过互联网渠道组团、以较低折扣购买同一种商品的商业活动。

思考题

1. 时装网络营销和传统营销的区别在哪里?
2. 简述时装网络营销的几种模式和异同点。
3. 传统中小时装企业纷纷试水网络营销,试分析时装网络营销成功的关键。
4. 为你最喜欢的品牌时装网络旗舰店做一份圣诞和元旦期间的网络促销方案。

第四部分

时装教育

第十三章　全球时装教育

第十三章　全球时装教育

本章要点

- 美国纽约时装学院(FIT)的教学模式及其课程体系和课程设置特色
- 法国艾斯莫德国际学院(ESMOD)的教学模式及其课程体系和课程设置特色
- 英国曼彻斯特城市大学(MMU)的教学模式及其课程体系和课程设置特色
- 意大利欧洲设计学院(IED)的教学模式及其课程体系和课程设置特色
- 日本文化时装学院的教学模式及其课程体系和课程设置特色
- 香港理工大学的教学模式及其课程体系和课程设置特色

学习目标

知识目标:

本章使学生能系统地了解全球主要知名时装高等院校的办学特点和教学特色,使学生明确未来全球时装教育的发展方向和趋势。

能力目标:

本章使学生能够对一些知名时装院校的教学模式、教学方法以及课程体系设置等进行分析比较,让学生理解各地区、各区域的时装教育和时装产业之间紧密结合的关系,从而培养学生成为市场需求的专业人才。

时装教育是对人才的培养,走的是实用型路线,以培养技术应用型人才为目标。时装教育的最终目的是服务于产业的发展。因而,时装教育要特别注意在时装产业需求和教学内容之间寻求一种认识论上的协调一致。

当今世界经济的信息化、市场化、集成化、网络化的发展,使企业、产品、人才和市场出现了更为激烈的竞争和快速的变化。通过对全球知名时装高等院校教育体系的分析,进一步了解各个院校的特长和优势,有利于构建出全新的时装教育体系,使得培养出的人才真正能够满足21世纪的时装产业发展的需求,更好地顺应时装产业的发展趋势。

第一节　美国的时装教育

一、纽约时装学院简介

(一)地理位置

美国纽约时装学院(fashion institute of technology,以下简称FIT)是国际上知名度最高、规模最大的时装高等学府,如图13-1所示。它创立于1944年,地处时尚尖端都会纽约的曼哈顿区，介于第7大道 和第8大道之间，第27街横贯整个学校。众所周知，纽约是美国最大的城市及最大的商港，是世界经济中心之一。纽约的良好市场环境和集约规模——世界上许多高档时装和时装消费者以及资本、技术、信息、人才等的集中，使之无可非议地成为世界时装产业的一个重要城市。纽约市场包容了各种各样时尚的、敏感而时髦的、典雅而矜持的时装，不仅背倚着全球最具购买力的市场，还以经济和政治影响傲视世界时装市场。而曼哈顿又是纽约的核心，集中了纽约主要的商业、贸易、金融等行业的精华，是世界上最富裕的地区。因此，FIT独特的、优越的地理环境，使得它能很好地利用行业资源，多年来在设计师培养上硕果累累。

图13－1 美国纽约时装学院 （图片来自 http://zxxh. mcixi. com/info/infoview. aspx? infoid＝125213）

（二）学校特色

FIT是一所颇具特色并享有极高声誉的学校，拥有先进的教学设备以及门类齐全的专业。学院的教学风格独特，师资力量雄厚，与世界时装界紧密联系，教授平均资历为世界最高，培养过无数的人才。该校开设了30多个不同专业，是一所专业内容紧贴时尚脉搏、以时装应用技术为主的流行时尚学府。它拥有全世界最大的时装博物馆和时装图书馆供学生学习研究。学院是一所公共机构的高等教育学府，但是长年来与私有企业保持着良好的合作关系。因此学院在注重学生创造力的同时，紧紧把握商机，学生的能力在此得到充分利用和开发。近年来，FIT不但继续保持优良的校风，也在校园建设上取得很大的成绩，吸引了越来越多的外国学生来校学习。该学院培养出来的毕业生也深受社会的欢迎。

（三）代表人物

FIT培养出了许多在世界时装界里有影响的时装设计师。如：卡尔文·克莱恩（Calvin Klein）、诺玛·卡玛莉（Norma Kamali）、朱钦骐（David Chu）、雷姆·阿克拉（Reem Acra）、弗朗西斯科·科斯塔（Francisco Costa）、尼娜·加西亚（Nina Garcia）、卡罗琳娜·海莱娜（Carolina Herrera)、迈克·柯尔(Michael Kors)、纳耐特·莱波雷(Nanette Lepore)、拉尔夫·鲁奇(Ralph Rucci)等国际著名设计师、企业家。纽约时装工业界60%以上的专业人员曾在该校进修或学习。

二、纽约时装学院教学模式

FIT除了有一流的教学条件和师资之外,其先进的教学模式也值得我们深入研究和借鉴。FIT为了培养学生理论和实践相结合,培养学生创新、审美、问题的分析解决、写作、沟通和表达能力,结合不同课程目标,采取了多样化的教学模式,始终围绕"理论—实践—理论—实践"展开。FIT的教学模式大致可分为五种类型:信息加工型、个人型、社会型、实践型以及来宾演讲型。其中前四大类型为主要特色,即信息加工型、个人型、社会型和实践型。信息加工型着眼于知识的获得和智力的发展,培养学生获得知识和创造性思维的发展,提高学生合作和研究能力。个人型强调学生在教学中的主观能动性,着眼于个人潜力和人格的发展。教师和学生之间形成一种咨询关系,以学生的个性发展为中心,帮助学生解决问题。社会型强调教师与学生、学生与学生的相互影响和人际交往,着眼于人的社会品格、交往能力的培养。实践型对于FIT学生来说,是相当重要的一个环节。除了在实验室和工作室的学习外,他们还要至少完成20周深入时装设计、生产、管理、营销第一线的实习课程。良好的实践锻炼为他们提供了接触社会、了解行业的机会,使学生在实践中得到一定程度的磨练和提高,为行业输送了所需人才。FIT为学生创建了良好的校内实习环境,提供专门的实习中心,提供给学生第一手的行业学习经历。实习还有助于发展学生的竞争优势和处理人际关系的技能。总之,在教学模式上,FIT不但有良好的教学条件、丰富的教学资源,而且充分重视课程教学中理论与实践的整合以及学生的综合素质、创新能力、社会适应能力的培养。

三、纽约时装学院课程体系的设置

学校分为两年大学文凭辅助学习(associate degree program)和四年学士学位学习(bachelor of science degree progam)两种学制。一般学生在完成两年的设计基础类及少量专业类课程学习后,即可获得大学辅助文凭(AAS),而后,学生可继续深造或参加工作。若选修原先的专业方向深入学习,可直接升入,若改选其他专业方向,则需申请并通过面试或作品集的审阅。总之,此种学制之间的分割与连接比较灵活,有利于学生按照自己的意愿选择适合自己的专业方向学习。在前一阶段的学习中,学生会接触到各种专业方向的基础课,会发现自己的爱好及才能,这也就为后期选专业方向提供了必要的准备。

美国的高等教育有四个主要组成部分:通识教育、专业教育、学术研究、社会服务。任何一所大学的教育理念、培养目标、学科建设都离不开教学与课程,这些宏观构建的具体实施最终都需落实到行之有效的教学计划、教学大纲与课程体系上。FIT开设的课程主要有:时装设计、珠宝设计、男装设计、时装营销管理、产品管理、纺织发展与市场、摄影、广告与市场宣传、传播设计美术、显示与展览设计、电脑动画与互众传媒、视觉艺术管理等。其课程设置的特色如下。

（1）课程设置体系合理且培养目标明确，既重视专业课教学的强化，又注重学生综合素质的培养，加强学生基础，拓宽其知识面。

（2）课程设置实行弹性制，发挥学生学习的主动性。FIT 实行全面的学分制，给学生以充分自我选择的权利和空间。课程设置非常灵活机动，学分制可供在职人员再培训。

（3）突出对学生创造性思维的训练，设置了“创造力知觉”、“概念思维与时装”、“创意立体设计”这样的课程，强化对学生创意思维方面的训练。

（4）突出对学生动手能力的培养，课程设置充分体现了对学生动手能力的培养，除了设置“实习”课程、“来宾讲座”、“校友交流”等项目来推动学生更多接触实践外，部分课程还要求进入工作室进行模拟。所设置的由时装工业领导和时装界权威人士定期来校讲学的特别课程是 FIT 成立 50 多年以来始终坚持并最具特色的教学项目之一。

总之，FIT 的课程体系设置紧紧围绕着它的教学模式，始终一如既往地围绕培养学生的创新能力、应用能力为目标进行。

四、纽约时装学院课程特点

FIT 专业教学给学生提供在设计、时尚和商业方面最优的教育，以加强学生的创造力、职业性和拓展学生的全球视野。为了完成这个使命，FIT 专业教学课程有以下特点。

（1）学校致力于广泛的通识教育，包括文学课程。其设置的课程与时装工业界有着紧密联系。明确每门课程基本授课内容与选课要求以及授课与实践的比例。各类课程合理搭配，分布于四年的各期。

（2）通过整合理论与实践，学校发展学生美学、综合文化、分析和技术创新能力，以培养出多层面的“通才”以及多层面的“专才”。

（3）学校通过聘请有突出学术和产业经历的教授提供给学生一个创新型的课程，使学生形成社会化、工业化及专业化的意识。

（4）学校通过学生自主的服务、项目和活动来推动学生的成长和自我发展，以培养学生的个性发展。

（5）FIT 通过提供实习、来宾讲座、产业发展论坛和其他实践学习的机会，使学生了解和选择职业。

（6）学校充分利用纽约市的广阔资源，提供多方面的教育经历。

五、产业与教育的结合

美国是靠成衣（ready-to-wear）打下时装工业的基础，纽约更是靠女成衣称霸世界。纽约发展成今天的美国时装中心，是和美国发展成今天的世界成衣霸主分不开的。而正是靠 FIT 在时装工业界及教育界的地位和影响，培育出了一代又一代的世界顶级知名设计师和企业家。因此，一个国家的时装产业离不开其优质的时装教育，而时装教育只有与时装产业建立协调一致的互动关系，才能顺应产业发展的趋势，从而使时装教育在知识经济时代的变革与发展中体现得更完整。

第二节 法国的时装教育

一、法国艾斯莫德国际学院简介

(一)地理位置

法国艾斯莫德高级时装艺术国际学院(以下简称为 ESMOD)是一所世界顶级的时装院校。法国时装大师阿列克斯·拉维涅先生(Alexis Lavigne)于 1841 年设计并创办了这所世界上第一所时装学院。作为一所历史悠久、贡献卓著的时装学院,ESMOD 在整个行业中声名显赫,被称为“时装界的哈佛大学”。

ESMOD 坐落于巴黎闹市区第九区,临近巴黎歌剧院、世界时尚的集散地(图 13 - 2)。在这座总建筑面积 2000 平方米左右的典型法国建筑里,大约有 600 名学生在此学习(图 13 - 3)。ESMOD 还形成了一个覆盖全球的国际化网络,使全世界能够通过 ESMOD 国际分享法国时尚艺术教育的成果。

图 13 - 2 ESMOD 地理位置

(图片来自 http://www.abroadstar.com/universitydetail_46.go)

图 13 - 3 ESMOD 院址

(图片来自 http://college.eic.org.cn/newsbrowse.aspx?cid = 557)

众所周知,巴黎是公认的欧洲时装发源地。从 1900 年至今,巴黎始终是世界时尚的中心。随着巴黎春天百货和老佛爷百货的相继出现,巴黎歌剧院一带成为当地赫赫有名的时尚商业中心,置身商业圈中的 ESMOD 在这样一个得天独厚的地理环境和优质资源中,也日渐体现出了世界顶级时装学府的风采。其培养的高素质职业技能人才,成就了 ESMOD 的声誉,同时也造就了法国“世界时装之都”的创新能力和领先水平。

(二)学校特色

ESMOD一直是全世界时装学院的典范。它是唯一一所跻身世界前十强的法国时装学院。ESMOD作为时装教育行业的引领者,在时装艺术和时装技能两个方面都发展成为国际高水平的教育和培训中心。ESMOD在法国设有4所高级时装设计分院和1所时装管理商学院,在全世界从欧洲、到亚洲、非洲、南美洲等14个国家中,建立了具有同等教育质量和同等服务体系的21所授权和合作学校,在全球范围内传播时装之都先进的时装理念和技艺(图13-4)。ESMOD一直极力维护与业界的特殊关系,这种声誉提升了它的名望,又成为毕业生进入时尚界、设计界和商界的有力保障。每年,ESMOD毕业生炙手可热,供不应求,其水平得到业界一致认可。几乎每家大型时装公司里都有至少一位ESMOD毕业生担任设计、制板或者营销骨干。

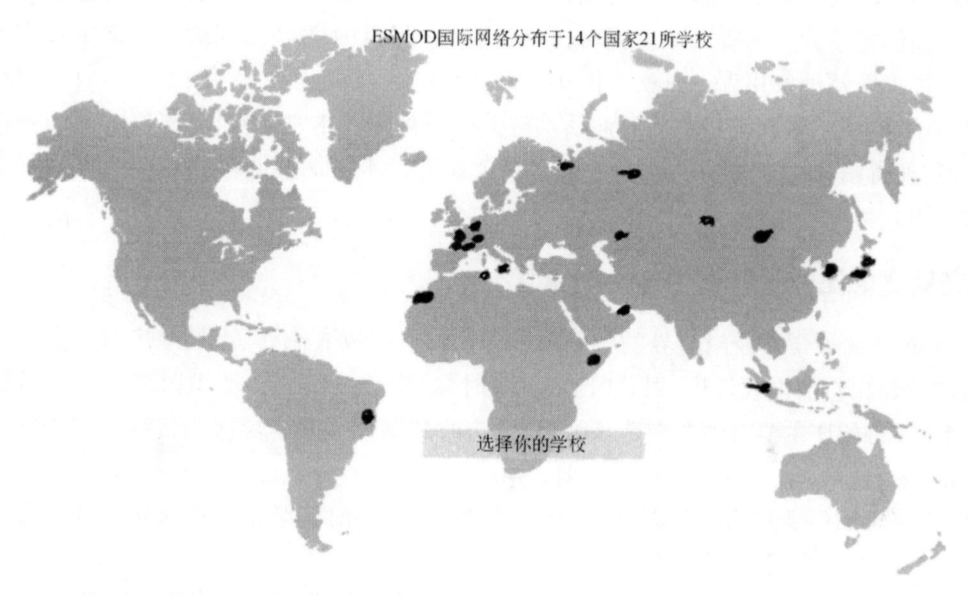

图13-4　ESMOD国际学校分布图　(图片来自http://www.esmod.com/en/prehome/index.html)

(三)代表人物

作为世界上最古老的时装学院,它在一个多世纪的时间里培养出一大批世界顶尖设计师与制板师,被尊崇为"培养时装大师的摇篮"。ESMOD毕业生中世界级时装大师层出不穷,如自创世界著名品牌Ece的土耳其时装设计师艾思洁(Ece Ege)、自创著名品牌Cathrine Malandrino且在美国高居"未来亿万富姐"排行榜首的法国时装设计师卡特琳娜·玛兰蒂诺、在巴黎自创著名品牌"e"的挪威时装设计与制板师衣格斯、世界著名品牌"巴黎春天"及法国国家歌剧院舞台装设计师法兰克·索贝尔、世界著名品牌Dior、Dolce & Gabana的裘皮装设计师Ming Ju-lin等世界顶级时装设计师与制板师。

二、艾斯莫德国际学院的教学模式

ESMOD的教育方式一直备受现代时装界专业人士及学生的推崇。创始人阿列克斯打破了传统的教育方式,推行其独特的教育方法,直到今天,他的理论仍然具有极大的参考价值,产生了深远的影响。同时,阿列克斯是第一个提出纸样设计概念的人,也是裁剪技巧课的首创者,使这所有着百年教学历史的学校在世界时装界占据着举足轻重的地位。ESMOD 的学制为三年,只要年满 18 岁、高中毕业就可以就读,主要面向时装企业,为企业培养专业技术人员,但第三年必须在巴黎上。ESMOD 的教学模式主要从"学习—理论—实践"展开。学生进校时不需要专门的考试,学生可以是"一张白纸",对时装和美术不通。但学校实行淘汰制,从一年级升入二年级,要经过专门的考试,淘汰近一半人。二年级升入三年级略有淘汰,毕业前有一个专门的考试,不合格的重修,以此鼓励学习的机制来保证良好的教学质量。ESMOD 的教学模式是按行业需要来制订的,其教学目的十分明确,是以职业技术为特点、以技能的培养为目标,重视学生技能与实践能力的培养。学生在第一学年的技能课中就包括了对文献的研究、人体静动态的素描、纺织品的鉴别以及计算机辅助创意设计。为提高学生面对择业的应聘,ESMOD 为学生在最后一学年安排了他们一生都将受益的实用课——就业模式研究:时装业及其市场的研究、个人简历、求职信、模拟面试等,使学生获得多种与时尚活动有关的设计与技术专业知识,掌握时装的各种基本技能,使得培养出来的学生能够很快适应企业的需求。他们的特色就是注重培养实用型的人才。

三、艾斯莫德国际学院课程体系的设置

ESMOD 的教学涉及时装界的各个领域:时装设计、成衣制作、市场推广、产品管理、时装与媒体等。它的内衣设计、男式时装、女式时装、童装、舞台装、纺织时装及时装营销尤其有名。ESMOD 主要有两个专业:时装设计与时装制作。教学层次为传统的作坊技术到现代的工业技术,学生得到全面的培训。第一、第二年是时装设计及制作的接近、入门探索期,这一时期的课程为公共课;第三年是专业期,这一时期学生自己选定专业。其具体课程设置如下。

第一年:学生开始以独特的视角接触时尚界,逐渐了解整个行业的现状和地位,学习时装的基础知识。其课程主要有:人体结构分析、色系组合、时装材料学、立体裁剪工艺、电脑设计与制板以及基础史论课。其目的是培养学生独立的个性与自主的学习能力以及拥有分析、总结、评论的个人能力。

第二年:学习如何构思和制作一个系列的产品,并使之符合市场和企业的需求,以案例进行实战训练。其课程主要有:个性艺术观、各类时装的设计与制板、前卫时装剖析、市场营销、品牌形象、流行趋势分析、艺术与时尚等。其目的是掌握时装行业不同领域、不同特性、不同市场的需求,通过具体实例学习来把握潮流,把握未来市场,以此提高专业技术能力。

第三年:学生选定一个专业的领域,比如女装、男装、童装、高级时装、内衣、针织装等。每个专业都有知名的专业人士指导学生学习。主要课程有:专业市场分析、专业领域的设计与制作、个人展示技巧、个人系列与制作以及自我品牌设计等。其目的是深入掌握自己所选的专业技术,把握所从事的这一领域的市场供求关系,培养创作思维,成为一名专业化市场领域的设计师。

四、艾斯莫德国际学院的课程特点

ESMOD 的课程教学体系是科学的、先进的。它在短短的三年中有效地完成了对不具备很好美术基础的学生的全面培养。在 ESMOD 的专业授课使用“案例教学法”。除基础部分的教学外，一般都采用此方法。它让学生结成研究小组，结合公司、企业具体的案例来开展市场调研、策划、讨论并完善设计方案、最终实施。在整个过程中，学生活动于企业、市场、街头、实验室、图书馆等，充分发挥了学生的积极性、创造性和自主能力。ESMOD 注重学生的理论水平与实际工作能力的培养。教师在整个教学中启发学生，给了宏观指导，以讨论的形式教学生分析问题、认识问题的基本方法，学生根据这些方法得出自己的观点，只要分析方法得当，无论最终结论是什么，老师都给予肯定，充分发挥学生的积极性、自由性和灵活性。此外，ESMOD 的课程还非常注重学生的基本功训练。每次设计时装系列的时候，图片的感觉和颜色、面料、款式、人体模特等都会要求搭配得非常准。裁剪课的要求也非常高。ESMOD 是除了巴黎的高级工会以外教授裁剪和板型最好的学校。

五、产业与教育的结合

优美的巴黎时装风靡整个欧洲。巴黎的时装产业已经形成了一种良性的互动。从高级时装到高级成衣，巴黎在时尚行业中的领导地位成为整个法国的骄傲，辉煌的时装文化促进了巴黎的城市发展并保持至今。整个时装产业已经上升为一种城市的特质文化，开始向城市发展的各个领域延伸。

巴黎之所以能够成为世界时装中心，不仅仅是因为它悠久的时装文化历史以及特有的城市文化氛围，更重要的是它能以完善严谨的时尚体系作为时尚产业的依托，从而在世界范围内发挥法国时装品牌的影响力。

巴黎在经过时间和文化的积淀中形成了其特有的设计氛围，并成为新生设计师成长的沃土。设计行业在巴黎集中并形成了各种形态混合共存的现状，造就了对各种专业人员的大量需求。而像 ESMOD 这样的世界顶级时装学院在产业的细化和全球化的过程中，观察到并顺应了产业的这种发展与变化，从而得以延续和壮大。

第三节　英国的时装教育

一、曼彻斯特城市大学简介

（一）地理位置

英国曼彻斯特城市大学（Manchester Metropolitan University，以下简称为 MMU）是一所注重教学质量与效率的综合性大学。它位于英格兰西北部的曼彻斯特市，该市是世界最古老的工业城市。英国第二大国际机场就设在这里，国内铁路及公路干线亦以此为交汇点。MMU 原为曼彻斯特技术学院，创建于 1824 年，1992 年由学院改为大学，是英国第二大的大学。MMU 的中心校园已经形成了英国最大的高教中心及欧洲面积最大的教育中心（图 13－5）。

众所周知，曼彻斯特市是英国最著名城市之一，是一个拥有250万人口和5万余名学生的国际化大都市，也是英国商业、金融、文化的教育中心。曼彻斯特是国际公认的技术、工业和学习中心之一，备受英国本土和海外学生的青睐。在流行文化上，尤其是时装、设计还有足球等方面可与伦敦相媲美。这里也是世界上许多著名公司的所在地，是世界上重要的科研中心之一。

MMU地处这样一座有着多元文化背景的城市，并且毗邻着英国风光最美的海岸、湖泊与山区，其名气与曼彻斯特这座城市独特的地理位置是分不开的。

图13－5　MMU校园　（图片来自http://www.diy365.net/index.php/article/236/2014）

（二）学校特色

拥有150年校史的MMU结合传统和当代元素，以其庞大的规模、齐全的设施和高素质的教师队伍吸引了大量学生。MMU是全世界国际商业与技术教育最大的中心之一，能够提供分布全球的职业和工作机会。由于该大学的教学质量好，毕业生的就业率也属最高者之列。该校分设7个校区，有5个校区位于曼彻斯特，同时在克鲁（Crewe）和阿尔萨加（Alsager）、柴郡（Cheshire）还有两个校区。主校园设在曼彻斯特市中心区，是欧洲最大的校园之一，有3万学生，所开设的学位课程以及研究生课程涉及广泛的专业。该校与欧洲大陆、澳洲和美国大学都建立了紧密的关系，学生有很多机会出去学习，开阔眼界，丰富经历。同时，MMU的设施也是相当齐全而精良的，它拥有英国最大的图书馆设施，而且每个校园均有单独的图书馆。MMU还有一流的计算机网络，可供学生使用的终端遍布学校的各个角落。

（三）代表人物

英国作为现在设计师最多的国家，其设计学校是有其特色与魅力的。很多国际品牌的设计团队成员都是在 MMU 受到优越的教育。MMU 是年轻设计人才的摇篮,有相当多的毕业生活跃在艺术、设计、大众传播与娱乐界,且非常成功。

二、曼彻斯特城市大学的教学模式

MMU 是英国排名最高的新大学之一。"英国大学首选指南"将其列为全英大学总排名中的第 36 位。该校 50% 的授课式课程被"高等教育拨款委员会"评为"一流",其特殊的教学方法就在于将小班组研讨与大量的导师指导相结合,这就是 MMU 的特色教学。教师在教学过程中注重调动学生创新思维的积极性,在课题式讨论下发挥学生模拟实际的能力。在整个教学过程中非常注重对传统文化的学习和积累,并以此注重学生时装设计过程中动手能力和创造力的培养,重视时装设计的实用性和功能性,尤其重视教学实践活动和企业的紧密结合,使学生所学知识能适应时装行业经济发展的需要。它推行"以学生为中心"的教育理念来培养学生的综合能力。其教学模式可以归纳为"学习—课程—学习"。这个过程可以称为"三明治"式课程学习法。这一教学模式展开了多元化的教学方法,通过一种有效的运作和管理安排,培养一种长期的学习和教学能力。

三、曼彻斯特城市大学课程体系的设置

MMU 纺织与时装学院中的课程体系共有九个专业方向,即时装设计与工程、刺绣、时装、技术性时装设计、纺织品设计、纺织、纺织技术、时装购买与零售、国际时装营销。与我国四年制本科教育体制不同,英国学生只学习三年时间,而 MMU 的课程学制虽说也是四年,但是包含了一年的工作时间。其中前两年在校学习,第三年在企业实习,在英国或者国外工作,第四年再返回学校学习,完成毕业设计。前两年的学习中,学生将学习一系列的基础课程以及相关专业的相关课程,如设计、纸样技术、时装制作、营销管理、时装 CAD 技术等。在第二年的学习期间,学生要为第三年的实习做准备,学生需要提高并且丰富自身的经历和面试技巧等各方面水平,并能够更加广泛了解时装企业。最后一年需要回到学校拿出时间进行设计和时装开发与实践,即包括时装产品开发与时装制作在内的毕业设计。"三明治"式课程是学生学习期间取得实践经验的一个好办法,他们毕业时不但能够获得学历,同时也拥有相关的工作经验。它的另一个优点是学生能够在学习期间获得经济收入。一年的工作经历不仅使学生变得成熟、自信,将学到的知识在实践中有了应用的机会,并掌握了工作技能。这段经历使学生能够轻松就业,甚至可能在实习的公司最终就业。这样的制度有利于培养学生在技术和管理方面的实践能力。

MMU 的课程体系设置主要有以下几个特点:

(1)培养目标明确。课程与课程之间的协调为学生营造了一个自由的教学氛围,使学生能够不受限制地学习和了解一切他所感兴趣的事物,并且可以获得教师的许多建议,这为学生的创造活动提供了一个良好的环境。

(2)教学规范化,明确课程的要求与目标。每一门课程都有很明确的课程要求,课程手册会发到学生手中,这样学生就很清楚,他们要学什么,怎么学,如何才能学好。

(3)注重培养学生的创造性思维,强调整个思维的培养和过程的训练。围绕给定的一个

主题采用发散性的思维模式,运用头脑风暴法,将思维打开。教学中强调过程重于结果。教师通过提问来培养学生提出问题解决问题的能力。学生在整个过程中学会思考与表述,在不断思考与论证的过程中来完成设计。

四、曼彻斯特城市大学的课程特点

MMU 没有固定的教学方法。它采用辅导课、上大课和专题报告相结合的教学方式。上大课时听课学生众多,通常在大礼堂或大教室进行,要求学生认真听讲并记下笔记。作报告之前要求学生预先做好准备,通常是由一组学生来进行。然后向大家宣讲,以便引起讨论。除此之外,学生大部分的时间就是阅读、查资料、做项目和写短论文。教师在教学过程中,主要是组织教学,而不是传统意义上的讲学。尽量每一节课都聘请对口的企业专职人员或资深教授出席,在讲台上与主讲教师进行对话,学生在下面边听对话边提问,进行多向交流。教学的每一个环节始终与业界保持紧密的联系,所有的专业信息都是与业界动态相连的,紧密结合实践,紧跟英国时装业的变化。因此,毕业生在毕业之后也能迅速融入企业。

MMU 的课程特点主要有:

(1)运用特殊的教学方法,通过课程、讲座和大量的导师指导,进行一对一的沟通、以工作室实验与小组合作来实现更好的交流学习,达到教学互动的效果。

(2)多采用课题式的教学手段,激发学生积极参与解决实际问题的能力。学校注重课题的研究过程,有别于传统的过于注重目标的教学方式,不但关注学生如何在某一个特定的主题内设计出具有新意的作品,注意作品的可变性和多元发展,更加关注作品的实用性,从而使学生参与实践的能力大大加强。

(3)重视教学与行业的互动、教学与社会的密切联系。在整个课程设置体系安排上,MMU 专门聘请了大量的行业优秀人士直接参与教学。大量的现实案例和产品实例,比单纯的理论更有利于学生对理论知识的理解。

(4)基本上每一门专业课程都强调了团队合作精神和人际沟通能力的培养。团队精神是一种凝聚力是项目实施的基础,而人际沟通是推动项目发展的动力,教师鼓励学生的团队合作以及口头表达的能力,以此来提高学生的整体综合水平。

五、产业与教育的结合

英国是世界上最注重传统的国家之一,也是拥有世界各地重要历史文化遗产的国家。英国的时装专业很早就进入了高等院校,有着非常悠久的历史,为英国时装业的发展培养了一代又一代的专业人才。其时装设计高等教育无论是科研质量还是毕业生质量在世界上都名列前茅。这与英国的时装教育和产业相互渗透的关系密不可分。在英国,几乎每一所艺术设计或时装院校都与产业有着非常紧密的联系。这就充分保证了课程内容与产业需求的关联性,而产业界也对设计院校的毕业生给予希望,期待着这些新鲜血液能刺激时尚产业的创新,进而推动产业发展。

悠久的历史文化、成熟的现代设计教育传统和鼓励、启迪个性和创造性思维的浓郁氛围使英国成为世界最佳的艺术人才教育培养中心,从而使 MMU 这样著名的学府居于世界纺织服装学科的领先位置。

第四节　意大利的时装教育

一、意大利欧洲设计学院简介

(一)地理位置

意大利欧洲设计学院(Istituto Europeo di Design,以下简称为 IED)是集时装设计、珠宝设计、室内装潢、艺术环境、图像和多媒体动画、数字和虚拟设计、摄影和广告、工业和车辆艺术设计等多种学科和专业于一身的私立高等专业学府(图 13 - 6)。它是欧洲最大的私立设计学院,被称为“欧洲设计教育界的航母”,专门致力于设计、时尚、视觉艺术、管理和传播领域的教育和研究。该校创建于 1966 年,总部坐落于世界上最有声望的时装及设计之都——米兰(图13 - 7),并先后在欧洲其他四个重要的城市:罗马、都灵、马德里、巴塞罗那设立了分校。该学院还设有一个科研中心,是一个观察、实验、教学、实习工作的结合体。目前全校约有 12000 多名在校学生。

图 13 - 6　IED 校园一角　(图片来自 http://www.onyxcina.com/u/pages5.asp? id3 = 55&zj = &dm = csvpa&id = 441&id4 = 54&id5 = 56)

众所周知,在欧洲时装领域唯一能与法国匹敌的就是意大利。意大利的时装业于 20 世纪 50 年代崛起并以卓越的织物设计和质量,针织时装、休闲装,精美绝伦的服饰、做工、创意、款式及高贵的皮革制品闻名于世,意大利的男士时装和饰品堪称世界一流。政府对时装

图 13－7 IED 地理位置 （图片来自 http://www.onyxcina.com/u/pages.asp? dm=ied&id=299）

业的支持是意大利时装繁荣兴旺的重要因素。而 IED 正是凭借着这种独特培养创造性的艺术氛围，为学生提供了必要的工具来适应生产领域不断变化的要求以及一个无限相互交流新思想和概念的空间。

（二）学校特色

IED 拥有雄厚的师资力量，所聘用的教师都是行业内各自领域的著名专家。这使得他们能够为学生提供应用技能，保证学生能用最新的工具、方法、潮流、品位和市场信息来创新。它是一所为来自任何一个国家、任何年龄层次的具有创作才华和创作抱负的人提供培训课程的设计学校，其悠久的历史和高知名度的国际声誉响彻全球，尤其在意大利、欧美、日韩等国家，毕业生供不应求。

IED 是所全球性的院校，学院一直非常注重与企业界的紧密联系，与世界商业团体密切合作是 IED 教育质量的根本，从而使得创造力能与设计文化完美融合。IED 已与整个意大利时尚圈和相关企业以及众多专业人士建立了固定合作关系，形成了世界上最强大的时装企业联合会。

如今的 IED 是一个遍布全球的创意网络，它有国际上最重要的创意实验室，长期以来一直为国际上知名的公司、大学和政府机构提供咨询。许多客户公司都习惯请 IED 的学生提供绝好又有创意的解决方案。同时 IED 还拥有一套非常成熟完善的实验室，从新的灯光实验室到时尚配饰和鞋类设计的实验室，到模型制作实验室，一个都不少。学校还配有大型时装表演用的会场。学院的所有校区都有随着最新信息不断更新的大型专业实验室。技术、硬件和软件的不断更新也为交互性提供了最佳的支持。

（三）代表人物

学院的毕业生遍布世界各地从事着设计行业的工作。著名的紫葛（Zige）及 CM. Loose

时装品牌设计总监、中国十佳时装设计师刘灿明就毕业于意大利欧洲设计学院。此外，2011年被评为“意大利时尚新锐设计师”(Vogue Talents)之一的娜塔莎·泰勒(Natacha Talay)毕业于意大利欧洲设计学院米兰校区时装设计专业，并创立了自己的同名品牌。杰出的Fendi(芬迪)公司配饰设计部门的负责人、同名品牌持有人马尔科·德·文森佐(Marco De Vincenzo)也毕业于学院的时装设计专业。从学院走出了如此多的时装设计界的著名大师，这与IED的培育是密不可分的。

二、意大利欧洲设计学院的教学模式

从建校起，IED就已经自主研究开发出了创新而又多样的教学方法，通过学习和实践得到知识，这是IED认为对于掌握文化的、创造性的和其他一些重要的技能所必需的，这也是IED的办学目的。它强调技术理论与实验、创意、策略的融合以及与整合传播、市场信息和某种形式的专业化的融合。IED的存在满足了多变的时尚体系对专业人才培训的需求。学院采用富有特色的横向与灵活的教学方式，结合学院“学会”与“会学”的办学宗旨，在整个教学过程中遵循坚持理论联系实际的教学模式。通过具体的案例练习、工作室研讨、公司实践、项目设计等形式来培养学生的思维模式和动手创新能力。这种模式不同于传统的形式和内容，是真正符合市场需要和专业的技术的模式。特别在实践中，它通过对具体案例在某公司内的实践经验，使学生获得特殊的操作能力。在教学模式中，其最大的特点就是安排6个月的项目设计，并且每一次都有不同的目的。而IED是一所非常注重项目设计的学院。其通过传统的可视化技术，运用专业(软件和硬件)工具训练材料、产品技术和操作方面的知识以达到更高水平，目的是发现对合作有实际应用价值、有创意和创新性的答案。

三、意大利欧洲设计学院课程体系的设置

IED是一个不断成长的国际学院。学院设有三年制本科课程和一年制研究生课程以及进修课程。欧洲设计学院的教学目标是文化、创新、管理和设计能力的培养和提高，而知识和实践技能的结合是实现此目标所不可或缺的基础。学院在所有课程体系的设置中都突出了这一点。每个校区都采用IED集团的理念和教学方法。各分校区都符合IED的全球统一标准，却又有自己的特色，做到所设课程与当地经济和社会现状接轨。IED有四个分院，分别是时装学院、设计学院、视觉艺术学院和传播学院。本科开设的专业有时装设计、时尚市场营销、时装编辑出版、产品设计、平面设计、广告设计、市场和商务沟通协调等。三年制课程中，第一年主要是专业基础知识的学习，将重点让学生学会创造性工作所需的基本方法。第二年、第三年主要是进行项目设计课程，将集中进行设计活动，实际参与客户的真正项目，其中将有教师和该领域的顾问的指导。其中IED与工作市场建立的良好的合作关系使得学生有机会参加各种活动、研讨会和比赛，这也将激励学生掌握重要的技能、单独操作的能力、做决定的责任感以及与客户联系的能力。

IED课程体系的设置主要有以下两个特点：

1. 注重专业基础教学与项目教学的结合

在学生掌握专业基础知识的条件下，综合发挥自己的专业能力，整合自己各方面的知识，系统考虑设计问题，培养学生的综合设计实践能力。三年制的课程可以使学生获得与设计创作过程相关的全方位的指导。整个学习阶段，课程不仅仅局限于学术学习，同时还将学生置于

当今国际时装商业环境中,以培养专业应用型人才为主。所有学生不仅能学到设计的理论,而且有机会通过项目设计和积极参与该项目实现过程的各个阶段来检验自己的创造力。

2. 强调课程体系的信息实时性和多元化的重要性

对当今世界发展动态的了解、对主流和非主流艺术活动的关注以及对时装行业动态的整体把握,这些都是迅速掌握时尚流行趋势和时装产业发展方向的重要参考。IED 凭借着其教学大纲不断更新,得到了各界专业人士的好评,而且高水平的课程设置进一步体现了设计领域的民族精神和实践精神。

四、意大利欧洲设计学院课程特点

意大利欧洲设计学院始终坚持自己的办学原则,其课程特点主要有以下几点:

(一)课程教学以市场需求为导向

根据时装行业的发展,学院与大型公司合作,这些公司不仅可以提供具体的分析案例,而且学校可以根据这些案例制订全年的教学计划,提供的课程非常实用。所有课程都是与知名品牌的公司密切合作完成并且公司的实践研讨等活动都与课堂教学同步。学生在修完所有课程后将参加公司内的实习。此外,每年有 100 多家公司给学院学生提供培训及讲座。

(二)工作室教学占有重要地位

工作室有专门人员负责学生技术方面的教学,解决学生设计创意之外的表现和如何表现的问题。这种教学形式不仅有助于师生之间的教学相长,还有利于同学之间的相互启发和信息交换,提高了教与学之间的沟通力,教学的目的性也更加明确。

(三)强调培养学生的综合素质

在掌握时装知识的基础上,课程体现时装与管理学科的交叉性,同时也强调设计艺术专业学生的综合素质,体现设计艺术学的交叉学科属性以及艺术的观念性,体现了艺术人才的培养必须建立在人性化基础上的方式。

(四)旨在培养学生的分析问题、解决问题、团队合作和沟通的能力

大部分课程采用开放式教学,设计类课程中注重提高设计思维的逻辑性以及设计的创造性,强调如何创造性地利用现有工具、材料和技术以及如何将独特的设计付诸现实的能力。

五、产业与教育的结合

意大利之所以是艺术家梦寐以求的艺术殿堂,这与它辉煌的历史和深厚的文化底蕴是分不开的。早期发达的文明、长期分裂的苦楚和独立后迅速崛起的经历共同塑造了意大利民族特有的性格品质,也形成了意大利特有的民族文化。意大利自古以来就是推动欧洲艺术和文化发展的重要力量,而意大利的时装产业正是建立在自文艺复兴以来对艺术文化的传承基础上,其时装教育也是提倡对传统艺术的尊重和对人文精神的传承。

米兰能成为世界五大时尚之都之一与意大利培育出如此多的优秀时装设计大师是密不可分的。它为合理的教育体制对设计师的培养与发展提供了一个有力的支持。而像 IED 这样的院校正充分体现了它与意大利发达高级时装制造业的一个完美结合。

第五节　日本的时装教育

一、日本文化服装学院简介

(一)地理位置

日本文化服装学院成立于 1919 年,至今已有 90 多年的历史,它是日本最早创办的服装教育学府,是日本时装教育界的领袖。当时它是一所被认定为中等教育之后的技术学院,或称职业学校,现在它已成为世界上最优秀的时装类大学之一,被国际上公认为著名时装院校之一。从东京一所女子裁缝学校开始发展至今,已有 30 多万毕业生从日本文化服装学院毕业,使日本服装服饰业人才辈出。在 2010 年的世界时装设计学院排名中,它紧随英国的中央圣马丁艺术与设计学院和美国的帕森斯设计学院,被评为世界第三。

学院位于东京新宿区新都心,东京的商业中心和东京都政府大楼附近,如图 13 - 8 所示。附近可到原宿、青山、涩谷等地,可亲身感受到世界时尚趋势的城市。众所周知,东京是日本的经济中心,是日本的文化教育中心,更是亚洲时尚的潮流中心,在这里诞生了许许多多令世界热血沸腾的时尚产物。而文化服装学院正是置身于这样一个为时装设计营造了浓厚文化艺术氛围的国际性大都市中,从而为全球时装业带来了丰厚的资源,如图 13 - 9 所示。

图 13 - 8　日本文化服装学院地理位置图　(图片来自 http://www.baidu.com)

图 13－9　日本文化服装学院校园　（图片来自 http://www.bunka-fc.ac.jp/about/index.html）

（二）学校特色

日本文化服装学院是日本最大的时装设计师摇篮。自 20 世纪 20 年代开始，就已经奠定了“文化原型”的教学基础，积累了近一个世纪的时装教学和办学经验，学院的声誉现已享誉全世界。目前有在校学生近万名，其中还有外国留学生数百名。该校拥有国际一流的办学质量，其师资、教材和教学设备等方面均具有国际先进水平。校内设有最充实、最新技术的工业设备、模拟实验室、现代化计算机管理的时装材料、时装成品、信息资源中心以及有收藏品超过两万件来自世界各国不同历史时期的宫廷服饰，不同地域的民族服饰以及大面料饰物的服装服饰博物馆，还拥有一所有关时装方面的书籍收藏量占日本第一的图书馆。其硬件条件在全世界的时装院校中可谓首屈一指。除此之外，该校还每年举办时尚主题的文化节、海外研修等活动。整个学院体现出传统时装业与现代数字化管理的完美结合。

（三）代表人物

日本文化服装学院良好的软、硬件条件为日本和世界各国培养了众多杰出的时装设计人才。人们所熟悉的许多享誉世界时装界的日本设计师都毕业于大名鼎鼎的日本文化服装学院、如高田贤三、山本耀司、三宅一生、渡边淳弥、松田光弘、小筱顺子等设计师，现在都是活跃在国际知名的世界时装领域的顶尖时装设计大师。

二、日本文化服装学院的教学模式

日本文化服装学院非常重视每一个人的天生资质，其目的是为了培养学生的原创性，拓展学生的视野。为了达成这样的目的，学校积极地开发通用于全世界的教学课程，并且提供种种机会。日本文化服装学院采用灵活多变的教学形式，重视培养学生的理论和实践相结合的能力。其始终坚持教育适应产业发展的办学宗旨,根据社会需求确定培养目标,根据培养目标制订教学计划及大纲,从而进一步设置课程并根据课程特点确定教学方式,根据教学方式确定师资结构,形成了一套独具特色的教学模式。

学院的教学模式可以归纳为四种类型:讲授教学、模拟训练法教学、工作室教学以及企业实习。其最有特色的教学为模拟训练法教学和工作室教学。学院非常重视实践环节的培养,并且采用多样化的教学方法来加强实践环节。在教学计划中占70%的课程都属于实践环节。学生大部分课程是在工作室或实习工厂里授课,采用理论与实践相结合的教学方式,学生边学习边实践,在实践中验证理论,用理论指导实践。这种教学方式既能加深学生对理论的理解,又能提高操作技能。学院有专门安排各种功能的教学空间,用于时装生产实习。比如有模拟生产流水线的时装生产管理实验室、人体三维立体测量实验室、先进的时装素材工作室、生产管理工作室、影像资料室等。教师结合课程需要,带领学生进入相应的实验室进行教学与实践,培养学生运用理论解决实际问题的能力。除此之外,在校内还设有专门的商店,供学生实习,也可以用来销售时装商品。这些都为学生的校内实习提供了有利条件。学院还专门聘请知名企业工作多年的资深管理或营销人员来做兼职讲师,不仅向学生传授知识和技术,而且能够将课堂教学与其企业实际联系在一起,结合企业的设计课题开展教学研究。

三、日本文化服装学院课程体系的设置

日本文化服装学院的办学方向始终与市场需求紧密结合,整个课程体系的设置完全体现了时装业发展的最新思想和趋势,教学内容紧跟市场变化。日本文化服装学院的历史代表了日本时装的发展史。课程设置涵盖了时尚产业界的整个领域,体现出与社会需求的密切关系,培养出世界通用的业内人才。该校建立的学科主要有服饰专门课程、时尚工科专门课程、时尚流通课程以及时尚工艺专门课程。

服饰专门课程是为了培育在服饰产业界中的广泛应用人才,学习有关制作服装时应具备的从基础到应用的专业知识和技术。时尚工科专门课程是培育在成衣产业界中各项职能都能受到注目的专家。时尚流通课程是为了培育出有关商品流通、售卖及资讯等广泛领域的人才,因此设置了时尚商务科及整体造型科。时尚工艺专门课程是以创造性为关键,以素材(织品)作为创作构思的原点进行手工艺品、鞋子、提包、帽子及饰品等的流行商品的全体设计。

其学科开设的专业课程主要有时装设计、时装市场学、时装流行趋势、时装表演与策划、时装生产管理、服饰配件设计等。除此之外,还有短期教育,如设计专攻、工艺专攻、营销专攻、管理专攻、技术专攻、服饰文化专攻、流通专攻等。

日本文化服装学院的课程体系的设置有以下两大特点:

(1)课程体系设置体现了市场化与多元化的特征。正是因为市场经济下的时装企业是多元化的,企业的人才需求是多元化的,所以对学生的培养目标也应当是多元化的。日本文化服装学院根据行业背景来设置专业,结合人才需求确定培养目标,强

调知识的针对性和应用性。即使同一学科的不同专业,其培养目标与课程结构也不相同。

(2)整个课程体系十分重视对时装的科学技术性、文化艺术性、流通性和民族传统等内容的教学,始终不脱离培养学生在学习的过程中获取知识和应用能力,突出时装艺术、技术和市场的紧密结合。日本文化服装学院的时装科学专业的教学水平在日本是一流的,他们研究创建的服装感性学、服装材料学和纤维物理学等课程,逐步完善了服装与人体关系的课程体系。

四、日本文化服装学院的课程特点

日本文化服装学院的课程特点主要有:

(1)专业课程分工较细,课程门类增多、实践环节不断加强,重视专业知识传授和专业技能的培养,使学生具有实际专业技术,毕业后能很快适应工作。

(2)在课程开设上,时装市场营销类课程明显较多,这充分说明时装的价值不是在生产中体现的,而要在最终的销售中完成。

(3)课程设置的针对性强,直指对应环节,单环节知识量丰富,讲求知识的深度,围绕核心把各门课程链接在一起。

(4)在课堂教学中,强调以理性知识为主,效果图设计、打板和裁剪等应用技术则在实习环节中完成。其专业课程非常重视人体测量的硬件装备,从而可以科学地识别人体曲线和时装造型之间的关系,特别在时装工学专业中还开设了特色课程,比如时装策划与着装艺术、服装材料的性能剖析等,从多方面介绍与服装性能有关的理论知识,拓宽学生对时装科学的认识领域和加深学生对时装设计与制作的深层次理解。

(5)具有科学严谨的课程结构以及艺术创新与技能并重的思维模式。学生可以在工作室中亲自研究各种面料的特点,亲手完成各种设计的制作过程,真切感受各种设计原理在实际中的作用,可以尝试多种造型技法所能达到的视觉效果,其理论水平和实践技能也都会同步增长。

五、产业与教育的结合

日本的时装工业起始于20世纪五六十年代。随着经济的迅速发展、时装工业的发展,东京成为“第五大时装之都”,这与它的经济发展水平、相关产业支撑、文化底蕴与文化建设以及优秀设计师等因素息息相关。东京不仅有完整的产业链,而且相关产业链在地理上相对集中,形成了产业集群,因此成为日本的时尚信息发源地。而日本文化服装学院的历史正代表了日本时装的发展史。日本设计教育的力量植根于日本民族文化,又不断吸收当代世界先进的文化思潮,突出了对传统文化的挖掘以及重视民族时装的继承和开发这样的特征,才使得日本文化服装学院能成为世界时装业人才的培育中心,与世界几百所时装院校结成姐妹院校,培育出如此众多活跃在世界各地时装业的著名设计师。

第六节　中国香港的时装教育

一、香港理工大学简介

(一)地理位置

香港理工大学,简称“理大”(PolyU,The Hong Kong Polytechnic University),其前身为香港官立高级工业学院,成立于1937年,其间曾改名为香港理工学院,1994年正式命名为香港理工大学,为香港历史最悠久的大学之一。它是一所既充满活力又拥有骄人历史及卓越成绩的大学,已成为香港最受欢迎的大学(图13-10)。根据《泰晤士报高等教育特刊》公布,香港理工大学是2010年世界大学排行榜中排名第149位的世界200强名校之一,在亚洲排名第20位。学校的使命就是培育出既拥有专业知识和独立思考,又具备良好沟通技巧及广阔视野的能为工商界及社会人士所需求的首选毕业生。

香港理工大学位于九龙半岛红磡,坐落于畅运道与康庄道交界,邻近着通向港岛的繁忙的红磡海底隧道及港铁东铁线红磡站。占地约93 500平方米,是香港所有大学中周围最繁华的一所。走出校门,过一条街就能看到香港红磡体育馆,还有星光大道和维港景致(图13-11)。香港理工大学现为全港学生人数最多的一所学校,目前在校共有约28 000名全日制和兼读制学生。

图13-10　香港理工大学　(图片来自 http://lining. sina. com. cn/news/4/2011/0403/124. html)

(二)学校特色

香港理工大学是一所最具规模且管理完善和教学目标清晰、致力于成为培养“首选毕业

图 13－11　香港理工大学校园外貌　（图片来自 http://baike. baidu. com/albums/74066/74066. html#0 $ cdfe7281a55568e3bc3e1ebf）

生”的“首选大学”而为人称赞的一所高校。学校拥有先进的教学及科研设备，教师从世界各地招聘，并且师资优良，课程与国际接轨，课程水平为国际认可。全英文教学是学校的一个显著特点。它将英语作为校园内的官方语言，校内有不少来自海外各地的交换生，形成了一个国际化的学习环境，有利于学生开阔视野。香港理工大学提供 40 多个学士学位课程，其中包括全香港独有的专业，例如设计学、时装及纺织学、工程物理学、职业治疗学、国际航运及物流管理学等。在所提供的众多本科专业中，有 15 个有双学位选择，学生毕业时同时可以拥有两个不同专业的学士学位。学校还积极提倡校企协作教育，培育学生的全面发展，提高专业技能。

此外，学校有非常优越的网络资源系统。尤其是图书馆，内有超过 210 万件的实物馆藏和 20 多万件的电子馆藏。有 24 小时开放的讨论中心、视听资料区等设施，特别是拥有超前的电子馆藏的资料搜集渠道，学生可以直接链接到国内外各大数据库并免费找到自己所需的资料。

（三）代表人物

香港理工大学多年来已培育了超过 25 万名学子。这些毕业生在社会不同阶层担当着重要的角色，以其专业知识、卓越才能回馈社会。比如国际著名时装设计师谭燕玉、国际著名品牌设计师李永铨、国际动画设计师许诚毅、香港电影导演王家卫、香港艺人梁家辉、梁咏琪等均是香港理工大学的优秀校友。

二、香港理工大学的教学模式

香港理工大学的时装人才培养是建立在理论与实践相结合的实用型培养方式上的，发展的是实用性教学。整个教学的理念是以人为本的理念，他们提出为了让学生能够更好地“解决明天的问题”，在制订专业、课程的教学目标时，关注的不应该仅仅是现在的企业对学生有什么样的要求，而是要去预测五年甚至五年以后将可能发生什么样的市场需求或者时代创新以及企业对学生又会有怎样的新要求，并据此来不断调整人才培养的目标定位。

教学与实践的结合是时装人才培养的必要过程。香港理工大学的教学模式就是真正做到了让学生学到有价值的东西，成为社会所需要的人才。他们的教育直接从零售入手，在所有课程前先设置市场调研期，让学生直接接触市场，培养良好的设计实用理念，以商业价值为着眼点和评判标准，直接将市场作为设计目标，使得学生的作品更加具有市场性和现实感，让学生在校期间就深刻接触到市场的现实性，培养了学生的品牌意识，把握了产品设计、生产管理、营销策划等实用细节。正是通过建立这样的教学模式，并且按照市场的层次和分类进行专门培养，结合专业课程来完成教企结合，很好地解决了学校脱离市场和企业以及理论脱离实践的问题。

三、香港理工大学的课程体系设置

香港理工大学是一所以专业教育和应用研究为主导的大学，素以培养社会新一代专业人才为己任。其开办的专业呈多元化，包括本科专业以至博士学位课程。学校设有八大学院。其中，应用科学及纺织学院和设计学院都设有时装专业。应用科学及纺织学院下设四个系（部），其中之一就有纺织及制衣学系；设计学院下设五个系（部），其中之一为时装设计系。

香港理工大学的时装教学是多元化的发展。它有时装基础理论课程，有时装实践课程，也有时装实习课程。相对来说，纺织及制衣学系主要以时装工艺和时装工程教育为主，偏重于时装的工艺制作和生产管理环节，课程重点在时装的结构设计、工艺制作、生产管理、市场营销等一系列研究上，目的是培养有扎实的时装工艺制作及理论基本功、能够适应社会需要、企业欢迎的实用型人才。而设计学院主要学习有关艺术设计的课程，偏重于美术基础研究、时装艺术创作和时装的造型设计，课程设置强调扎实的绘画基本功及创作思维能力的培养，尤其重视创新创意的表现。香港得天独厚的多信息、多视野的条件，使学生的时装作品展示显得别有新意，从时装面料的处理、质感的表现、时装的造型色彩以及展台的设计等多方面表现出学生非常活跃的创作思维能力和独特的个性。

其课程体系设置主要有以下特点：

（1）课程体系注重实用性，其宗旨是“一切为了应用”，所有课程都根据行业及市场需求推出具有开创性、前瞻性的设置，使之具有导向性。

（2）课程体系的设置十分讲究课程与课程之间的相互关系，以保证课程体系的连贯性和严密性。课程之间的关系分为四种，即先修后续关系、同修关系、排斥关系和独立关系。每一种关系都做到课程设计的强针对性，精细考究，使学生在选修课程时非常清楚自己的目标。

四、香港理工大学的课程特点

香港理工大学的课程特点主要有：

（1）大部分课程都以课题和案例的方式来培养学生的分析和实践能力，非常重视学生良好的表达能力以及快速组织能力的培养，特别是写报告、搜集资料的过程，尤其是做成果演示和演讲。

(2)在课程教学过程中,尽可能给学生创造较多自己动手的机会,以使学生更能感受到真实的直接体会。

(3)课程的学习进度充分考虑学生的需要,特别是在暑期还专门开设一部分课程,这些课程不仅是学生未通过需要重修的课程,还包括学生在正常学期中不能满足学生选课需求的一些热门课程,以此更为方便地满足学生。

(4)每年都组织大型综合训练营,让学生通过互动讲座及密集培训发掘个人潜能、培养团体精神及领导才干。

五、产业与教育的结合

香港是亚洲的金融贸易中心,是世界各地进出口及转口货物的集散地。在世界成衣贸易中,香港占据非常重要的位置,香港政府非常重视对时装人才的培养和对时装教育的投入。香港理工大学在这样的时局和地理环境中凭借着他们一贯强调的培养实用型、国际型、市场急需的有用人才,并为此不断更新课程设置,改革培养方法的态度,形成了多年来毕业生直接为市场服务的积极效应,从而使香港的时装教育和时装产业始终保持着合二为一的紧密关系。

小结

1. 通过分析美国、英国、法国、意大利等国家的一些知名时装教育院校的教学体系、教学模式以及课程设置等内容,使学生了解国外时装院校先进的教学理念和教学方式。

2. 时装教育只有与时装产业保持紧密良好的关系,才能真正推动整个时装行业的进步。

3. 借鉴国外知名时装院校的成功经验,对构建高等时装教育专业人才所要具备的基本知识能力的结构体系以及满足当前整个时装产业升级和人才培养需求的新要求都有着极其重要的作用。

思考题

1. 试述国外知名时装院校时装教育的异同。

2. 时装教育与时装产业之间如何保持紧密联系?给我们带来什么启示?

3. 通过对全球时装教育的学习,你认为目前的时装教学模式和课堂教学结构需做哪些调整?

参考文献

[1]杜钰洲．杜钰洲解读建国60周年我国纺织业的发展历程与成就[N]．纺织导报,2009－10.

[2]金杰．纺织业国际市场结构及中国纺织业竞争策略选择[J]．商业经济,2010(6).

[3]韩蕊．我国居民服装消费特征分析[J]．纺织服装周刊,2010(20).

[4]王兆斌．向纺织工业强国迈进[J]．求是,2009(12).

[5]陈强．中国服装本土崛起的路线图猜想[J]．中国制衣,2009.

[6]伊莱恩·斯通．时装产业运营[M]．张玲,张辉,译．北京:中国纺织出版社,2004.

[7]Zhu Wei-ming,Chen Yan,Zheng Zhe. Upgrading Paths of Chinese Textile and Clothing Based on Game Theory [J]. Journal of Donghua University(Eng. ED.),2006,23(5).

[8]李当岐．服装学概论[M]．北京:高等教育出版社,1998.

[9]华梅,赵静,王春晓．服饰与自然[M]．北京:中国时代经济出版社,2010.

[10]李凯洛．当"麦时尚"遭遇葫芦型消费[J]．时尚品牌商业评论,2008(3).

[11]李当岐．西洋服装史[M]．北京:中国纺织出版社,2005.

[12]郑巨欣．世界服装史[M]．杭州:浙江摄影出版社,2000.

[13]冯泽民,齐志家．服装发展史教程[M]．北京:中国纺织出版社,2001.

[14]王受之．世界时装史[M]．北京:中国青年出版社,2002.

[15]胡迅,须秋洁,陶宁．时装设计[M]．上海:东华大学出版社,2010.

[16]刘晓刚．品牌服装设计[M]．上海:中国纺织大学出版社,2001.

[17]杨青,潘旭伟,徐园园．时装大批量定制[M]．北京:中国纺织出版社,2007.

[18]Bernhard Roetzel. Gentle Man,A Timeless Fashion. Germany:Konemann. 1999.

[19]刘元凤,李迎军．现代时装艺术设计[M]．北京:清华大学出版社,2005.

[20]GUO Jiannan,SUN Hong. Clothing Market Segmentation and Brand Positioning under Measuring of Consumption Values 2011 International Conference on Public Administration(7th).

[21]中国童装产业发展研究报告[M]．北京:中国纺织出版社,2006.

[22]李荣．国内童装成人化现象探析[D]．北京服装学院,2009.

[23]王轶慧．童装零售顾客满意度测评研究[D]．浙江理工大学,2010.

[24]刘月平．织里童装的区域品牌建设[J]．企业管理,2011.

[25]刘晓刚．童装设计[M]．上海:东华大学出版社,2008.

[25]Elaine Stone. The Dynamics of Fashion[M]. Fairchild Publications,Inc.

[27]王晓梅．细说中国服装市场地理[J]．中国制衣,2006(10).

[28]杨大筠．这样经营时尚品[M]．北京:北京出版社,2010.

[29]穆萱．服装销售渠道差异化[J]．中国服饰,2010(6).

[30]孙虹．休闲服消费价值体系研究[M]．杭州:浙江大学出版社,2012.

[31]罗玛丽·瓦利,莫尔曼德·拉夫．零售管理教程[M]．胡金有,译．北京:经济管理出版社,2005.

[32]迈克尔·利维,巴顿·A. 韦茨．零售管理[M]．俞利军,王欣红,译．北京:人民邮电出版社,2004.

[33]加里·阿姆斯特朗,菲利普·科特勒．市场营销教程[M]．俞利军,译．北京:华夏出版社,2004.

[34]李凯洛．品牌集成店开创零售新模式 打造多品牌战略[J]．纺织时装周刊,2010(10).

[35]艾瑞咨询集团. 中国时装网络购物研究报告. 2009—2010. 2010(3).
[36]Martin M. pelger. Visual Merchandising and Display[M]. NY:Fairchild Publication,Inc. 2004.
[37]Polly Guerin. Creative Fashion Presentations[M]. NY:Fairchild Publication,Inc. 2004.
[38]马克·唐盖特. 时尚品牌传奇[M]. 陈婕,译. 北京:中国纺织出版社,2007.
[39]罗伯特·科尔伯恩. 商品展示[M]. 张艳玲,陈平,译. 北京:高等教育出版社,2005.
[40]郭建南,邬关荣,沈慧虹. 关于知识社会里高等服装教育的思考[J]. 纺织学报,2011(5).
[41]韩阳. 卖场陈列设计[M]. 北京:中国纺织出版社,2006.
[42]马大力. 视觉营销[M]. 北京:中国纺织出版,2003.
[43]Martin M Pegler S. Visual Merchandising and Display[M]. NewYork:Fairchild Publication.
[44]刘晓刚. 奢侈品学[M]. 上海:东华大学出版社,2009.
[45]摩根. 视觉营销:零售店橱窗与店内陈列[M]. 北京:中国纺织出版社,2009.
[46]刘晓刚. 品牌创新论[M]. 上海:东华大学出版社,2011.
[47]张晓倩,徐园园,顾新建,等. 服装电子商务[M]. 北京:中国纺织出版社,2007.
[48]刘东明. 网络整合营销兵器谱[M]. 辽宁:辽宁科学技术出版社,2009.
[49]郭建南. 中韩女装品牌竞争力比较研究[J]. 丝绸,2008(6).
[50]孙虹,郭建南. 消费价值观度量下的服装品牌竞争优势研究[J]. 纺织学报,2012(2).
[51]唐一祁. 中外服装教育方式比较[J]. 新疆石油教育学院学报,2005(4).
[52]徐迅. 高等服装教育课程设置国际化的思考[J]. 苏州大学学报,2002(12).
[53]任夷. 服装产业与服装教育[J]. 美术学报,2006(1).
[54]郑丹彤,邹平. 国外服装设计教育方法的借鉴与应用研究[J]. 纺织教育,2006(5).